中等职业教育数字艺术类规

U0676750

边做边学
Premiere Pro CS3
视频编辑
案例教程

■ 杨剑涛 主 编
■ 金新生 副主编

人民邮电出版社
北 京

图书在版编目（CIP）数据

Premiere Pro CS3视频编辑案例教程 / 杨剑涛主编
. — 北京：人民邮电出版社，2010.11（2018.2重印）
（边做边学）
中等职业教育数字艺术类规划教材
ISBN 978-7-115-23950-1

Ⅰ. ①P⋯ Ⅱ. ①杨⋯ Ⅲ. ①图形软件，Premiere
Pro CS3－专业学校－教材 Ⅳ. ①TP391.41

中国版本图书馆CIP数据核字(2010)第191852号

内 容 提 要

本书全面系统地介绍 Premiere 的基本操作方法及影视编辑技巧，内容包括初识 Premiere Pro CS3，Premiere Pro CS3 影视剪辑技术，视频切换效果，视频特效应用，调色、抠像、透明与叠加技术，字幕、字幕特技与运动设置，加入音频效果和文件输出。

本书内容的讲解均以课堂实训案例为主线，通过案例的操作，学生可以快速熟悉影视后期编辑思路。书中的软件相关功能解析部分使学生能够深入学习软件功能；课堂实战演练和课后综合演练，可以拓展学生的实际应用能力，提高学生的软件使用技巧。本书配套光盘中包含了书中所有案例的素材及效果文件，以利于教师授课，学生学习。

本书可作为中等职业学校数字艺术类专业 Premiere 及相关课程的教材，也可作为相关人员的参考用书。

中等职业教育数字艺术类规划教材

边做边学——Premiere Pro CS3 视频编辑案例教程

◆ 主　　编　杨剑涛

　 副 主 编　金新生

　 责任编辑　王亚娜

◆ 人民邮电出版社出版发行　　　北京市丰台区成寿寺路 11 号

　 邮编　100164　电子邮件　315@ptpress.com.cn

　 网址　http://www.ptpress.com.cn

　 北京市艺辉印刷有限公司印刷

◆ 开本：787×1092 1/16

　 印张：15.5　　　　　　　2010年11月第1版

　 字数：402千字　　　　　2018年2月北京第15次印刷

ISBN 978-7-115-23950-1

定价：33.00 元（附光盘）

读者服务热线：(010)81055256　印装质量热线：(010)81055316
反盗版热线：(010)81055315
广告经营许可证：京东工商广登字 20170147 号

前　言

  Premiere 是由 Adobe 公司开发的影视编辑软件，它的功能强大、易学易用，深受广大影视制作爱好者和影视后期编辑人员的喜爱，已经成为这一领域最流行的软件之一。目前，我国很多中等职业学校的数字艺术类专业都将 Premiere 作为一门重要的专业课程。为了帮助职业学校的教师全面、系统地讲授这门课程，使学生能够熟练地使用 Premiere 来进行影视编辑，我们几位长期在职业学校从事 Premiere 教学的教师和专业影视制作公司经验丰富的设计师合作，共同编写了本书。

  根据现代职业学校的教学方向和教学特色，我们对本书的编写体系做了精心的设计。每章按照"课堂实训案例－软件相关功能－课堂实战演练－课后综合演练"这一思路进行编排，力求通过课堂实训案例演练，帮助学生快速熟悉设计制作思路和软件功能；通过软件相关功能解析，帮助学生深入学习软件功能和制作特色；通过课堂实战演练和课后综合演练，帮助学生拓展实际应用能力。在内容编写方面，力求细致全面、重点突出；在文字叙述方面，注意言简意赅、通俗易懂；在案例选取方面，强调案例的针对性和实用性。

  本书配套光盘中包含了书中所有案例的素材及效果文件。另外，为方便教师教学，本书配备了详尽的课堂实战演练和课后综合演练的操作步骤文稿、PPT 课件、教学大纲，附送商业实训案例文件等丰富的教学资源，任课教师可登录人民邮电出版社教学服务与资源网（www.ptpedu.com.cn）免费下载使用。本书的参考学时为 54 学时，各章的参考学时参见下面的学时分配表。

章　　节	课　程　内　容	学 时 分 配
第 1 章	初识 Premiere Pro CS3	4
第 2 章	Premiere Pro CS3 影视剪辑技术	8
第 3 章	视频切换效果	8
第 4 章	视频特效应用	14
第 5 章	调色、抠像、透明与叠加技术	6
第 6 章	字幕、字幕特技与运动设置	6
第 7 章	加入音频效果	6
第 8 章	文件输出	2
课 时 总 计		54

  本书由杨剑涛任主编，金新生任副主编，参与本书编写工作的还有周建国、吕娜、葛润平、陈东生、周世宾、刘尧、周亚宁、张敏娜、王世宏、孟庆岩、谢立群、黄小龙、高宏、尹国琴、崔桂青、张文达等。

  由于时间仓促，加之编者水平有限，书中难免存在缺漏和不妥之处，敬请广大读者批评指正。

编　者

2010 年 8 月

目　录

第1章　初识Premiere Pro CS3

1.1　Premiere Pro CS3 概述 1
  1.1.1　【操作目的】 1
  1.1.2　【操作步骤】 1
  1.1.3　【相关工具】 2
    1. 认识用户操作界面 2
    2. 熟悉"项目"面板 3
    3. 认识"时间线"面板 3
    4. 认识"监视器"窗口 4
    5. 其他功能面板概述 6
    6. Premiere Pro CS3 菜单
    命令介绍 7

1.2　Premiere Pro CS3
　　　基本操作 14
  1.2.1　【操作目的】 14
  1.2.2　【操作步骤】 14
  1.2.3　【相关工具】 15
    1. 项目文件操作 15
    2. 撤销与恢复操作 18
    3. 设置自动保存 18
    4. 设置交换区 18
    5. 建立工作项目操作 19
    6. 自定义设置 19
    7. 导入素材 21
    8. 解释素材 23
    9. 改变素材名称 24
    10. 利用素材库组织素材 24
    11. 查找素材 25
    12. 离线素材 25

第2章　Premiere Pro CS3 影视剪辑技术

2.1　家居生活 27
  2.1.1　【操作目的】 27
  2.1.2　【操作步骤】 27
    1. 编辑视频文件 27
    2. 制作视频切换效果 29
  2.1.3　【相关工具】 30
    1. 认识"监视器"窗口 30
    2. 在"素材源"窗口中
    播放素材 31
    3. 在其他软件中打开素材 31
    4. 剪裁素材 32
    5. 设置标记点 38
    6. 删除标记 39
  2.1.4　【实战演练】——蜜蜂采蜜 40

2.2　都市女孩 40
  2.2.1　【操作目的】 40
  2.2.2　【操作步骤】 40
    1. 导入图片 40
    2. 编辑图像立体效果 42
    3. 编辑背景 43
    4. 调整图像亮度 45
  2.2.3　【相关工具】 46
    1. 切割素材 46
    2. 插入和覆盖编辑 47
    3. 提升和提取编辑 48
    4. 分离和连接素材 49

5. Premiere Pro CS3 中的群组
.... 49
6. 采集和上载视频 50
2.2.4 【实战演练】——
朝阳晨露 52
2.3 自然风光片头 52
2.3.1 【操作目的】 52
2.3.2 【操作步骤】 53
1. 编辑数字 53
2. 编辑背景 54
3. 制作倒计时动画 56
2.3.3 【相关工具】 58
1. 通用倒计时 58
2. 彩条和黑场视频 58
3. 彩色蒙版 59
4. 透明视频 59
2.3.4 【实战演练】——
卷轴画 59
2.4 综合演练——
镜头的快慢处理 60
2.5 综合演练——
倒计时效果 60

第3章 视频切换效果

3.1 美食欣赏 61
3.1.1 【操作目的】 61
3.1.2 【操作步骤】 61
1. 新建项目 61
2. 添加视频切换效果 62
3.1.3 【相关工具】 63
1. 使用镜头切换 63
2. 调整切换区域 64
3. 切换设置 65
4. 设置默认切换 66
3.1.4 【实战演练】——茶艺欣赏 ... 67

3.2 出水芙蓉 67
3.2.1 【操作目的】 67
3.2.2 【操作步骤】 67
1. 新建项目 67
2. 制作视频切换特效 68
3.2.3 【相关工具】 70
1. 3D 运动 70
2. 叠化 73
3. GPU 转场切换 75
4. 划像 77
5. Map 79
6. 卷页 79
7. 滑动 81
3.2.4 【实战演练】——
小区生活 84
3.3 四季变换 85
3.3.1 【操作目的】 85
3.3.2 【操作步骤】 85
1. 新建项目与导入视频 85
2. 制作视频切换效果 86
3.3.3 【相关工具】 89
1. 特殊效果 89
2. 拉伸 90
3. 擦除 91
4. 缩放 96
3.3.4 【实战演练】——
时尚家居 97
3.4 综合演练——动物世界 98
3.5 综合演练——游乐园 98

第4章 视频特效应用

4.1 飘落的枫叶 99
4.1.1 【操作目的】 99

4.1.2 【操作步骤】................99
　　1. 新建项目与导入素材........99
　　2. 编辑叶子动画............101
　　3. 编辑第2个叶子动画......103
4.1.3 【相关工具】...............104
　　1. 应用视频特效............104
　　2. 关于关键帧..............104
　　3. 激活关键帧..............105
4.1.4 【实战演练】——
　　转动的风车................105

4.2 数字时代................105
4.2.1 【操作目的】...............105
4.2.2 【操作步骤】...............105
　　1. 输入文字................105
　　2. 编辑文字特效............107
　　3. 编辑多个字幕............109
4.2.3 【相关工具】...............113
　　1. 模糊与锐化视频特效.......113
　　2. 通道视频特效............116
　　3. 色彩校正视频特效........120
4.2.4 【实战演练】——
　　冬日雪景.................127

4.3 海滨城市................127
4.3.1 【操作目的】...............127
4.3.2 【操作步骤】...............128
　　1. 编辑背景................128
　　2. 裁剪图像................129
　　3. 编辑水面亮度............130
4.3.3 【相关工具】...............131
　　1. 扭曲视频特效............131
　　2. GPU特效视频特效........135
　　3. 噪波与颗粒视频特效......137
4.3.4 【实战演练】——
　　照片卷边效果..............139

4.4 变形画面................139
4.4.1 【操作目的】...............139
4.4.2 【操作步骤】...............140
　　1. 新建项目与导入素材......140
　　2. 编辑变形图像............141
4.4.3 【相关工具】...............142
　　1. 透视视频特效............142
　　2. 渲染视频特效............144
4.4.4 【实战演练】——
　　旅游广告.................145

4.5 舞动拖尾................145
4.5.1 【操作目的】...............145
4.5.2 【操作步骤】...............146
4.5.3 【相关工具】...............147
　　1. 风格化视频特效..........147
　　2. 时间视频特效............152
　　3. 过渡视频特效............153
　　4. 视频视频特效............155
4.5.4 【实战演练】——
　　局部马赛克...............156

4.6 综合演练——夏日骄阳..156

第5章 调色、抠像、透明与叠加技术

5.1 水墨画.................157
5.1.1 【操作目的】...............157
5.1.2 【操作步骤】...............157
　　1. 制作图像水墨效果........157
　　2. 添加文字................159
5.1.3 【相关工具】...............160
　　1. 视频调色基础............160
　　2. 应用调节类特效..........161
　　3. 应用图像控制类特效.......165
5.1.4 【实战演练】——
　　舞台照明效果..............168

5.2 淡彩铅笔画 168
5.2.1 【操作目的】 168
5.2.2 【操作步骤】 168
　1. 编辑图像大小 168
　2. 编辑图像特效 170
5.2.3 【相关工具】 171
　1. 影视合成简介 171
　2. 合成视频 172
5.2.4 【实战演练】——
　城市夜景 173

5.3 抠像效果 174
5.3.1 【操作目的】 174
5.3.2 【操作步骤】 174
　1. 导入视频文件 174
　2. 抠出视频图像人物 ... 175
5.3.3 【相关工具】——
　14 种抠像方式的运用 175
5.2.4 【实战演练】——
　水中倒影 180

5.4 综合演练——单色保留 .. 180

5.5 综合演练——颜色替换 .. 181

第 6 章　字幕、字幕特技与运动设置

6.1 金属文字 182
6.1.1 【操作目的】 182
6.1.2 【操作步骤】 182
　1. 编辑文字 182
　2. 制作文字金属效果 183
　3. 编辑文字发光效果 185
6.1.3 【相关工具】 186
　1. "字幕"编辑面板概述 ... 186
　2. 字幕属性栏 186
　3. 字幕工具箱 188
　4. 字幕动作栏 188

5. 字幕工作区 189
6. "字幕样式"子面板 189
7. "字幕属性"设置子面板
　..................... 189
8. 创建路径文字 190
9. 创建段落字幕文字 190
6.1.4 【实战演练】——
　化妆品广告 191

6.2 火焰燃烧字 191
6.2.1 【操作目的】 191
6.2.2 【操作步骤】 192
6.2.3 【相关工具】 194
　1. 编辑字幕文字 194
　2. 设置字幕属性 195
　3. 绘制图形 196
　4. 插入标志 Logo 197
6.2.4 【实战演练】——
　缩放字幕 198

6.3 滚动字幕 199
6.3.1 【操作目的】 199
6.3.2 【操作步骤】 199
6.3.3 【相关工具】 201
　1. 制作垂直滚动字幕 201
　2. 制作横向滚动字幕 202
6.3.4 【实战演练】——
　电子贺卡 203

6.4 综合演练——流光文字 .. 203

第 7 章　加入音频效果

7.1 使用调音台录制音频 204
7.1.1 【操作目的】 204
7.1.2 【操作步骤】 204
　1. 编辑视频 204
　2. 录制声音 206
7.1.3 【相关工具】 208

1．关于音频效果 208

2．认识调音台窗口 209

3．设置调音台窗口 210

4．使用淡化器调节音频........211

5．实时调节音频 212

7.1.4 【课堂案例】——
超重低音效果 212

7.2 录制声音 213

7.2.1 【操作目的】 213

7.2.2 【操作步骤】 213

7.2.3 【相关工具】 215

1．制作录音 215

2．添加与设置子轨道..........215

3．调整音频持续时间和速度...216

4．增益音频 216

5．分离和链接视音频..........217

7.2.4 【实战演练】——
声音的变调与变速 218

7.3 为音频加特效 218

7.3.1 【操作目的】 218

7.3.2 【操作步骤】 219

7.3.3 【相关工具】 220

1．为素材添加特效 220

2．设置轨道特效 220

3．音频效果简介 221

7.3.4 【实战演练】——
音频的效果处理 227

7.4 综合演练——
音频的剪辑 227

7.5 综合演练——
音频的调节 228

第8章 文件输出

8.1 Premiere Pro CS3 可输出
的文件格式 229

8.1.1 Premiere Pro CS3 可输出
的视频格式 229

8.1.2 Premiere Pro CS3 可输出
的音频格式 229

8.1.3 Premiere Pro CS3 可输出
的图像格式 230

8.2 影片项目的预演 230

8.2.1 影片实时预演 230

8.2.2 生成影片预演 230

8.3 输出参数的设置 231

8.3.1 "常规" 选项区域 232

1．文件类型 232

2．范围 233

3．输出视频 233

4．输出音频 233

5．完成后播放 233

6．完成后响铃 233

7．选项 233

8.3.2 "视频" 选项区域 233

1．视频 233

2．品质 234

3．码率 234

8.3.3 "关键帧和渲染" 选项区域
..................234

1．渲染选项 234

2．关键帧选项 235

8.3.4 "音频" 选项区域 235

8.4 渲染输出各种格式文件
..................236

8.4.1 输出单帧图像 236

8.4.2 输出音频文件 237

8.4.3 输出整个影片 237

8.4.4 输出电影胶片 238

8.4.5 输出静态图片序列 238

第1章 初识 Premiere Pro CS3

本章将对 Premiere Pro CS3 的基本知识和基本操作进行详细讲解。通过本章的学习，读者可以快速了解并掌握 Premiere Pro CS3 的入门知识，为后续章节的学习打下坚实的基础。

课堂学习目标

- Premiere Pro CS3 概述
- Premiere Pro CS3 基本操作

1.1 Premiere Pro CS3 概述

1.1.1 【操作目的】

通过打开文件，熟悉新建文件操作。通过为素材添加切换转场特效，了解面板的使用方法。

1.1.2 【操作步骤】

步骤 1 启动 Premiere Pro CS3，弹出"欢迎使用 Adobe Premiere Pro"欢迎界面，单击"打开项目"按钮，如图 1-1 所示，弹出"打开项目"对话框，选择光盘中的"Ch01\航拍城市\航拍城市.prproj"文件，如图 1-2 所示。

图 1-1

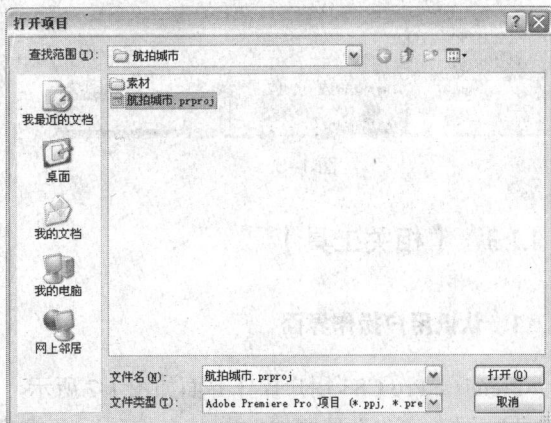

图 1-2

中等职业教育数字艺术类规划教材

步骤 2 单击"打开"按钮打开文件，如图1-3所示。选择左下角的"效果"面板，展开"视频切换效果"分类选项，单击"擦除"文件夹前面的三角形按钮▷将其展开，选中"百叶窗"特效，如图1-4所示。

步骤 3 将"百叶窗"特效拖曳到"时间线"面板中的"01"文件的结尾处和"04"文件的开始处，如图1-5所示。在"节目"窗口中单击"播放开关"按钮▶预览效果，如图1-6所示。

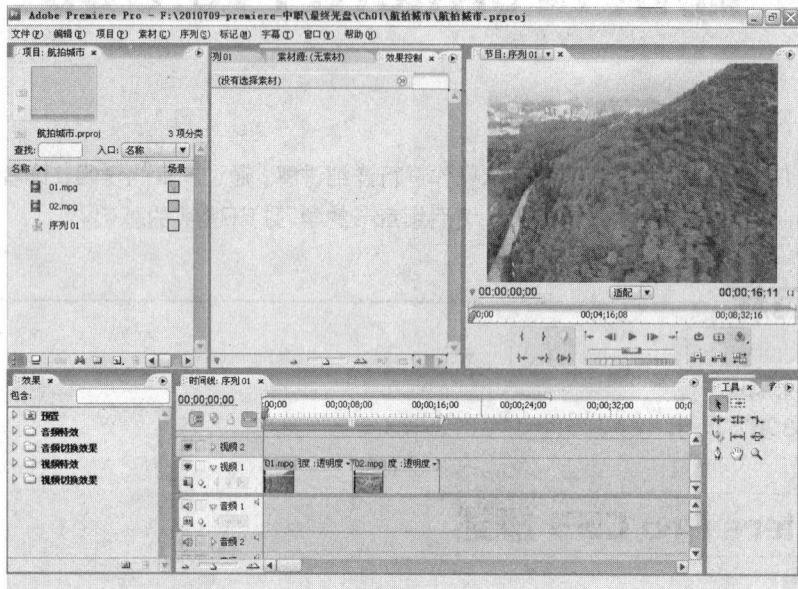
图 1-3

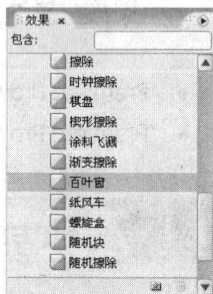
图 1-4

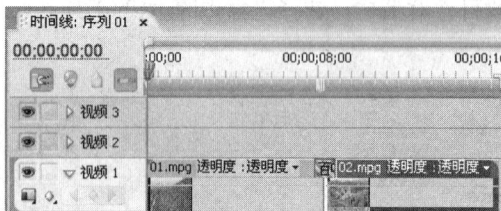
图 1-5

图 1-6

1.1.3 【相关工具】

1. 认识用户操作界面

Premiere Pro CS3 用户操作界面如图1-7所示，从图中可以看出，该界面由标题栏、菜单栏、"项目"面板、"来源监视器"/"特效控制"/"调音台"面板组、"监视器"窗口、"历史"/"信息"/"效果"面板组、"时间线"面板、"音频控制"面板、"工具"面板等组成。

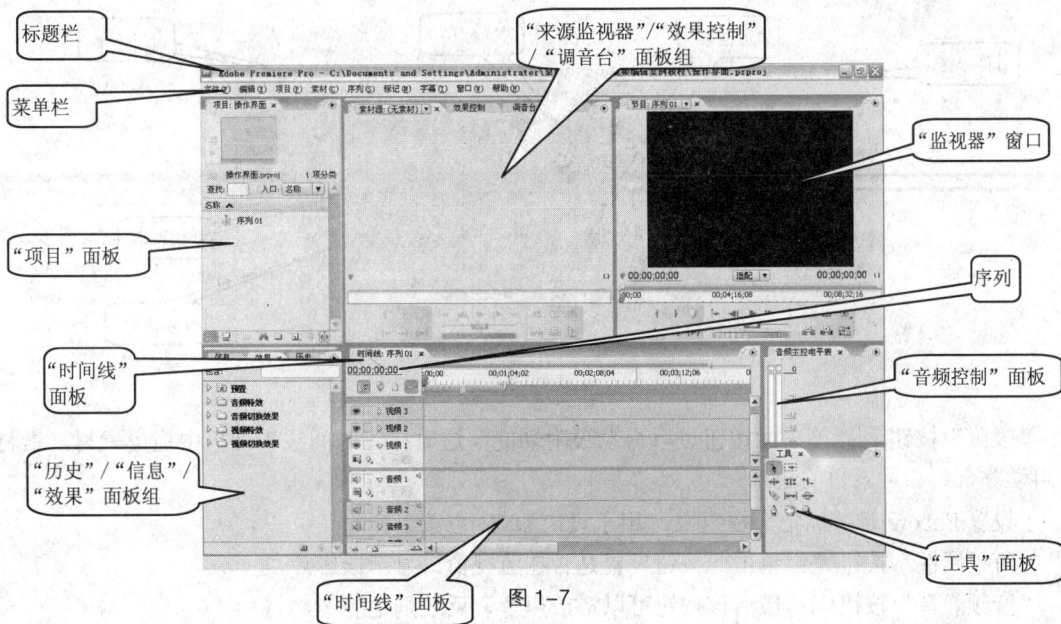

图 1-7

2. 熟悉"项目"面板

"项目"面板主要用于输入、组织和存放供"时间线"面板编辑合成的原始素材，如图 1-8 所示。该面板主要由素材预览区、素材目录栏和面板工具栏 3 部分组成。

在素材预览区用户可预览选中的原始素材，同时还可查看素材的基本属性，如素材的名称、媒体格式、视音频信息、数据量等。

在"项目"面板下方的工具栏中共有 7 个功能按钮，从左至右分别为"列表视图"按钮、"图标"按钮、"自动匹配到序列"按钮、"查找"按钮、"容器"按钮、"新建分类"按钮和"清除"按钮，各按钮的含义如下。

"列表视图"按钮：单击此按钮可以将素材窗口中的素材以列表形式显示。

"图标"按钮：单击此按钮可以将素材窗口中的素材以图标形式显示。

"自动匹配到序列"按钮：单击此按钮可以将素材自动调整到时间线。

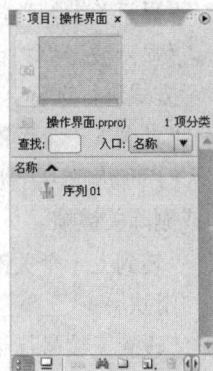

图 1-8

"查找"按钮：单击此按钮可以按提示快速查找素材。

"容器"按钮：单击此按钮可以新建文件夹，以便管理素材。

"新建分类"按钮：分类文件中包含多项不同素材的名称文件，单击此按钮可以为素材添加分类，以便更有序地进行管理。

"清除"按钮：选中不需要的文件，单击此按钮，即可将其删除。

3. 认识"时间线"面板

"时间线"面板是 Premiere Pro CS3 的核心部分，在编辑影片的过程中，大部分工作都是在"时间线"面板中完成的。通过"时间线"面板，可以轻松地实现对素材的剪辑、插入、复制、粘贴、修整等操作，如图 1-9 所示。"时间轴"面板中各选项的含义如下。

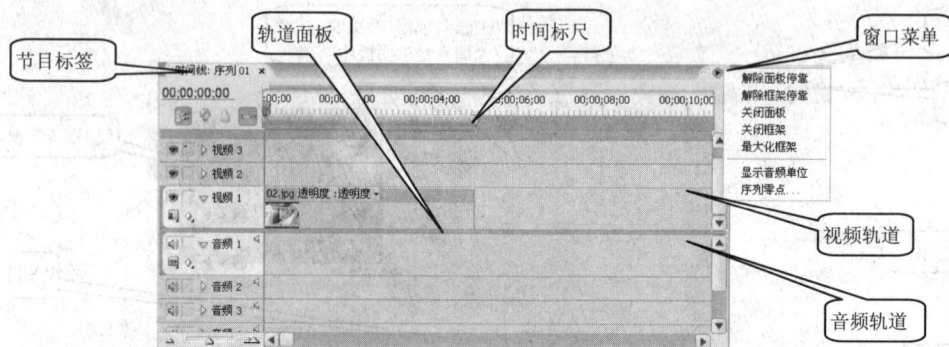

图 1-9

"吸附"按钮 ：单击此按钮可以启动吸附功能，这时在"时间线"面板中拖曳素材，素材将自动黏合到邻近素材的边缘。

"设置 Encore 章节标记"按钮 ：用于设定 DVD 主菜单标记。

"可视属性"按钮 ：单击此按钮设置是否在监视窗口显示该影片。

"音频静音"按钮 ：激活该按钮可以播放声音，反之则是静音。

"轨道锁定开关"按钮 ：单击该按钮，当按钮变成 形状时，当前轨道被锁定，处于不能编辑状态；当按钮变成 形状时，可以编辑操作该轨道。

"折叠/展开轨道"按钮 ：隐藏/展开视频轨道工具栏或音频轨道工具栏。

"设置显示风格"按钮 ：单击此按钮将弹出下拉菜单，在其中可选择显示的命令。

"显示关键帧"按钮 ：单击此按钮可选择显示当前关键帧的方式。

"显示波形"按钮 ：单击该按钮将弹出下拉菜单，在菜单中可以根据需要对音频轨道素材显示方式进行选择。

"转到下一个关键帧"按钮 ：设置时间指针定位在被选素材轨道上的下一个关键帧上。

"添加/删除关键帧"按钮 ：在时间指针所处的位置上，在轨道中被选素材的当前位置上添加或删除关键帧。

"转到上一个关键帧"按钮 ：设置时间指针定位在被选素材轨道上的上一个关键帧上。

滑块 ：放大、缩小音频轨中关键帧的显示程度。

"设置无编号标记"按钮 ：单击此按钮，在当前帧的位置上设置标记。

时间码 00:00:00:00 ：在这里显示播放影片的进度。

节目标签：单击相应的标签可以在不同的节目间相互切换。

轨道面板：对轨道的退缩、锁定等参数进行设置。

时间标尺：对剪辑的组进行时间定位。

窗口菜单：对时间单位及剪辑参数进行设置。

视频轨道：为影片进行视频剪辑的轨道。

音频轨道：为影片进行音频剪辑的轨道。

4. 认识"监视器"窗口

"监视器"窗口分为"素材源"窗口和"节目"窗口，分别如图 1-10 和图 1-11 所示，所有编辑或未编辑的影片片段都在此显示效果。"监视器"窗口中各选项的含义如下。

"设置入点"按钮 ：设置当前影片位置的起始点。

图 1-10

图 1-11

"设置出点"按钮 ：设置当前影片位置的结束点。

"设置无编号标记"按钮 ：设置影片片段未编号标记。

"跳转到前一标记"按钮 ：调整时差滑块移动到当前位置的前一个标记处。

"逐帧进"按钮 ：此按钮是对素材进行逐帧播放的控制按钮。每单击一次该按钮，播放就会前进 1 帧，按住<Shift>键的同时单击此按钮，每次前进 5 帧。

"播放/停止开关"按钮 / ：控制监视器窗口中素材的时候，单击此按钮，会从监视窗口中时间标记 的当前位置开始进行播放，在"节目"监视器窗口中，在播放时按<J>键可以进行倒播。

"逐帧退"按钮 ：此按钮是对素材进行逐帧倒播的控制按钮，每单击一次该按钮，播放就会后退一帧，按住<Shift>键的同时单击此按钮，每次后退 5 帧。

"跳转到下一标记"按钮 ：调整时差滑块移动到当前位置的下一个标记处。

"循环"按钮 ：控制循环播放的按钮。单击此按钮，监视窗口就会不断循环播放素材，直至按下停止按钮。

"安全框"按钮 ：单击该按钮为影片设置安全边界线，以防影片画面太大播放不完整，再次单击可隐藏安全线。

"输出"按钮 ：单击此按钮可在弹出的菜单中对导出的形式和导出的质量进行设置。

"跳转到入点"按钮 ：单击此按钮，可将时间标记 移到起始点位置。

"跳转到出点"按钮 ：单击此按钮，可将时间标记 移到结束点位置。

"播放入点到出点"按钮 ：单击此按钮播放素材时，只在定义的入点到出点之间播放素材。

"快速搜索"滑块 ：在播放影片时，拖曳中间的滑块，可以改变影片的播放速度。向左拖曳将倒放影片，向右拖曳将正播影片。按钮离中心点越近，播放速度越慢，反之则越快。

"微调" ：将鼠标指针移动到它的上面，单击并按住鼠标左右拖曳，可以仔细地搜索影片中的某个片段。

"插入"按钮 ：单击此按钮，当插入一段影片时，重叠的片段将后移。

"覆盖"按钮 ：单击此按钮，当插入一段影片时，重叠的片段将被覆盖。

"切换并获取视音频"按钮 ：如果素材或节目有声音或画面时，单击此按钮在单独提取声音、画面或者两者同时提取之间切换，当切换到 状态时，表示提取画面；当切换到 状态时，表示提取声音；当切换到 状态时，表示同时提取画面及声音。

"跳转到前一编辑点"按钮 [←]：表示到同一轨道上当前编辑点的前一个编辑点。

"跳转到下一编辑点"按钮 [→]：表示到同一轨道上当前编辑点的后一个编辑点。

"提升"按钮 [图]：用于将轨道上入点与出点之间的内容删除，删除之后仍然留有空间。

"提取"按钮 [图]：用于将轨道上入点与出点之间的内容删除，删除之后不留空间，后面的素材会自动连接前面的素材。

"修整监视器"按钮 [图]：单击此按钮，弹出修整面板，可修整每一帧的影视画面效果。

5. 其他功能面板概述

除了以上介绍的面板，在 Premiere Pro CS3 中还提供了其他一些方便编辑操作的功能面板。下面将逐一进行介绍。

◎ "效果"面板

"效果"面板存放着 Premiere Pro CS3 自带的各种音频特效、视频特效和预设的特效等。"效果"面板按照功能分为 5 大类，包括音频特效、视频特效、音频切换效果、视频切换效果及预置特效。每一大类又按照效果细分为很多小类，如图 1-12 所示。如果用户安装了第三方特效插件，也将出现在该面板的相应类别文件中。

默认设置下，"效果"面板与"历史"面板、"信息"面板合并为一个面板组，用鼠标单击"效果"标签，即可切换到"效果"面板。

◎ "效果控制"面板

同"效果"面板一样，在 Premiere Pro CS3 的默认设置下，"效果控制"面板与"素材源"窗口、"调音台"面板合为一个面板组。"效果控制"面板主要用于控制对象的运动、透明度、切换、特效等设置，如图 1-13 所示。当为某一段素材添加了音频、视频或切换特效后，就需要在该面板中进行相应的参数设置和添加关键帧，画面的运动特效也是在这里进行设置，该面板会根据素材和特效的不同显示不同的内容。

◎ "调音台"面板

该面板可以更加有效地调节项目的音频，可以实时混合各轨道的音频对象，如图 1-14 所示。

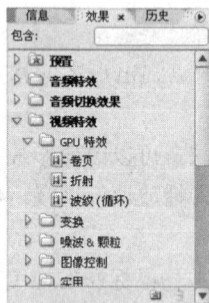

图 1-12

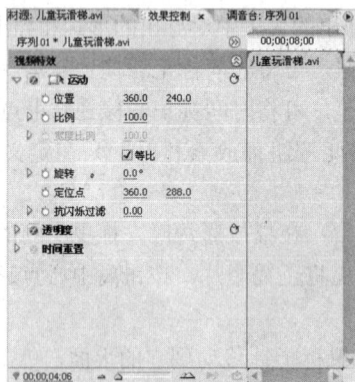

图 1-13

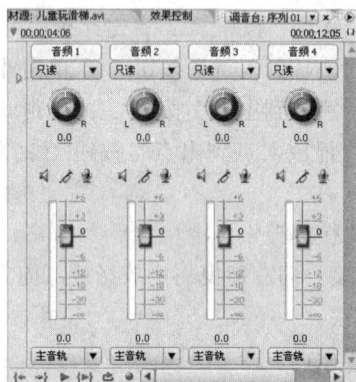

图 1-14

◎ "历史"面板

"历史"面板可以记录用户从建立项目开始以来进行的所有操作，如果在执行了错误操作后，单击该面板中相应的命令，即可撤销错误操作，并重新返回到错误操作之前的某一个状态，如图 1-15 所示。

◎ "信息"面板

在 Premiere Pro CS3 中,"信息"面板作为一个独立面板显示,其主要功能是集中显示所选定素材对象的各项信息。不同的对象,"信息"面板的内容也不尽相同,如图 1-16 所示。

默认设置下,"信息"面板是空白的,如果在"时间线"面板中放入一个素材并选中它,"信息"面板将显示选中素材的信息,如果有过渡,则显示过渡的信息;如果选定的是一段视频素材,"信息"面板将显示该素材的类型、持续时间、帧速率、入点、出点及光标的位置;如果选定的是静止图片,"信息"面板将显示素材的类型、持续时间、帧速率、开始点、结束点及鼠标指针的位置。

◎ "工具"面板

"工具"面板,如图 1-17 所示,主要用来对时间线中的音频、视频等内容进行编辑。

图 1-15

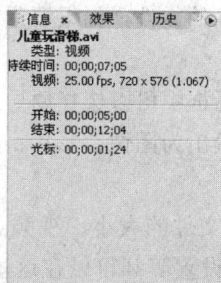

图 1-16

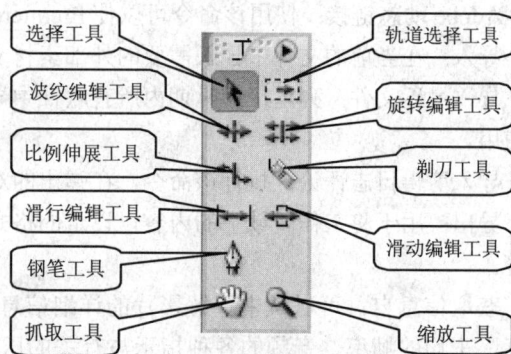

图 1-17

6. Premiere Pro CS3 菜单命令介绍

◎ "文件"菜单

"文件"菜单包括的子菜单如图 1-18 所示,主要用于创建、打开、保存、导入、导出等节目页面设置,采集视频、采集音频、观看影片属性、打印内容等。

"新建"子菜单中包括 11 个子命令。

(1)项目:可以创建一个新的项目文件。

(2)序列:可以创建一个新的合成序列,从而进行编辑合成。

(3)容器:项目面板中提供的项目文件夹。

(4)脱机文件:创建离线编辑的文件。

(5)字幕:建立一个新的字幕窗口。

(6)Photoshop 文件:建立一个 Photoshop 文件,系统会自动启动 Photoshop 软件。

(7)彩条:在此可以建立一个 10 帧的色条片段。

(8)黑场视频:可以建立一个黑屏文件。

(9)彩色蒙版:在"时间线"窗口中叠加特技效果的时候,为被叠加的素材设置固定的背景色彩。

(10)通用倒计时片头:用来创建倒计时的视频素材。

(11)透明视频:用来创建透明的视频素材文件。

打开项目:打开已经存在的项目、素材或影片等文件。

打开最近项目:打开最近编辑过的文件。

浏览:用于浏览需要的项目文件,在打开另一个项目文件或新建项目文件前,用户最好先将当前项目保存。

关闭项目：关闭当前操作的项目文件。

保存：将当前正在编辑的文件项目或字幕以原来的文件名进行保存。

另存为：将当前正在编辑的文件项目或字幕以新的文件名进行保存。

保存副本：将当前正在编辑的文件项目或字幕以副本的形式进行保存。

返回：放弃对当前文件项目的编辑，使项目回到最近的存储状态。

采集：从外部视频、音频设备捕获视频和音频文件素材。分为 3 种捕获方式，即音频与视频同时捕获、音频捕获和视频捕获。

批量采集：通过视频设备进行多段视频的采集，以供后面的编辑操作。

Adobe 动态链接：使用该命令可以使 Premiere 与 After Effects 更加有机地结合起来。

导入：在当前的文件中导入需要的外部素材文件。

导入最近文件：列出最近时期内所有软件中导入的文件，如果要重复使用，在此可以直接导入使用。

导入剪辑日志评论：执行该命令，在弹出的对话框中可以选择要导入的信息。

导出：用于将工作区域中的内容以设定的格式输出为图像、影片、单帧、音频文件或字幕文件等。

获取信息自：可以从中了解影片的详细信息，文件的大小、视频／音频的轨道数目、影片长度、平均的帧率、音频的各种指示与有关的压缩设置等都可以在这里一览无余。

在 Bridge 中显示：执行该命令，可以在 Bridge 管理器中显示最新的影片。

定义影片：用于设置项目素材的帧率、像素比及 Alpha 通道等信息。该命令只有在选中"项目"面板中的视频素材时才有效。

时间码：设置素材的时间码或磁带名，该命令只有在"项目"面板中选择视频素材时才有效。

退出：选择该命令，将退出 Premiere Pro CS3 程序。

◎ "编辑"菜单

"编辑"菜单包括的内容如图 1-19 所示，主要用于复制、粘贴、剪切、撤销、清除等参数设置。

图 1-18

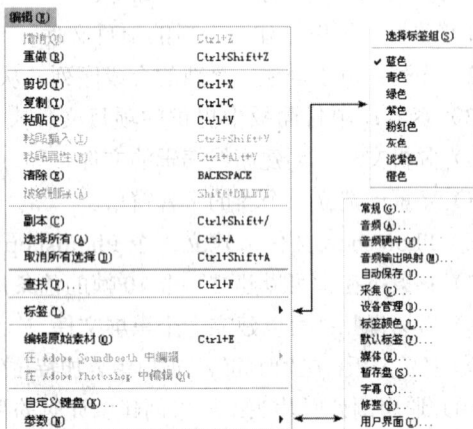

图 1-19

撤销：用于取消上一步的操作，返回到上一步之前的编辑状态。

重做：用于恢复撤销操作前的状态，避免重复性操作。该命令与撤销命令的次数理论上是无限次的，次数多少限制取决于计算机的内存容量大小。

剪切：将当前文件直接剪切到其他地方，原文件不存在。

复制：将当前文件复制，原文件依旧保留。

粘贴：将剪切或复制的文件粘贴到相应的位置。

粘贴插入：将剪切或复制的文件在指定的位置以插入的方式粘贴。

粘贴属性：将其他素材片段上的一些属性粘贴到选定的素材片段上，这些属性包括一些过渡特技、滤镜和设置的一些运动效果等。

清除：用于消除所选中的内容。

波纹删除：可以删除两个素材之间的间距，所有未锁定的剪辑就会移动并填补这个空隙，即被删除素材后面的内容将自动向前移动。

副本：复制"项目"面板中选定的素材，以创建其副本。

选择所有：选定当前窗口中的所有素材或对象。

取消所有选择：取消对当前窗口所有素材或对象的选定。

查找：根据名称、标签、类型、持续时间或出入点在"项目"面板中定位素材。

标签：该命令用于定义"时间线"面板中素材片段的标签颜色。在"Timeline"（时间线）上选中素材片段后，再选择"标签"子菜单中的任意一种颜色，即可改变素材片段的标签颜色。

编辑原始素材：用于将选中的原始素材在外部程序软件中进行编辑，如 Adobe Photoshop 等软件。此操作将改变原始素材。

在 Adobe Soundbooth 中编辑：选择该命令可在 Adobe Soundbooth 中编辑声音素材。

在 Adobe Photoshop 中编辑：选择该命令可在 Adobe Photoshop 中编辑图像素材。

自定义键盘：该命令可以分别为应用程序、窗口、工具等进行键盘快捷键设置。

参数：用于对保存格式、自动保存等一系列环境参数进行设置。

◎ "项目"菜单

"项目"菜单中的命令主要用于管理项目以及项目中的素材，如项目设置、链接媒体、自动匹配到序列、导入批量列表、导出批量列表、项目管理等。

项目设置：用于设置当前项目文件的一些基本参数，包括常规、采集、视频渲染和默认排序4个子命令，如图 1-20 所示。

链接媒体：用于将"项目"面板中的素材与外部的视频文件、音频文件、网络媒介等链接起来。

造成脱机：该命令与"链接媒体"命令相反，用于取消"项目"面板中的素材与外部视频文件、音频文件、网络媒介等的链接。

图 1-20

自动匹配到序列：将"项目"面板中选定的素材按顺序自动排列到"时间线"面板的轨道上。

导入批量列表：用于从硬盘中导入一个 Premiere Pro 格式的批处理文件列表。批处理列表即标记磁带号、入点、出点、素材、注释等信息的.txt 文件或.csv 文件。

导出批量列表：用于将 Premiere Pro 格式的批量列表导出到硬盘上。但只有视频/音频媒体数据才能导出成批量的列表。

项目管理：用于管理项目文件或使用的素材，它可以排除未使用的素材，同时可以将项目文件与未使用的素材进行搜集并放置在同一个文件夹中。

移除未使用素材：选择该命令可以从"项目"面板中删除整个项目中未被使用的素材，这样可以减小文件的大小。

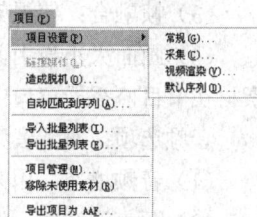

导出项目为 AAF：该命令用于将项目导出为 AAF 文件。

◎ "素材"菜单

"素材"菜单中包括了大部分的剪辑影片命令，如图 1-21 所示。

重命名：将选定的素材重新命名。

制作替代素材：在"源素材"面板中为当前编辑的素材创建子素材。

编辑替代素材：用于编辑子素材的切入点和切出点。

采集设置：用于对外部的采集设备进行设置。

插入：将"项目"面板中的素材或"素材源"监视器窗口中已经设置好入点与出点的素材插入到"时间线"面板中时间标记所在的位置。

覆盖：将"项目"面板中的素材或在"素材源"监视器窗口中已经设置好入点与出点的素材插入到"时间线"面板中时间标记所在的位置，并覆盖该位置原有的素材片段。

素材替换：此命令包含 3 个子菜单，如图 1-22 所示，其子菜单命令分别介绍如下。

（1）从素材源监视器：将当前素材替换为"素材源"窗口中的素材。

（2）从素材源监视器，匹配帧：将当前素材替换为"素材源"窗口中的素材，并选择与其时间相同的素材进行匹配。

（3）从容器：从该素材的源路径进行相关的素材替换。

激活：激活当前选中的素材。

链接视音频：选择该命令，在"时间线"面板中将所选视频、音频文件组合在一起。

群组：将影片中的几个素材暂时组合成一个整体。

取消群组：将影片中组合成一个整体的素材分解成多个影片片段。

同步：按照起始时间、结束时间或时间码，将"时间线"面板中的素材对齐。

多-机位：可用于从 4 个不同的视频源编辑多个影视片段。

视频选项：设置视频素材的各选项，如图 1-23 所示，其子菜单命令分别介绍如下。

（1）帧定格：设置一个素材的入点、出点或 0 标记点的帧保持静止。

（2）场选项：冻结帧时，场的交互设置。

（3）帧融合：使视频前后帧之间交叉重叠，通常情况下是被选中的。

（4）画面大小与当前画幅比例适配：在"时间线"面板中选中一段素材，选择该命令，所选素材在节目监视器窗口中将自动满屏。

音频选项：对于音频素材相关参数进行设置，如图 1-24 所示，其子菜单命令分别介绍如下。

（1）音频增益：用来调整音频素材的音量。

（2）源声道映射：源素材的声音设置。

（3）强制为单声道：将影片的声道直接转换为单声道。

（4）渲染并替换：演示转换好的音频文件并用其替换之前的文件。

（5）提取音频：提取源素材的音频文件。

速度/持续时间：用于设置素材播放速度。

◎ "序列"菜单

"序列"菜单主要用于在"时间线"面板中对项目片段进行编辑、管理、设置轨道属性等操作，如图 1-25 所示。

渲染工作区：此命令主要用来渲染当前序列所在的工作区。

删除渲染文件：此命令主要用来删除渲染工作区之后生成的文件。

应用剃刀于当前时间标示点：在通用的时间指针（即编辑线）上将素材用刀片工具分割成两部分。

提升：此命令主要是将"监视器"窗口中所选定的源素材插入到编辑线所在的位置。

提取：此命令主要是将"监视器"窗口中所选定的源素材覆盖到编辑线所在位置的素材上。

应用视频切换效果：此命令主要用于视频素材的转换。

应用音频切换效果：此命令主要用于音频素材的转换。

放大/缩小：对"时间线"窗口中时间显示比例进行放大和缩小，方便进行视频和音频片段的编辑。

吸附：此命令主要用来决定是否让选择的素材具有吸附效果，将素材的边缘自动对齐。

添加轨道：此命令主要用来增加序列的编辑轨道。

删除轨道：此命令主要用来删除序列的编辑轨道。

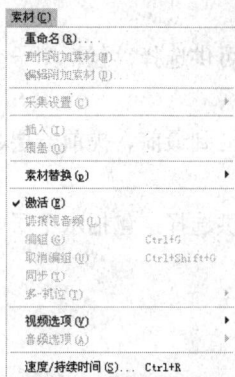

图 1-21

图 1-22

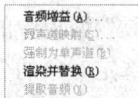

图 1-23

图 1-24

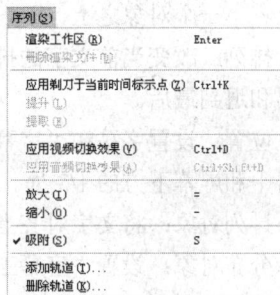

图 1-25

◎ **"标记"菜单**

"标记"菜单主要用于对"时间线"面板中的素材标记和监视器中的素材标记进行编辑处理，如图 1-26 所示。

设置素材标记：使用此命令设置素材的标记。

跳转素材标记：使用此命令指向某个素材标记，如转到下一个标记入点或出点等。此命令只有在设置完素材标记以后方可使用。

清除素材标记：使用此命令清除已经设置好的某个素材标记。此命令只在设置完素材标记以后方可使用。

设置序列标记：使用此命令设置时间标记，应先选择好需要设置的时间线标记后再应用。

跳转序列标记：使用此命令指定某个时间标记。

清除序列标记：清除时间线中已经设定的标记，如当前标记、所有标记、入点、出点和编号。

设置 Encore 章节标记：设定 Encore 标记，如场景、主菜单等。

跳转 Encore 章节标记：使用该命令可以将时间标记快速地跳转到 Encore 标记。

清除 Encore 章节标记：使用该命令可以删除时间线中的 Encore 标记。

编辑 Encore 章节标记：使用该命令可以编辑时间线中的 Encore 标记。

编辑序列标记：使用该命令可以编辑时间线标记，如指定超链接、编辑注释等。

◎ **"字幕"菜单**

"字幕"菜单包括的内容如图 1-27 所示，主要用于对打开的字幕进行编辑。双击素材库中的某个字幕文件，以便打开字幕窗口进行编辑。

新建字幕：该命令用于创建一个字幕文件。

字体：设置当前"字幕工具"面板中字幕的字体。

大小：设置当前"字幕工具"面板中字幕的大小。

对齐：设置字幕文字的对齐方式，包括左对齐、居中和右对齐。

定向：设置字幕的排列方向，包括水平方向和垂直方向。

自动换行：设置"字幕工具"面板中字幕是否根据自定义文本框自动换行。

停止跳格：设置"字幕工具"面板中制表定位符。

模板：Premiere Pro CS3 为用户提供了丰富的模板，使用该命令可以打开字幕模板。

滚动/游动 选项：设置字幕文字滚动方式。

标志：用于在字幕中插入或编辑图形。

转换：用于精确设置字幕中文字的位置、大小、旋转和透明度。

选择：用于轮回选择"字幕工具"面板中的对象，共有 4 个选项可供选择，包括第一个对象之上、下一个对象之上、下一个对象之下和最后一个对象之下。

排列：改变当前文字的排列方式，共有 4 个选项可供选择，包括提到最前、提前一层、退后一层和退到最后。

位置：设置字幕在"字幕工具"面板中的位置，共有 3 个选项可供选择，包括水平居中、垂直居中和屏幕下方的 1/3 处。

排列对象：将文字对齐当前"字幕工具"面板中的指定对象。

分布对象：设置"字幕工具"面板中选定对象的分布方式。

查看：用于选择"字幕工具"面板的视图显示方式，如"动作安全框"、"字幕安全框"、"文本基线"、"跳格标记"等。

◎ "窗口"菜单

"窗口"菜单包括的内容如图 1-28 所示，主要用于管理工作区域的各个窗口，包括工作空间的设置、效果面板、历史面板、信息面板、工具面板、混合音频面板、监视器窗口、字幕窗口、项目面板和时间线窗口。

工作区：用于切换不同模式的工作窗口。该命令包括"效果"模式、"编辑"模式、"色彩校正"模式、"音频"模式、"新建工作区"、"删除工作区"和"复位当前工作区"，如图 1-29 所示。

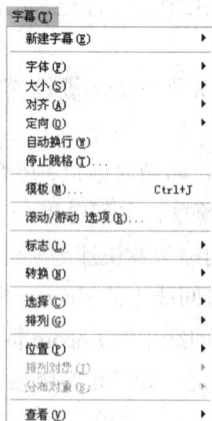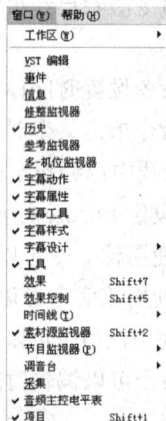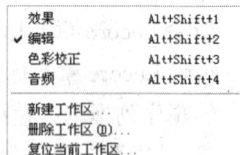

图 1-26　　　　　　图 1-27　　　　　　图 1-28　　　　　　图 1-29

事件：用于显示"事件"对话框，图 1-30 所示为"事件"窗口的操作界面，用于记录项目编辑过程中的事件。

信息：用于显示或关闭"信息"面板，该面板中显示的是当前所选素材的文件名、类型、时间长度等信息。

修整监视器：用于显示或关闭"修整"窗口，该窗口主要用于对图像进行修整处理。

历史：用于显示"历史"面板，该面板记录了从建立项目开始以来所进行的所有操作。

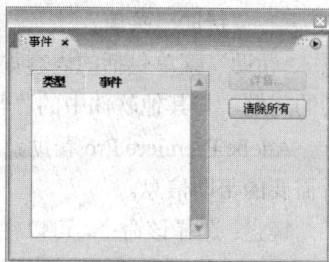

图 1-30

参考监视器：用于显示或关闭"参考"窗口，该窗口用于对编辑的图像进行实时监控。

多-机位监视器：用于显示或关闭"多-机位"面板，在该面板中可以对两个画面进行监控。

字幕动作：用于显示或关闭"字幕动作"面板，该面板主要用于对单个或者多个对象进行对齐、排列和分布的调整。

字幕属性：用于显示或关闭"字幕属性"面板，在"字幕属性"面板中，还提供了多种针对文字字体、文字尺寸、外观和其他基本属性的参数设置。

字幕工具：用于显示或关闭"字幕工具"面板，这里存放着一些与标题字幕制作相关的工具。利用这些工具，可以加入标题文本，绘制简单的几何图形。

字幕样式：用于显示或关闭"字幕样式"面板，该面板中显示了系统所提供的所有字幕样式。

字幕设计：用于显示或关闭"字幕设计"面板，在该面板中可以看到所输入文字的最终效果，也可以对当前对象进行简单的操作设计。

工具：用于显示或关闭"工具"面板，该面板中包含了一些在进行视频编辑操作时常用的工具，它是一个独立的活动窗口，单独显示在工作界面上。

效果：用于切换及显示"效果"面板，该面板集合了音频特效、视频特效、音频切换效果、视频切换效果和预置特效的功能，可以很方便地为时间线窗口中的素材添加特效。

效果控制：用于切换及显示"效果控制"面板，该面板中的命令用于设置添加到素材中的特效。

时间线：用于显示或关闭"时间线"窗口，该窗口按照时间顺序组合"项目"窗口中的各种素材片段，是制作影视节目的编辑窗口。

素材源监视器：用于显示或关闭"素材源"窗口，在该窗口中可以对"项目"窗口中的素材进行预览，还可以剪辑素材片段等。

节目监视器：用于显示或关闭"节目"窗口，通过"节目"窗口，可对编辑的素材进行实时的预览。

调音台：主要用于完成对音频素材的各种处理，如混合音频轨道、调整各声道音量平衡、录音等。

采集：用于关闭或开启"采集"对话框，该对话框中的命令主要用于对视频采集进行相关的设置。

音频主控电平表：用于关闭或开启"音频主控电平表"面板，该面板主要对音频素材的主声道进行电平显示。

项目：用于显示或关闭"项目"窗口，该窗口用于引入原始素材，对原始素材片段进行组织和管理，并且可以用多种显示方式显示每个片段，包含缩略图、名称、注释说明、标签等属性。

◎ "帮助"菜单

"帮助"菜单包括的内容如图 1-31 所示，主要用于帮助用户解决遇到的问题，与其他软件中的"帮助"菜单功能相同。

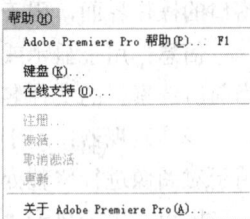

图 1-31

Adobe Premiere Pro 帮助：选择该命令，将打开帮助面板，可以获取所需要的帮助信息。

键盘：选择该命令，可以在弹出的面板中获取关于键盘的帮助信息。

在线支持：选择该命令将打开 Adobe 的网站寻求帮助。

关于 Adobe Premiere Pro：显示 Premiere Pro CS3 的版本信息。

1.2 Premiere Pro CS3 基本操作

1.2.1 【操作目的】

通过导入文件命令，熟练掌握导入命令。通过将素材添加到时间线中，了解面板的使用方法。通过切割素材，熟练掌握工具的操作方法。通过关闭新建文件，熟练掌握保存和关闭命令。

1.2.2 【操作步骤】

步骤 1 启动 Premiere Pro CS3，弹出"欢迎使用 Adobe Premiere Pro"欢迎界面，单击"新建项目"按钮 ，如图 1-32 所示，弹出"新建项目"对话框。在对话框左侧的列表中展开"DVCPR050\480i"选项，选中"DVCPR050 NTSC 标准"模式，设置"位置"选项，选择保存文件路径，在"名称"文本框中输入文件名"小区外景"，如图 1-33 所示，单击"确定"按钮。

图 1-32

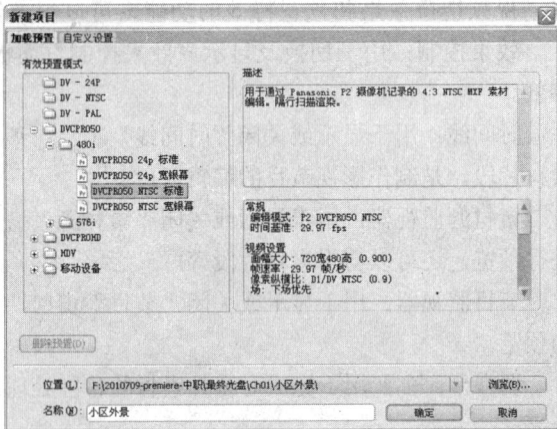

图 1-33

步骤 2 选择"文件 > 导入"命令，弹出"导入"对话框，选择光盘中的"Ch01\小区外景\素材\ 01"文件，如图 1-34 所示，单击"打开"按钮，导入素材。导入后的文件将排列在"项目"面板中，效果如图 1-35 所示。

步骤 3 在"项目"面板中选中"01"文件，将其拖曳到"时间线"面板中的"视频 1"轨道中，如图 1-36 所示。在"节目"窗口中预览效果，如图 1-37 所示。

步骤 4 将时间指示器放置在 5:18s 的位置上，如图 1-38 所示。选择"剃刀工具" ，在指定的位置上单击，将素材切割为两个素材，如图1-39所示。

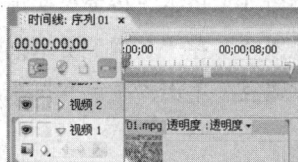

| 图1-34 | 图1-35 | 图1-36 |

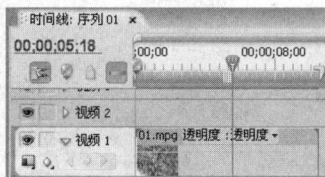

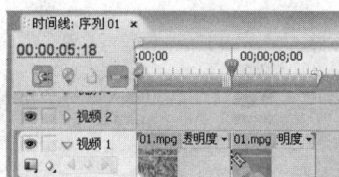

| 图1-37 | 图1-38 | 图1-39 |

步骤 5 选择"选择工具" ，选择第 1 段视频素材，按<Delete>键将其删除。选择第 2 段视频素材向前移动，效果如图1-40所示。将时间指示器放置在 0s 的位置上，"节目"窗口中的效果如图1-41所示。

步骤 6 选择"文件 > 保存"命令，将文件保存。选择"文件 > 关闭项目"命令，将文件关闭，弹出"欢迎使用 Adobe Premiere Pro"欢迎界面，单击 退出 按钮退出程序。

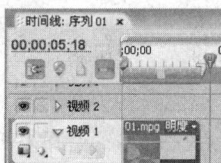

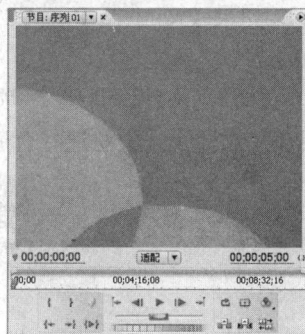

| 图1-40 | 图1-41 |

1.2.3 【相关工具】

1. 项目文件操作

在启动 Premiere Pro CS3 开始进行影视制作时，必须首先创建新的项目文件或打开已存在的项目文件，这是 Premiere Pro CS3 最基本的操作之一。

◎ 新建项目文件

新建项目文件分为两种，一种是启动 Premiere Pro CS3 时直接新建一个项目文件，另一种是在 Premiere Pro CS3 已经启动的情况下新建项目文件。

◎ **在启动 Premiere Pro CS3 时新建项目文件**

在启动 Premiere Pro CS3 时新建项目文件的具体操作步骤如下。

步骤 1 选择"开始 > 所有程序 > Adobe Premiere Pro CS3"命令，或双击桌面上的 Adobe Premiere Pro CS3 快捷图标，弹出启动窗口，单击"新建项目"按钮 📄，如图 1-42 所示。

步骤 2 在弹出的"新建项目"对话框的"有效预置模式"选项区域中选择项目文件格式，如 "DVCPR050 24p 标准"，此时，在"描述"选项区域中将列出相应的项目信息。

步骤 3 单击"位置"选项右侧的"浏览"按钮，在弹出的对话框中选择项目文件保存路径。

步骤 4 在"名称"文本框中输入项目名称，如"基础操作"。

步骤 5 单击"确定"按钮，即可创建一个新的项目文件，如图 1-43 所示。

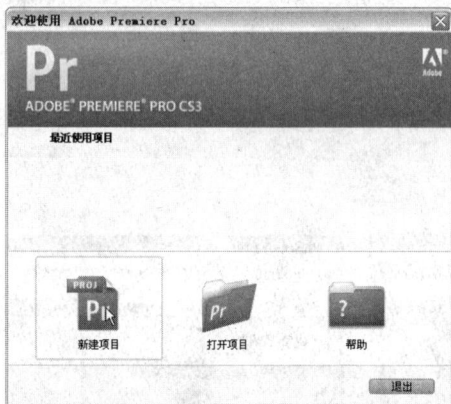

图 1-42

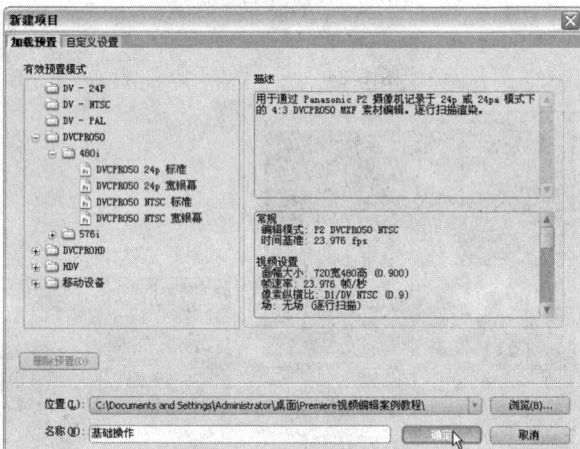

图 1-43

◎ **利用菜单命令新建项目文件**

如果 Premiere Pro CS3 已经启动，此时可利用菜单命令新建项目文件，具体操作步骤如下。

选择"文件 >新建 > 项目"命令或按<Ctrl>+<Alt>+<N>组合键，在弹出的"新建项目"对话框中按照上述方法选择合适的设置，单击"确定"按钮即可，如图 1-44 所示。

图 1-44

提 示 如果正在编辑某个项目文件，此时要采用这一方法新建项目文件，则系统会将当前正在编辑的项目文件关闭，因此，在采用此方法新建项目文件之前一定要保存当前的项目文件，防止数据丢失。

◎ **打开已有的项目文件**

要打开一个已存在的项目文件进行编辑或修改，可以使用如下 4 种方法。

（1）通过启动窗口打开项目文件。启动 Premiere Pro CS3，在弹出的启动窗口中单击"打开项目"按钮，如图 1-45 所示，在弹出的对话框中选择需要打开的项目文件，如图 1-46 所示，单击"打开"按钮，即可打开已选择的项目文件。

CHAPTER 1

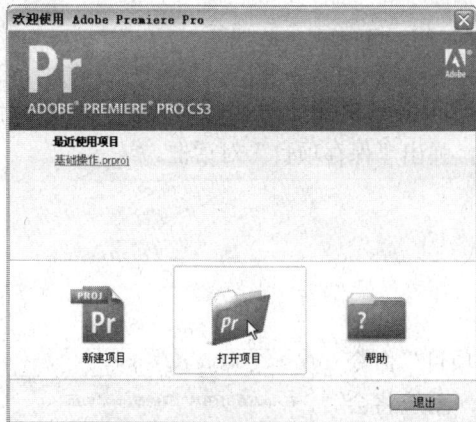

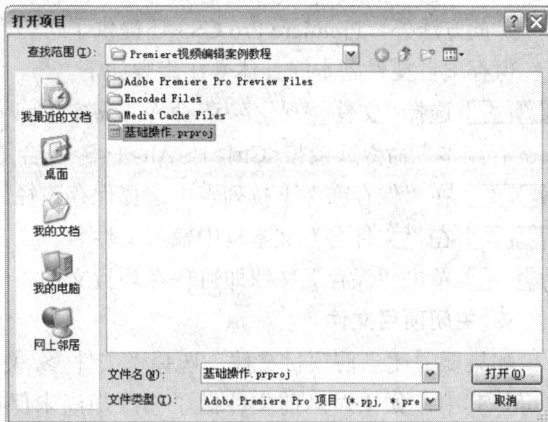

图 1-45　　　　　　　　　　　　　　　　图 1-46

（2）通过启动窗口打开最近编辑过的项目文件。启动 Premiere Pro CS3，在弹出的启动窗口的"最近使用项目"选项中单击需要打开的项目文件，打开最近保存过的项目文件，如图 1-47 所示。

（3）利用菜单命令打开项目文件。在 Premiere Pro CS3 程序窗口中，选择"文件 > 打开项目"命令或按<Ctrl>+<O>组合键，在弹出的对话框中选择需要打开的项目文件，如图 1-48 和图 1-49 所示，单击"打开"按钮，即可打开所选的项目文件。

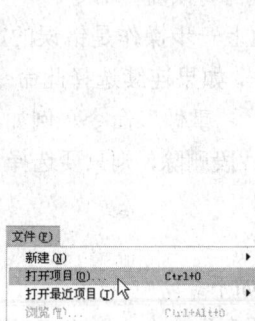

图 1-47　　　　　　　图 1-48　　　　　　　图 1-49

（4）利用菜单命令打开近期的项目文件。Premiere Pro CS3 会将近期打开过的文件保存在"文件"菜单中，选择"文件 > 打开最近项目"命令，在其子菜单中选择需要打开的项目文件，如图 1-50 所示，即可打开所选的项目文件。

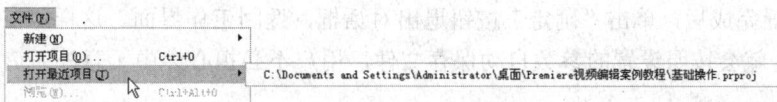

图 1-50

◎ 保存项目文件

文件的保存是文件编辑的重要环节，在 Adobe Premiere Pro CS3 中，以何种方式保存文件对图像文件以后的使用有直接的关系。

刚启动 Premiere Pro CS3 软件时，系统会提示用户先保存一个设置了参数的项目，因此，对于编辑过的项目，直接选择"文件 > 保存"命令或按<Ctrl>+<S>组合键，即可直接保存，另外，系统还会隔一段时间自动保存一次项目。

除此方法外，Premiere Pro CS3 还提供了"另存为"和"保存副本"命令。

保存项目文件副本的具体操作步骤如下。

步骤 **1** 选择"文件 > 另存为"命令（或按<Ctrl>+<Shift>+<S>组合键），或者选择"文件 > 保存副本"命令（或按<Ctrl>+<Alt>+<S>组合键），弹出"保存项目"对话框。

步骤 **2** 在"保存在"下拉列表中选择保存路径。

步骤 **3** 在"文件名"文本框中输入文件名。

步骤 **4** 单击"保存"按钮即可保存项目文件。

◎ 关闭项目文件

如果要关闭当前项目文件，选择"文件 > 关闭项目"命令即可。其中，如果对当前文件做了修改却尚未保存，系统将会弹出如图 1-51 所示的提示对话框，询问是否要保存该项目文件所做的修改。单击"是"按钮，保存项目文件；单击"不"按钮，则不保存文件并直接退出项目文件。

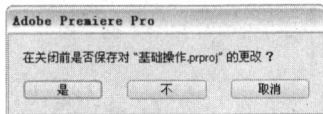

图 1-51

2. 撤销与恢复操作

通常情况下，要制作一个完整的项目需要经过反复地调整、修改与比较才能完成，因此，Premiere Pro CS3 为用户提供了"撤销"与"恢复"命令。

在编辑视频或音频时，如果用户的上一步操作是错误的，或对操作得到的效果不满意，选择"编辑 > 撤销"命令即可撤销该操作，如果连续选择此命令，则可连续撤销前面的多步操作。

如果取消撤销操作，可选择"编辑 > 重做"命令。例如，删除一个素材，通过"撤销"命令来撤销操作后，如果还想将这些素材片段删除，则只要选择"编辑 > 重做"（重做）命令即可。

3. 设置自动保存

设置自动保存功能的具体操作步骤如下。

步骤 **1** 选择"编辑 > 参数 > 自动保存"命令，弹出"参数"对话框，如图 1-52 所示。

步骤 **2** 在"参数"对话框的"自动保存"选项组中，根据需要设置"自动保存时间间隔"及"最大保存项目数量"的数值，如在"自动保存时间间隔"文本框中输入 20，在"最大保存项目数量"文本框中输入 5，即表示每隔 20min 将自动保存一次，而且只存储最后 5 次存盘的项目文件。

步骤 **3** 设置完成后，单击"确定"按钮退出对话框，返回工作界面。这样，在以后的编辑过程中系统就会按照设置的参数自动保存文件，用户不必担心会由于意外而造成工作数据的丢失。

4. 设置交换区

设置交换区的具体操作步骤如下。

步骤 **1** 选择"编辑 > 参数 > 暂存盘"命令，弹出"参数"对话框，如图 1-53 所示。

步骤 **2** 在"参数"对话框的"暂存盘"选项组中，根据需要单击"浏览"按钮，在弹出的"浏览文件夹"对话框中分别设置采集视频、音频、预览、预演、媒体缓存和 DVD 编码的路径，最好选择一个空间比较大的磁盘。

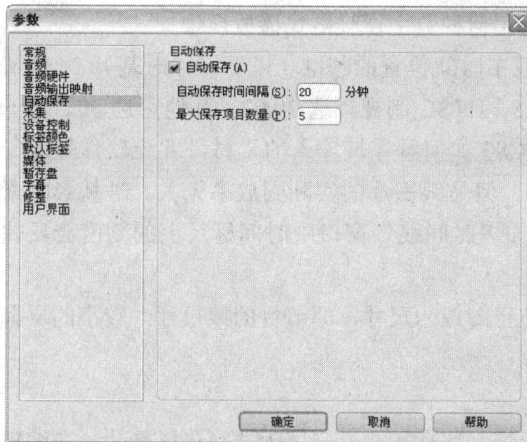

图 1-52

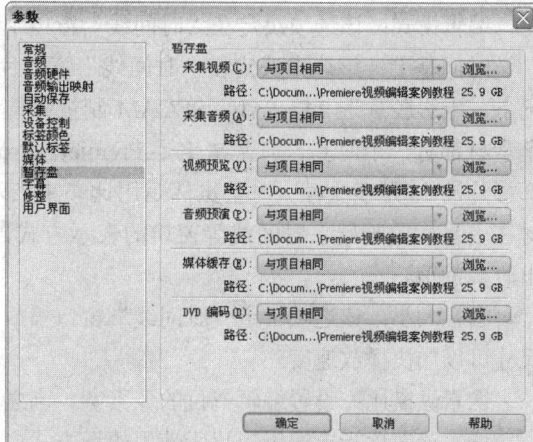

图 1-53

5. 建立工作项目操作

Premiere Pro CS3 在开始工作前，需要对工作项目进行设置，以确定编辑影片时所使用的各项指标。在默认情况下，Premiere Pro CS3 弹出预置项目供剪辑人员使用。

步骤 1 启用 Premiere Pro CS3，弹出 Premiere Pro CS3 欢迎界面，在 "最近使用项目" 列表中显示最近打开的项目，可以打开需要的项目并进行编辑，如果项目不在列表中，可以单击 "打开项目" 按钮，在弹出的对话框中找到项目并将其打开。

步骤 2 单击 "新建项目" 按钮，可以在弹出的 "新建项目" 对话框中新建项目，如图 1-54 所示。

6. 自定义设置

Premiere Pro CS3 预置为影片剪辑人员提供了常用的 DV-NTSC 和 DV-PAL 设置。如果需要自定义项目设置，则可在对话框中切换到 "自定义设置" 选项卡，进行参数设置；如果运行 Premiere Pro CS3 过程中需要改变项目设置，则需选择 "项目 > 项目设置" 命令。

◎ 常规

在 "常规" 选项组中，可以对影片的编辑模式、时间基准、视频、音频等基本指标进行设置，如图 1-55 所示。

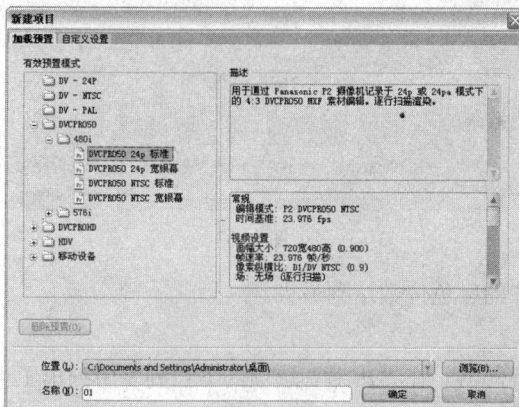

图 1-54

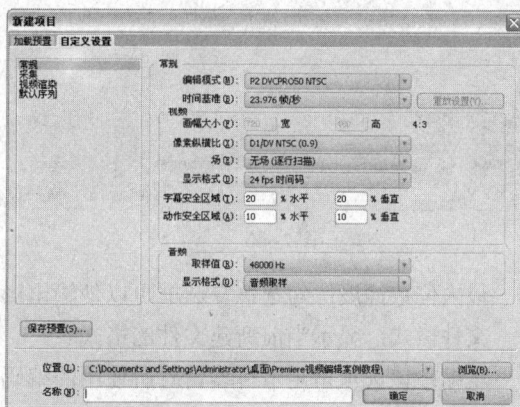

图 1-55

编辑模式：该选项决定在"时间线"窗口中使用何种数字视频格式播放视频。

时间基准：该选项决定在"时间线"窗口片段中时间位置的基准（以下简称时基）。一般情况下，电影胶片选 24，PAL、SECAM 制视频选 25，HTSC 制视频选 29.97，其他可选 30。每一个素材都有一个时基，时基决定了 Premiere Pro CS3 如何解释被输入的素材，并让软件知道一部影片的 1s 是多少帧。时基虽然是用比率来表示，但是跟影片的实际回放率无关。时基影响素材在节目、监听器、时间线等窗口的表示方式，如"时间线"窗口中时间标尺上的刻度会反映出时基的值。

画幅大小：该选项指定"时间线"窗口播放节目图像的尺寸，即节目的帧尺寸。较小的屏幕尺寸可以加快播放速度。

像素纵横比：设置编辑节目的像素宽、高之比。

场：该选项指定编辑影片所使用的场方式。无场（逐行扫描）应用于非交错场影片。在编辑非交错场影片时，要根据相关视频硬件显示奇偶场的顺序来选择上场优先或者下场优先。

显示格式：该选项指定"时间线"窗口中时间的显示方式，一般情况下，它与"时间基准"中的设置一致。

字幕安全区域：可以设置字幕安全框的显示区域，以"帧大小"设置数值的百分比计算。

动作安全区域：在此设置动作影像的安全框显示区域，以"帧大小"设置数值的百分比计算。

取样值：该选项决定在"时间线"窗口播放节目时所使用的采样速率。采样速率越高，播放质量就越好，但需要较大的磁盘空间，并占用较多的处理时间。

显示格式：设置"时间线"窗口如何显示音频素材。

◎ 采集

该选项主要对采集设备进行相关设置，如图 1-56 所示。

◎ 视频渲染

"视频渲染"选项组主要是对编辑影片时所使用的压缩格式进行设置，如图 1-57 所示。

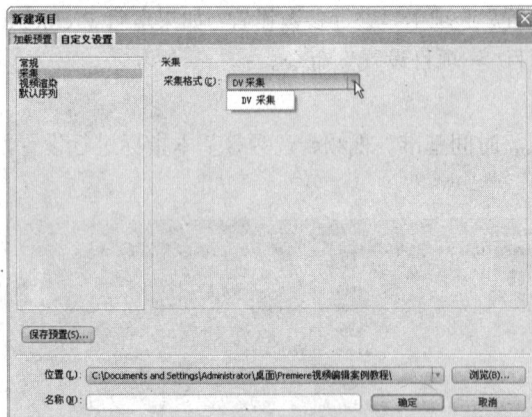

图 1-56

图 1-57

最大位数深度：勾选该复选框可以使输出影片的颜色位数达到最大。

文件格式：显示当前新建文件的格式。

压缩：该选项指定节目编辑时所使用的编码解码器。在"压缩"选项的下拉列表中列出了当前计算机中安装的所有压缩格式。如果"配置"按钮有效，则单击此按钮，可以在弹出的对话框中做进一步地设置。弹出的对话框会因选择的压缩格式不同而不同。

色彩深度：该选项指定编辑影片的颜色深度，设置视频所有使用的颜色数。根据所选编码解码器的不同，能够使用的颜色深度也有所不同。

优化静帧：选择该复选框可以产生静止图像效果。

◎ **默认序列**

在"默认序列"选项组中可以对编辑序列的默认参数进行设置，如图 1-58 所示。

视频：该参数栏设置默认的视频轨道数目。

主音轨：设置主音轨的声道方式，包括单声道、立体声和 5.1 声道环绕立体声。

单声道：设置单声道模式的轨道音频的轨道数目。

单声道子混合：设置单声道模式的子音频轨道的数目。

立体声：设置立体声模式的音频轨道的数目。

立体声子混合：设置立体声模式的子音频轨道的数目。

5.1：设置 5.1 声道模式的子音频轨道的数目。

5.1 子混合：设置 5.1 声道混合模式的子音频轨道的数目。

设置完成后，可以将项目设置保存到预置设置中，以便以后经常使用。单击"保存预置"按钮，弹出"保存设置"对话框，如图 1-59 所示。在对话框中输入设置的名称和描述，当前设置就会被存储到"装载预置"页面的"自定义"栏中。

新项目设置完毕后，必须将其存储后才能使用。在"新建项目"对话框的"位置"选项中输入项目的存储路径，在"名称"选项的文本框中输入项目名称，如图 1-60 所示，然后单击"确定"按钮，Premiere Pro CS3 就会以当前项目开始工作。

图 1-58

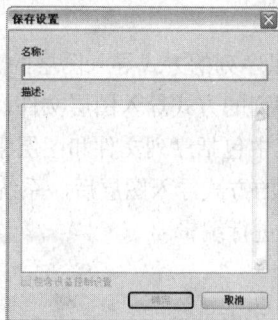

图 1-59

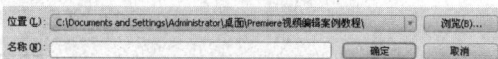

图 1-60

7. 导入素材

Premiere Pro CS3 支持大部分主流的视频、音频以及图像文件格式，导入素材的一般方式为选择"文件 > 导入"命令，在"导入"对话框中选择所需要的文件格式和文件即可，如图 1-61 所示。

◎ **导入图层文件**

步骤 1　以素材的方式导入图层的方法。选择"文件 > 导入"命令，在"导入"对话框中选择 Photoshop、Illustrator 等含有图层的文件格式，选择需要导入的文件后单击"打开"按钮，会弹出如图 1-62 所示的提示对话框。

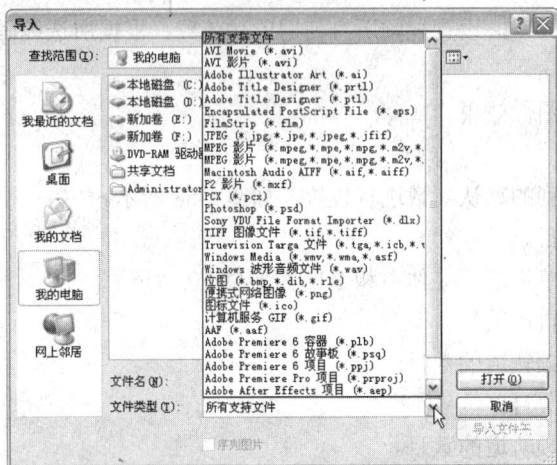

图 1-61

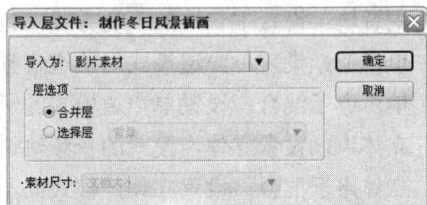

图 1-62

在"导入为"选项的下拉列表中选择"影片素材"。在"层选项"选项组中可以对图层的导入方式进行设置，选择"合并层"选项可以将图层导入到文件中；选择"选择层"选项，可以在其下拉列表中选择单个图层导入。在"素材尺寸"下拉列表中可以选择"文档大小"或"图大小"导入节目。选项设置如图 1-63 所示。

提　示 以素材的方式导入图层文件的时候，可以选择导入某个图层或者合并图层。

步骤　2　以序列的方式导入图层的方法。在"导入为"选项的下拉列表中选择"序列"选项，可以以序列的方式导入图层文件，单击"确定"按钮，在"项目"窗口中会自动产生一个文件夹，其中包括序列文件和图层素材，如图 1-64 所示。

以序列的方式导入图层后，系统会按照图层的排列方式自动产生一个序列，可以打开该序列设置动画，进行编辑。

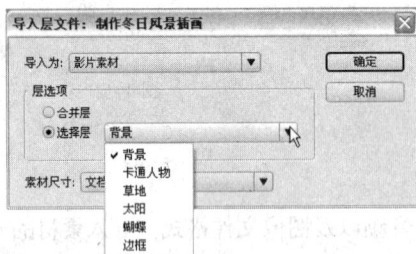

图 1-63

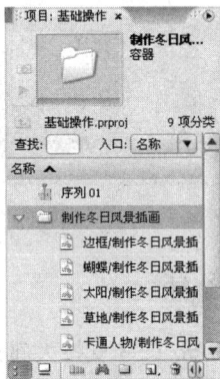

图 1-64

◎ 导入图片

序列文件是一种非常重要的源素材，它由若干幅按序排列的图片组成，记录活动影片，每幅图片代表 1 帧。通常可以在 3ds Max、After Effects、Combustion 软件中产生序列文件，然后再导入 Premiere Pro CS3 中使用。

序列文件以数字序号为序进行排列。当导入序列文件时，应在首选项对话框中设置图片的帧速率，也可以在导入序列文件后，在解释素材对话框中改变帧速率。导入序列文件的步骤如下。

步骤 1　在"项目"窗口的空白区域双击鼠标，弹出"导入"对话框，找到序列文件所在的目录，如图 1-65 所示。

步骤 2　勾选"序列图片"复选框，单击"打开"按钮，导入素材。序列文件导入后的状态如图 1-66 所示。

8. 解释素材

对于项目的素材文件，可以通过解释素材来修改其属性。在"项目"窗口中的素材上单击鼠标右键，在弹出的快捷菜单中选择"定义影片"命令，弹出"定义影片"对话框，如图 1-67 所示。

图 1-65

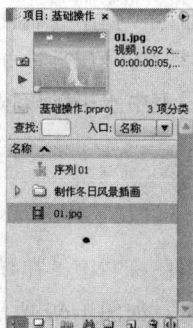

图 1-66

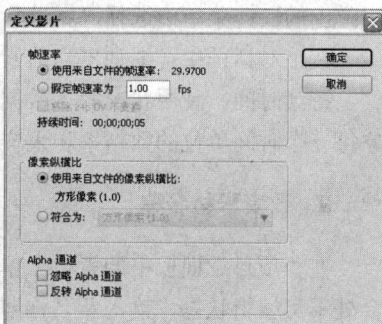

图 1-67

◎ 设置帧速率

在"帧速度"选项组中可以设置影片的帧速率。

选择"使用来自文件的帧速率"单选钮，则使用影片的原始帧速率，剪辑人员也可以在"假定帧速率为"选项的数值框中输入新的帧速率，下方的"持续时间"选项显示影片的长度。改变帧速率，影片的长度也会发生改变。

◎ 设置像素纵横比

"像素纵横比"选项用于设置影片的像素宽、高比。

一般情况下，选择"使用来自文件的像素纵横比"单选钮，则使用影片素材的原像素宽、高比。剪辑人员也可以在"符合为"选项的下拉列表中重新指定像素的宽、高比。

提　示　如果在一个显示方形像素的显示器上显示矩形像素并不做处理，则会出现变形现象。

◎ 设置 Alpha 通道

在 Premiere Pro CS3 中导入带有透明通道的文件时，系统会自动识别该通道。

在一般情况下，透明通道分为两种类型，即 Straight 透明通道和 Premultiplied 透明通道。

Straight 透明通道将素材的透明度信息保存在独立的透明通道中，它也被称为"反转 Alpha 通道"。Straight 透明通道在高标准、高精细颜色要求的电影中产生较好的效果，但它只有在少数程

序中才能产生。

Premultiplied 透明通道保存透明通道中的信息，同时也保存可见的 RGB 通道中的相同信息，因为它们是以相同的背景色被修改的。Premultiplied 透明通道也被称为"反转 Alpha 通道"，它的优点是有广泛的兼容性，大多数的软件都能够产生这种 Alpha 通道。

提 示 视频编辑除了使用标准的颜色深度外，还可以使用 32 位颜色深度。32 位颜色实际上是在 24 位颜色深度上添加了一个 8 位的灰度通道，为每一个像素存储透明度信息。这个 8 位灰度通道被为 Alpha 通道。

如果素材的透明通道解释错误，有时候会出现一些问题。若图解释错误，则出现绿边；若图正确解释，则显示正常。

◎ 观察素材属性

Premiere Pro CS3 提供了属性分析功能，利用该功能，剪辑人员可以了解素材的详细信息，包括素材的片段延时、文件大小、平均速率等。在"项目"窗口或者序列中的素材上单击鼠标右键，在弹出的快捷菜单中选择"属性"命令，弹出"属性"面板，如图 1-68 所示。

在该对话框中详细列出当前素材的各项属性，如源素材路径、文件数据量、媒体格式、帧尺寸、持续时间、使用状况等。数据图表中水平轴以帧为单位列出对象的持续时间，垂直轴显示对象每一个时间单位的数据率和采样率。

9. 改变素材名称

在"项目"面板中的素材上单击鼠标右键，在弹出的快捷菜单中选择"重命名"命令，素材会处于可编辑状态，输入新名称即可，如图 1-69 所示。

剪辑人员可以给素材重命名以改变它原来的名称。这在一部影片中重复使用一个素材或复制了一个素材，并为之设定新的入点和出点时极其有用。给素材重命名有助于在"项目"面板和序列中观看一个复制的素材时避免混淆。

10. 利用素材库组织素材

可以在"项目"面板建立一个素材库，即素材文件夹来管理素材。使用素材文件夹，可以将节目中的素材分门别类、有条不紊地组织起来，这在组织包含大量素材的复杂节目时特别有用。

单击"项目"面板下方的"容器"按钮 ，系统会自动创建新文件夹，如图 1-70 所示。双击该文件夹，弹出"窗口"面板，在面板中 按钮呈激活状态，单击此按钮可以返回上一层级素材列表，依此类推。

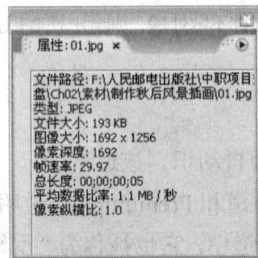

图 1-68

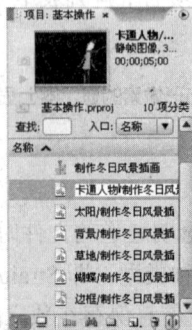

图 1-69

图 1-70

11. 查找素材

用户可以根据素材的名字、属性或附属的说明和标签在 Premiere Pro CS3 的"项目"窗口中搜索素材。例如，可以查找所有文件格式相同的素材，如*.avi、*.mp3 等。

单击"项目"面板下方的"查找"按钮 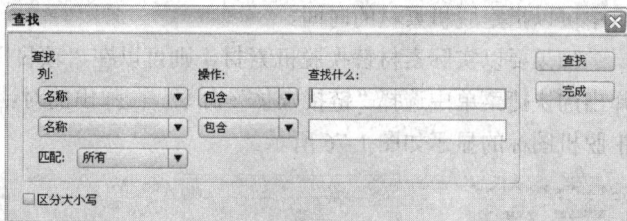，或单击鼠标右键，在弹出的快捷菜单中选择"查找"命令，弹出"查找"对话框，如图1-71 所示。

在"查找"对话框中可按照素材的名称、媒体类型、卷标等属性进行查找。在"匹配"选项的下拉列表中可以选择查找的关键字是全部匹配还是部分匹配，若勾选"区分大小写"复选框，则必须将关键字的大小写输入正确。

图 1-71

在对话框右侧的文本框中输入查找素材的属性关键字。例如，要查找图片文件，可选择查找的属性为"名称"，在文本框中输入"JPEG 或其他文件格式的后缀"，然后单击"查找"按钮，系统会自动找到"项目"面板中的图片文件。如果"项目"面板中有多个图片文件，可再次单击"查找"按钮查找下一个图片文件。单击"完成"按钮，可退出"查找"对话框。

> **提 示** 除了查找"项目"面板的素材，还可以使序列中的影片自动定位，找到其项目中的源素材。在"时间线"面板中的素材上单击鼠标右键，在弹出的快捷菜单中选择"在项目中显示"命令，即可找到"项目"面板中的相应素材，如图1-72 和图 1-73 所示。

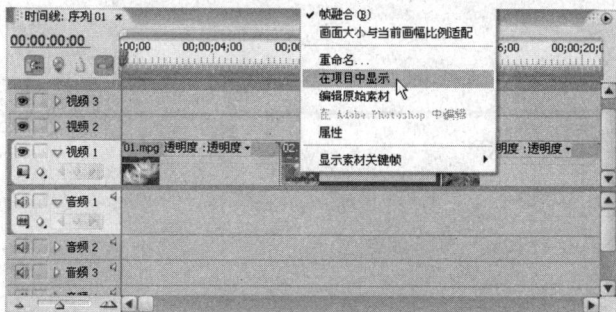

图 1-72

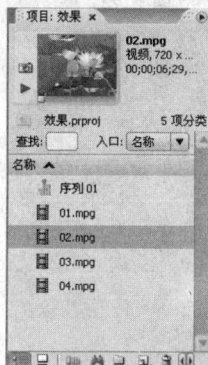

图 1-73

12. 离线素材

当打开一个项目文件时，系统提示找不到源素材，如图1-74 所示，这可能是源文件被改名或存在磁盘上的位置发生了变化造成的。可以直接在磁盘上找到源素材，然后单击"选择"按钮，也可以单击"跳过"按钮选择略过素材，或单击"脱机"按钮，建立脱机文件代替源素材。

由于 Premiere Pro CS3 使用直接方式进行工作，因此如果磁盘上的源文件被删除或者移动，就会发生在项目中无法找到其磁盘源文件的情况。此时，可以建立一个离线文件。离线文件具有和其所替换的源文件相同的属性，可以对其进行同普通素材完全相同的操作。当找到所需文件后，可以用该文件替换离线文件，以进行正常编辑。离线文件实际上起到一个占位符的作用，它可以暂时占据丢失文件所处的位置。

在"项目"面板中单击"新建分类"按钮 ![icon]，在弹出的列表中选择"脱机文件"选项，弹出"脱机文件"对话框，如图1-75所示。

在"包含"选项的下拉列表中可以选择建立含有影像和声音的脱机素材，或者仅含有其中一项的脱机素材，在"磁带名"选项的文本框中输入磁带卷标，在"文件名"选项的文本框中指定脱机素材的名称，在"描述"选项或其他选项的文本框中可以输入一些备注，在"时间码"选项组中可以指定脱机素材的时间。

如果要以实际素材替换脱机素材，则可以在"项目"面板中的脱机素材上单击鼠标右键，在弹出的快捷菜单中选择"链接媒体"命令，在弹出的对话框中指定文件并进行替换。"项目"面板中脱机图标的显示如图1-76所示。

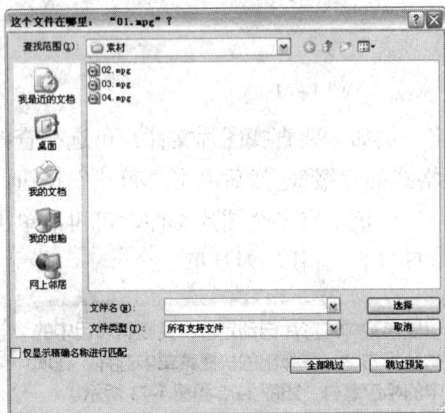

图 1-74

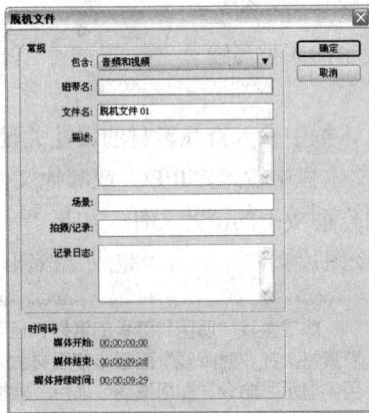

图 1-75

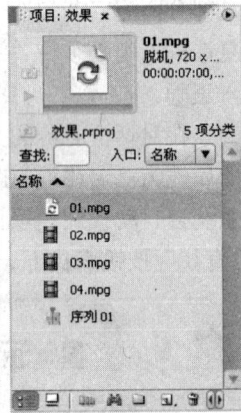

图 1-76

第2章 Premiere Pro CS3 影视剪辑技术

本章将对 Premiere Pro CS3 中剪辑影片的基本技术和操作进行详细介绍，其中包括分离素材、群组、采集和上载视频、使用 Premiere Pro CS3 创建新元素的多种方式等。通过本章的学习，读者可以掌握剪辑技术的使用方法和应用技巧。

课堂学习目标

- 使用 Premiere Pro CS3 剪辑素材
- 使用 Premiere Pro CS3 分离素材
- Premiere Pro CS3 中的群组
- 采集和上载视频
- 使用 Premiere Pro CS3 创建新元素

2.1 家居生活

2.1.1 【操作目的】

使用"导入"命令导入视频文件，使用"比例"选项编辑视频文件的位置与大小，使用"叠化"命令和"Z 形划片"命令制作视频之间的转场效果。（最终效果参看光盘中的"Ch02\家居生活\家居生活.prproj"，如图 2-1 所示。）

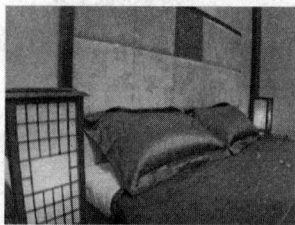

图 2-1

2.1.2 【操作步骤】

1. 编辑视频文件

步骤 1 启动 Premiere Pro CS3，弹出"欢迎使用 Adobe Premiere Pro"欢迎界面，单击"新建项目"

edge学——Premiere Pro CS3 视频编辑案例教程

按钮 🔘 ，如图 2-2 所示，弹出"新建项目"对话框。在对话框左侧的列表中展开"DVCPR050 \ 480i"选项，选中"DVCPR050 NTSC 标准"模式，设置"位置"选项，选择保存文件路径，在"名称"文本框中输入文件名"家居生活"，如图 2-3 所示，单击"确定"按钮。

图 2-2

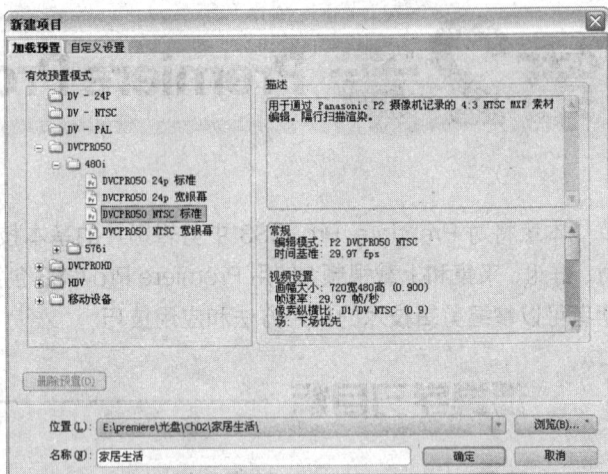

图 2-3

步骤 [2] 选择"文件 > 导入"命令，弹出"导入"对话框，选择光盘中的"Ch02\家居生活\素材 \ 01、02、03 和 04"文件，单击"打开"按钮导入视频文件，如图 2-4 所示。导入后的文件排列在"项目"面板中，如图 2-5 所示。

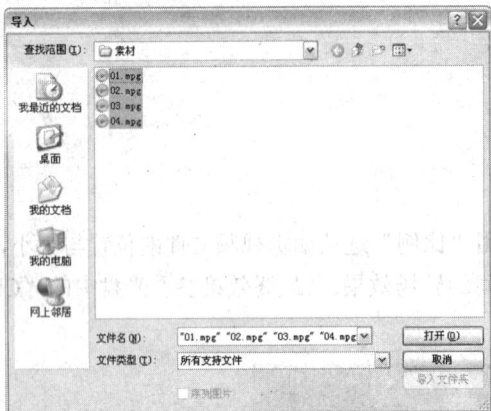

图 2-4

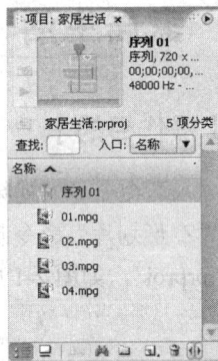

图 2-5

步骤 [3] 在"项目"面板中，选中"01"文件并将其拖曳到"时间线"面板中的"视频 1"轨道中，如图 2-6 所示。将时间指示器放置在 7s 的位置，在"视频 1"轨道上选中"01"文件，将鼠标指针放在"01"文件的尾部，当鼠标指针呈 ↔ 形状时，向右拖曳鼠标到 7s 的位置上，如图 2-7 所示。

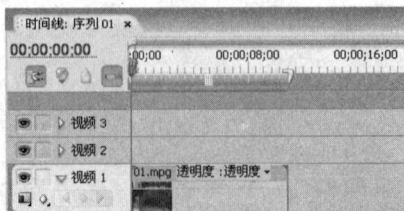

图 2-6

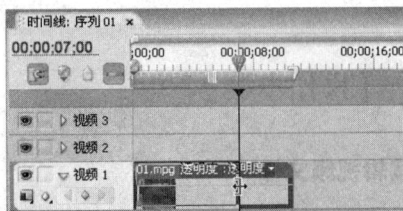

图 2-7

步骤 4 在"项目"面板中，选中"04"和"02"文件，并将其拖曳到"时间线"面板中的"视频 1"轨道中，如图 2-8 所示。将时间指示器放置在 19:14s 的位置，在视频 1 轨道上选中"02"文件，将鼠标指针放在"02"文件的尾部，当鼠标指针呈 ✚ 形状时，向右拖曳鼠标到 19:14s 的位置上，如图 2-9 所示。

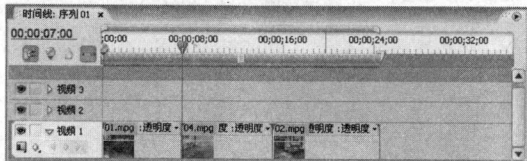

图 2-8

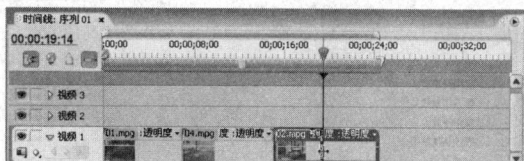

图 2-9

步骤 5 在"项目"面板中，选中"01"文件并将其拖曳到"时间线"面板中的"视频 1"轨道中，如图 2-10 所示。将时间指示器放置在 26s 的位置，在视频 1 轨道上选中"01"文件，将鼠标指针放在"01"文件的尾部，当鼠标指针呈 ✚ 形状时，向右拖曳鼠标到 26s 的位置上，如图 2-11 所示。

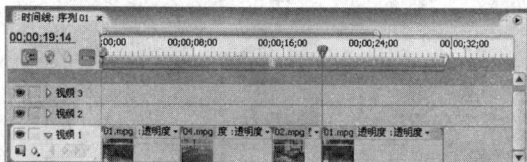

图 2-10

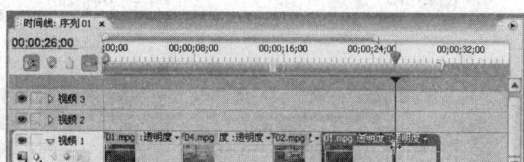

图 2-11

步骤 6 在"项目"面板中，选中"03"文件并将其拖曳到"时间线"面板中的"视频 1"轨道中，如图 2-12 所示。

步骤 7 将时间指示器放置在 31s 的位置，在视频 1 轨道上选中"03"文件，将鼠标指针放在"03"文件的尾部，当鼠标指针呈 ✚ 形状时，向右拖曳鼠标到 31s 的位置上，如图 2-13 所示。

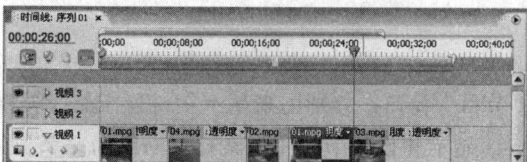

图 2-12

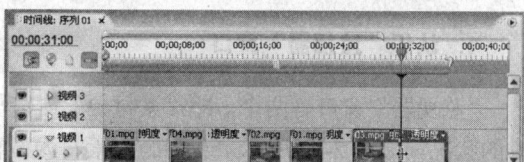

图 2-13

步骤 8 选择"效果控制"面板，展开"运动"选项，将"比例"选项设置为 86，如图 2-14 所示。用相同的方法将"01、02、04"文件的"比例"选项也设置为 86。

2. 制作视频切换效果

步骤 1 选择"窗口 > 工作区 > 效果"命令，弹出"效果"面板，展开"视频切换效果"效果分类选项，单击"叠化"文件夹前面的三角形按钮 ▷ 将其展开，选中"叠化"特效，如图 2-15 所示。将"叠化"效果拖曳到"时间线"面板中的"04"文件开始位置，如图 2-16 所示。

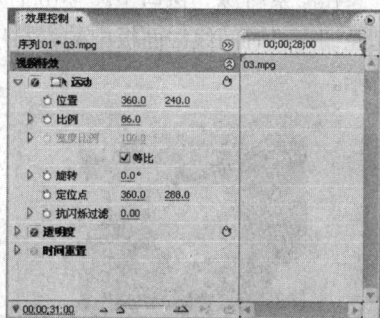

图 2-14

步骤 2 选择"效果"面板，选中"擦除"文件夹前面的三角形按钮 ▷ 将其展开，选中"Z 形划片"特效,并将其拖曳到"时间线"面板中的"04"文件的结尾处与"02"文件的开始位置,如图 2-17 所示。选中"叠化"特效,分别将其拖曳到"时间线"面板中的"01"文件的开始位置和"03"文件的开始位置,如图 2-18 所示。

步骤 3 家居生活效果制作完成,效果如图 2-19 所示。

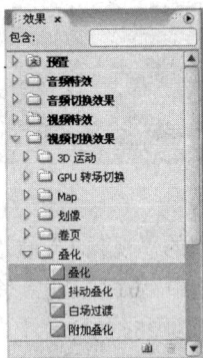

图 2-15

图 2-16

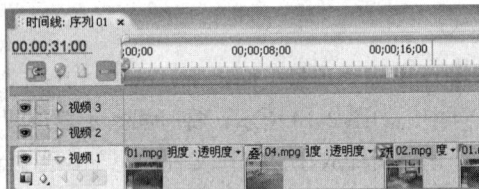

图 2-17

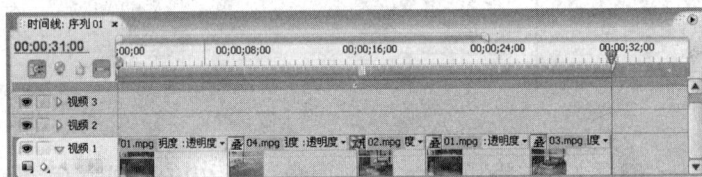

图 2-18

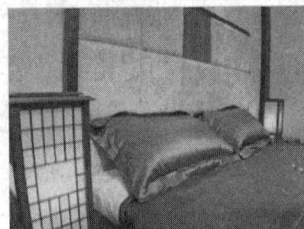

图 2-19

2.1.3 【相关工具】

1. 认识"监视器"窗口

"监视器"窗口有两个,即"素材源"窗口与"节目"窗口,分别用来显示素材与作品在编辑时的状况。如图 2-20 所示,左图为"素材源"窗口,显示和设置节目中的素材;右图为"节目"窗口,显示和设置序列。

在"素材源"窗口中,单击上方的标题栏或黑色三角按钮,将弹出下拉列表,列表中提供了已经调入"时间线"面板中的素材序列表,可以更加快速方便地浏览素材的基本情况,如图 2-21 所示。

图 2-20

图 2-21

"监视器"窗口可以设置安全域。用户可以在"素材源"窗口和"节目"窗口中设置安全区域，这对输出设备为电视机播放的影片非常有用。

安全区域的产生是由于电视机在播放视频图像时，屏幕的边缘会切除部分图像，这种现象叫做"溢出扫描"，而不同的电视机溢出的扫描量不同，所以要把图像的重要部分放在安全区域内。在制作影片时，需要将重要的场景元素、演员、图表放在运动安全区域内，将标题、字幕放在标题安全区域内。如图 2-22 所示，位于工作区域外侧的方框为运动安全区域，位于内侧的方框为标题安全区域。

单击"素材源"窗口或"节目"窗口下方的"安全框"按钮 ⊞，可以显示或隐藏"监视器"窗口中的安全区域。

2. 在"素材源"窗口中播放素材

不论是已经导入节目的素材还是使用打开命令观看的素材，系统都会将其自动打开在"素材"窗口中，用户可以在"素材"窗口中播放和观看素材。

在"项目"和"时间线"面板中双击要观看的素材，素材都会被自动显示在"素材源"窗口中。使用窗口下方的工具栏可以对素材进行播放控制，方便查看剪辑，如图 2-23 所示。

当时间标记 🕐 所对应的监视器处于被激活的状态时，其上显示的时间将会从灰色转变为蓝色。

拖曳鼠标到时间显示的区域单击，可以从键盘上直接输入数值，改变时间显示，影片会自动跳到输入的时间位置。

如果输入的时间数值之间无间隔符号，如"1234"，则 Premiere Pro CS3 会自动将其认为是帧数，并根据所选用的时间编码，将其换算为相应的时间。

窗口右侧的持续时间计数器显示影片入点与出点间的长度，即影片的持续时间，并显示为黑色。

缩放列表在"素材源"窗口或"节目"窗口的正下方，可改变窗口中影片的大小，如图 2-24所示。可以通过放大或缩小影片进行观察，选择"适配"选项，则无论窗口大小，影片会匹配视窗，完全显示影片内容。

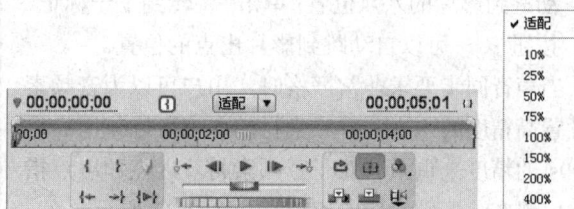

图 2-22   图 2-23   图 2-24

3. 在其他软件中打开素材

Premiere Pro CS3 具有能在其他软件打开素材的功能，用户可以用该功能在其他兼容软件中打开素材进行观看或编辑。例如，可以在 QuickTime 中观看 mov 影片，可以在 Photoshop 中打开并编辑图像素材。在应用程序中编辑该素材存盘后，在 Premiere Pro CS3 中该素材会自动更新。

要在其他应用程序中编辑素材，必须保证在计算机中安装了相应的应用程序，并且有足够的内存来运行该程序。如果是在"项目"面板中编辑的序列图片，则在应用程序中只能打开该序列图片第 1 幅图像；如果是在"时间线"面板中编辑的序列图片，则打开的是时间标记所在时间的当前帧画面。

使用其他应用程序编辑素材的具体操作步骤如下。

步骤 1 在"项目"面板或"时间线"面板选中需要编辑的素材。

步骤 2 选择"编辑 > 编辑原始素材"命令。

步骤 3 在打开的应用程序中编辑该素材，并保存结果。

步骤 4 返回 Premiere Pro CS3 窗口中，修改后的结果会自动更新到当前素材。

4. 剪裁素材

剪辑可以增加或删除帧以改变素材的长度。素材开始帧的位置被称为入点，素材结束帧的位置被称为出点。用户可以在"素材源"窗口和"时间线"面板中剪裁素材。

◎ 在"素材源"窗口剪裁素材

在"节目"窗口中改变入点和出点的具体操作步骤如下。

步骤 1 在"节目"窗口中双击要设置的入点和出点的素材，将其在"素材源"窗口中打开。

步骤 2 在"素材源"窗口中拖曳时间标记 或按<空格>键，找到要使用的片段的开始位置。

步骤 3 单击"素材源"窗口下方的"设置入点"按钮 或按<I>键，"素材源"窗口中显示当前素材入点画面，"素材源"窗口右上方显示入点标记，如图 2-25 所示。

步骤 4 继续播放影片，找到使用片段的结束位置。单击"素材源"窗口下方"设置出点"按钮 或按<O>键，窗口下方显示当前素材出点。入点和出点间显示为深色，两点之间的片段即入点与出点间的素材片段，如图 2-26 所示。

图 2-25

图 2-26

步骤 5 单击"跳转到前一标记"按钮 ，可以自动跳到影片的入点位置；单击"跳转到下一标记"按钮 ，可以自动跳到影片出点的位置。

当声音同步要求非常严格时，用户可以为音频素材设置高精度的入点。音频素材的入点可以使用高达 1/600s 的精度来调节。对于音频素材，入点和出点指示器出现在波形图相应的点处，如图 2-27 所示。

当用户将一个同时含有影像和声音的素材拖入"时间线"窗口时，该素材的音频和视频部分会被放到相应的轨道中。

用户在为素材设置入点和出点时，对素材的音频和视频部分同时有效，也可以为素材的视频和音频部分单独设置入点和出点。

图 2-27

为素材的视频或音频部分单独设置入点和出点的具体操作步骤如下。

步骤 1 在"素材源"窗口中选择要设置入点和出点的素材。

步骤 2 播放影片，找到使用片段的开始或结束位置。

步骤 3 用鼠标右键单击窗口中的 标记，在弹出的快捷菜单中选择"设置素材标记"命令，如图 2-28 所示。

步骤 4 在弹出的子菜单中分别设置连接素材的入点和出点，在"素材源"窗口和"时间线"面板中的形状分别如图 2-29 和图 2-30 所示。

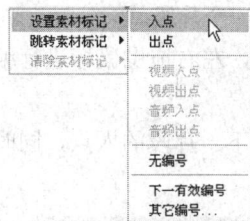

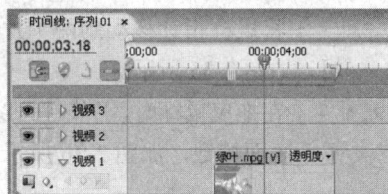

图 2-28　　　　　　　　　　图 2-29　　　　　　　　　　图 2-30

◎ **在"时间线"面板中剪辑素材**

Premiere Pro CS3 提供了 4 种编辑片段的工具，分别是"轨道选择"工具 、"滑动"工具 、"错落"工具 和"旋转编辑"工具 。

下面介绍如何应用这些编辑工具。'

利用"轨道选择"工具 ，可以调整一个片段在其轨道中的持续时间，而不会影响其他片段的持续时间，但会影响到整个节目片段的时间。具体操作步骤如下。

步骤 1 选择"轨道选择"工具 ，在"时间线"面板中单击需要编辑的某一个片段。

步骤 2 将鼠标指针移动两个片段的"出点"与"入点"相接处，即两个片段的连接处，左右拖曳鼠标编辑影片片段，如图 2-31 和图 2-32 所示。

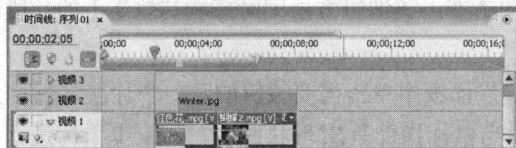
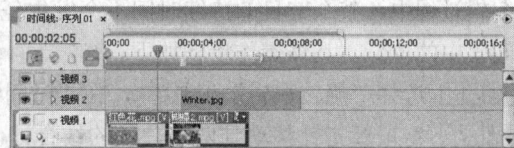

图 2-31　　　　　　　　　　　　　　图 2-32

步骤 3 释放鼠标后，需要调整的片段持续时间被调整，轨道上的其他片段持续时间不会变，但整个节目所持续的时间随着调整片段的增加或缩短而发生了相应的变化。

"滑动"工具 可以使两个片段的入点与出点发生本质上的位移，并不影响片段持续时间与节目的整体持续时间，但会影响编辑片段之前或之后的持续时间，迫使前面或后面的影片片段出点与入点发生改变。具体操作步骤如下。

步骤 1 选择"滑动"工具 ，在"时间线"面板中单击需要编辑的某一个片段。

步骤 2 将鼠标指针移动到两个片段的结合处，当鼠标指针呈 形状时，左右拖曳鼠标进行编辑，如图 2-33 和图 2-34 所示。

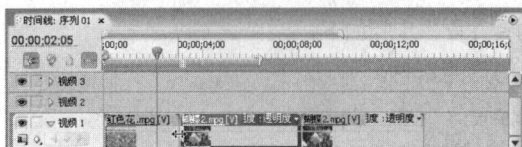

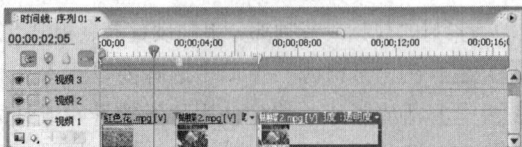

图 2-33　　　　　　　　　　　　　　　　图 2-34

步骤 3　在拖曳过程中，"节目"窗口中将会显示被调整片段的出点与入点，以及未被编辑的出点与入点。

使用"错落"工具  编辑影片片段时，会更改片段的入点与出点，但它的持续时间不会改变，并不会影响其他片段的入点、出点时间，节目总的持续时间也不会发生任何改变。具体操作步骤如下。

步骤 1　选择"错落"工具，在"时间线"面板中单击需要编辑的某一个片段。

步骤 2　将鼠标指针移动到两个片段的结合处，当鼠标指针呈形状时，左右拖曳鼠标进行编辑，如图 2-35 所示。

步骤 3　在拖曳鼠标时，"节目"窗口中将会依次显示上一片段的出点和下一片段的入点，同时显示画面帧数，如图 2-36 所示。

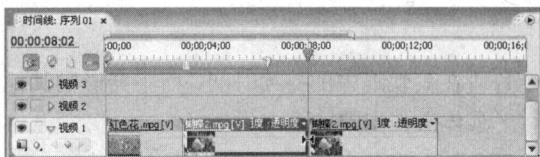

图 2-35　　　　　　　　　　　　　　　　图 2-36

使用"旋转编辑"工具 编辑影片片段，片段时间的增长或缩短会由其相接片段进行替补。在编辑过程中，整个节目的持续时间不会发生任何改变，该编辑方法同时影响其轨道上的片段在时间轴中的位置。具体操作步骤如下。

步骤 1　选择"旋转编辑"工具，在"时间线"面板中单击需要编辑的某一个片段。

步骤 2　将鼠标指针移动到两个片段的结合处，当鼠标指针呈形状时，左右拖曳鼠标进行编辑，如图 2-37 所示。

步骤 3　释放鼠标后，被修整片段的帧增加或减少会引起相邻片段的变化，但整个节目的持续时间不会发生任何改变。

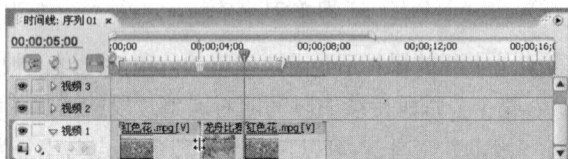

图 2-37

◎ **在修整窗口中剪辑素材**

具体操作步骤如下。

步骤 1　单击"节目"窗口下方的"修整监视器"按钮，将"节目"窗口变为修剪模式。

步骤 2　当编辑线处于进行剪辑的两个片段中间时，修剪窗口对处于编辑线前面（左方）素材的出点和处于编辑线后面（右方）素材的入点进行剪辑，如图 2-38 和图 2-39 所示。

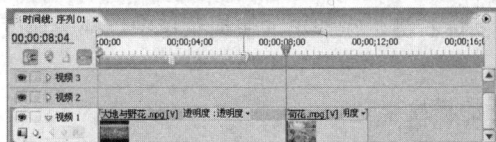

图 2-38

图 2-39

步骤 3 修剪窗口中左侧窗口画面为"时间线"面板处于编辑线前面（左方）片段的出点画面，右侧窗口画面为"时间线"面板处于编辑线后面（右方）片段的入点画面。在修剪窗口中单击需要进行剪辑的片段窗口，拖曳时间码进行微调或在窗口中拖曳，会改变左边片段的出点或右边片段的入点。在窗口中间单击并按住鼠标，会出现滚动编辑工具，以相同的帧数同时改变片段 A 的出点与片段 B 的入点。如果要精细帧编辑，可以直接在下方的时间码中输入新时间，或者在下方的 ⌚ -5 -1 0 +1 +5 ⇤ ⇥ 栏中输入偏移时间，单击栏中数值可以向前或者向后移动 1 帧或 5 帧。

步骤 4 单击"跳转到前一编辑点"按钮 ⇤，使编辑线跳到片段 A 入点的位置，如图 2-40 和图 2-41 所示。

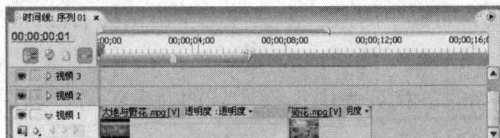

图 2-40

图 2-41

步骤 5 监视器窗口中右侧窗口画面为片段 A 的入点画面，拖曳微调工具或使用剪辑工具可以改变片段 A 的入点。

步骤 6 单击"跳转到后一编辑点"按钮 ⇥，使编辑线跳到片段 B 入点位置，如图 2-42 和图 2-43 所示。

图 2-42

图 2-43

步骤 7 修剪窗口左侧窗口画面为片段 B 的出点画面，拖曳微调工具或使用剪辑工具可以改变片段 B 的出点。

◎ **改变影片的速度**

在 Premiere Pro CS3 中用户可以根据需求，随意更改片段的播放速度。具体操作步骤如下。

步骤 1 在"时间线"面板中的某一个文件上单击鼠标右键，在弹出的快捷菜单中选择"速度/持续时间"命令，弹出如图 2-44 所示的对话框。

速度：在此设置播放速度的百分比，以决定影片的播放速度。

持续时间：单击选项右侧的时间码，当时间码变为如图 2-45 所示时，在此导入时间值。时间值越长，影片播放的速度越慢；时间值越短，影片播放的速度越快。

速度反向：勾选此复选框，影片片段将向反方向播放。

保持音调：勾选此复选框，将保持影片片段的音频播放速度不变。

步骤 2 设置完成后，单击"确定"按钮返回主页面。

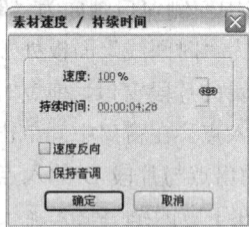

图 2-44　　　　图 2-45

◎ **创建静止帧**

冻结片段中的某一帧，则会以静帧方式显示该画面，就好像使用了一张静止图像的效果，被冻结的帧可以是片段开始点或结束点。具体操作步骤如下。

步骤 1 单击"时间线"面板中的某一段影片片段。

步骤 2 移动时间轨中的编辑线到需要冻结的某一帧画面上。

步骤 3 在时间标记上单击鼠标右键，在弹出的快捷菜单中选择"设置序列标记 > 其它编号"命令，弹出如图 2-46 所示的对话框，在对话框中设置标记码的编号。

步骤 4 为了确保片段仍处于选中状态，在"时间线"面板中的某一个文件上单击鼠标右键，在弹出的快捷菜单中选择"帧定格"命令，弹出如图 2-47 所示的对话框。

步骤 5 在对话框中勾选"定格在"复选框，在右侧的下拉列表中选择实施的对象编号，如图 2-48 所示。

步骤 6 如果该帧已经使用了视频滤镜效果，则勾选对话框中的"定格滤镜"复选框，使冻结的帧画面依然保持滤镜后的效果。

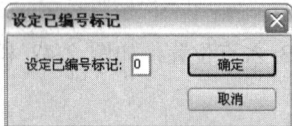

图 2-46　　　　　　图 2-47　　　　　　图 2-48

步骤 7 如果该帧含有交错场的视频，则勾选"反交错"复选框，以避免画面发生抖动的现象。

步骤 8 单击"确定"按钮完成创建。

◎ **在"时间线"面板中粘贴素材**

Premiere Pro CS3 提供了标准的 Windows 编辑命令，用于剪切、复制和粘贴素材，这些命令都在"编辑"菜单命令下。

使用"粘贴插入"命令的具体操作步骤如下。

步骤 1 选择素材，然后选择"编辑 > 复制"命令。

步骤 2 在"时间线"面板中将时间标记 移动到需要粘贴的位置，如图 2-49 所示。

步骤 3 选择"编辑 > 粘贴插入"命令，复制的影片被粘贴到时间标记 的位置，其后的影片等距离后退，如图 2-50 所示。

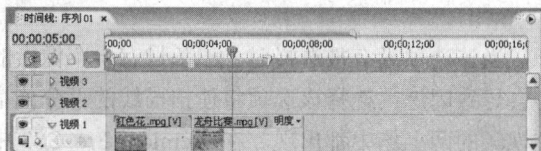

图 2-49

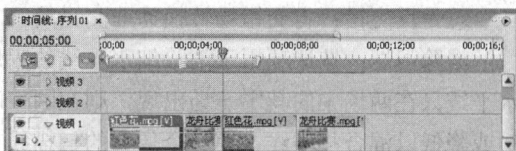

图 2-50

"粘贴属性"即粘贴一个素材的属性（包括滤镜效果、运动设定及不透明度设定等）到另一个素材目标上。

◎ **场设置**

在使用视频素材时，会遇到交错视频场的问题，它会严重影响最后的合成质量。随着视频格式、采集和回放设备的不同，场的优先顺序也是不同的。如果场顺序反转，运动会僵持和闪烁。在编辑中，改变片段的速度、输出胶片带、反向播放片段或冻结视频帧，都有可能遇到场处理问题，所以，正确的场设置在视频编辑中是非常重要的。

在选择场顺序后，应该播放影片，观察影片是否能够平滑地进行播放，如果出现了跳动的现象，则说明场的顺序是错误的。

对于采集或上载的视频素材，一般情况下都要对其进行场分离设置。另外，如果要将计算机中完成的影片输出到用于电视监视器播放的领域，在输出前也要对场进行设置，输出到电视机的影片是具有场的。用户也可以为没有场的影片添加场，如使用三维动画软件输出的影片，在输出前添加场，用户可以在渲染设置中进行设置。

一般情况下，在新建节目的时候就要指定正确的场顺序，这里的顺序一般要按照影片的输出设备来设置。在"新建项目"对话框中选择"常规"选项，在右侧的"场"下拉列表中指定编辑影片所使用的场方式，如图 2-51 所示。在编辑交错场时，要根据相关的视频硬件显示奇偶场的顺序，选择"上场优先"或者"下场优先"选项，在输入影片的时候，也有类似的选项设置。

如果在编辑过程中，得到的素材场顺序都有所不同，则必须使其统一，并符合编辑输出的场设置。调整方法是在"时间线"面板中的素材上单击鼠标右键，在弹出的快捷菜单中选择"场选项"命令，在弹出的"场选项"对话框中进行设置，如图 2-52 所示。

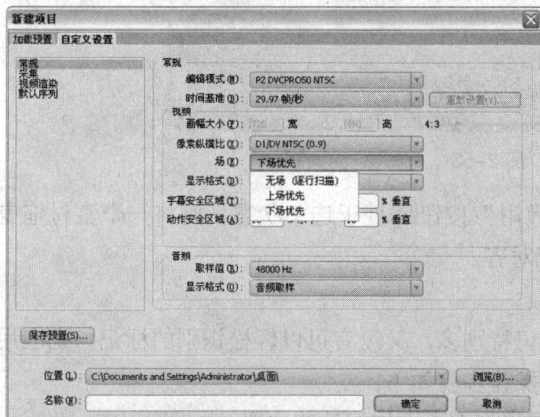

图 2-51

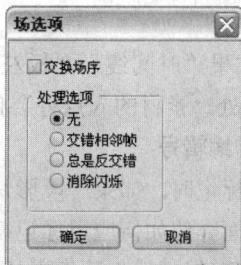

图 2-52

交换场序：如果素材场顺序与视频采集卡顺序相反，则勾选此复选框。

无：不处理素材场控制。

交错相邻帧：将非交错场转换为交错场。

总是反交错：将交错场转换为非交错场。

消除闪烁：该选项用于消除细水平线的闪烁。当该选项没有被选择时，一条只有一个像素的水平线只在两场中的其中一场出现，则在回放时会导致闪烁；选择该选项将使扫描线的百分值增加或降低以混合扫描线，使一个像素的扫描线在视频的两上场中都出现。在 Premiere Pro CS3 中播出字幕时，一般都要将该项打开。

◎ **删除素材**

如果用户决定不使用"时间线"面板中的某个素材片段，则可以在"时间线"面板中将其删除。从"时间线"面板中删除一个素材并不会在"项目"面板中删除。当用户删除一个已经运用于"时间线"面板的素材后，在"时间线"面板的轨道上该素材处留下空位。用户也可以选择波纹删除，将该素材轨迹上的内容向左移动，覆盖被删除的素材留下的空位。

删除素材的方法如下。

（1）在"时间线"面板中选择一个或多个素材。

（2）按<Delete>键或选择"编辑 > 清除"命令。

波纹删除素材的方法如下。

（1）在"时间线"面板中选择一个或多个素材。

（2）如果不希望其他轨道的素材移动，可以锁定该轨道。

（3）单击鼠标右键，在弹出的快捷菜单中选择"波纹删除"命令。

5. 设置标记点

为了查看素材帧与帧之间是否对齐，用户需要在素材或标尺上做一些标记。

◎ **添加标记**

为影片添加标记的具体操作步骤如下。

步骤 1 将"时间线"面板中的时间标记👆移到需要添加标记的位置，单击窗口中左上角的"设置无编号标记"按钮📇，该标记将被添加到时间标记停放的地方，如图 2-53 所示。

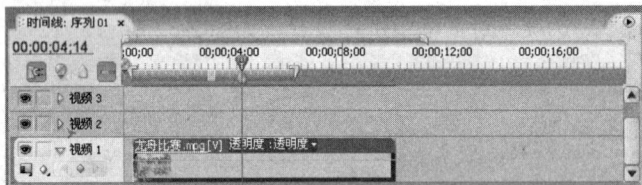

图 2-53

步骤 2 如果"时间线"面板左上角的"吸附"按钮🔲处于选中状态，则将一个素材拖曳到轨道标记处，素材的入点将会自动与标记对齐。

◎ **新增编辑号**

在添加标记时，如果一段影片添加的标记特别多，又没有可以轻松识别的标记，则应用起来很麻烦，下面介绍如何应用标记编号。具体操作步骤如下。

步骤 1 将"时间线"面板中的时间标记👆移到需要添加标记的位置。

步骤 2 在"时间线"面板中的标尺上单击鼠标右键，在弹出的快捷菜单中选择"设置序列标记 >

其他编号"命令，如图 2-54 所示，弹出如图 2-55 所示的对话框，在此输入新编号码。

步骤 3　单击"确定"按钮，在编辑线的所在位置就会增加一个标记号，如图 2-56 所示。

步骤 4　如果之前没有编辑过编码，那么新增的编码默认值为 0，在编辑线所在的位置每新增一个标记，此标记的编码便紧随上一个编号的编码。

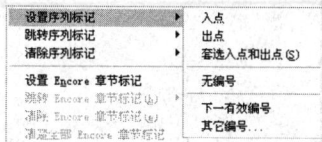

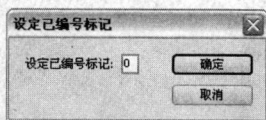

图 2-54　　　　　　　　　　　图 2-55　　　　　　　　　　　图 2-56

提　示　在增加标记编码时，标记编码的数值只能为 0～99。

◎　**快速查找标记**

快速查找标记有以下两种方法。

（1）在"时间线"面板中的标尺上单击鼠标右键，在弹出的快捷菜单中选择"跳转序列标记 > 下一个"命令，时间标记会自动对齐原始位置之后的标记。选择"设置序列标记 > 下一个有效编号"命令，时间标记会自动对齐原始位置之前的标记，如图 2-57 所示。

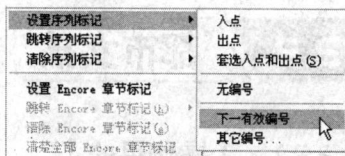

图 2-57

（2）如果要查看所有的时间标记，则在标尺上单击鼠标右键，在弹出的快捷菜单中选择"跳转序列标记 > 编号"命令，在弹出的对话框中选择需要的标记，编辑线会自动跳到目标标记并与标记对齐。

6. 删除标记

如果用户在使用标记的过程中，发现有不需要的标记，可以将其删除。删除标记有以下 3 种方法。

（1）在"时间线"面板中的标尺上单击鼠标右键，在弹出的快捷菜单中选择"清除序列标记 > 当前标记"命令，如图 2-58 所示。

（2）快速查找所有标记并有选择性地删除。在"时间线"面板中的标尺上单击鼠标右键，在弹出的快捷菜单中选择"清除序列标记 > 编号"命令，弹出如图 2-59 所示的对话框，在此选择要删除的编号，单击"确定"按钮即可将所选择的标记删除。

（3）删除所有标记。在"时间线"面板中的标尺上单击鼠标右键，在弹出的快捷菜单中选择"清除序列标记 > 全部标记"命令，如图 2-60 所示，即可将"时间线"面板中的所有标记清除。

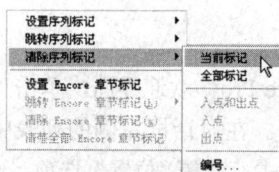

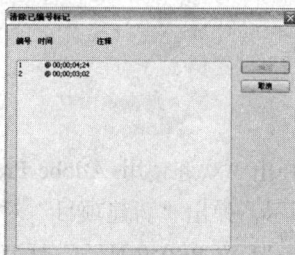

图 2-58　　　　　　　　　　　图 2-59　　　　　　　　　　　图 2-60

2.1.4 【实战演练】——蜜蜂采蜜

使用"剃刀工具"切割音频素材，使用"链接视音频"链接素材文件，使用"自动对比对"命令调整图像的亮度。（最终效果参看光盘中的"Ch02\蜜蜂采蜜\蜜蜂采蜜.prproj"，如图 5-61 所示。）

图 5-61

2.2 都市女孩

2.2.1 【操作目的】

使用"插入"选项将图像导入到时间线窗口中，使用"运动"选项编辑图像的位置、比例、旋转等多个属性，使用"裁剪"命令裁剪图像边框，使用"斜角边"命令制作图像的立体效果，使用"噪波 HLS"、"棋盘"和"4 色渐变"命令编辑背景特效，使用"电平"命令调整图像的亮度。（最终效果参看光盘中的"Ch02\都市女孩\都市女孩.prproj"，如图 2-62 所示。）

图 2-62

2.2.2 【操作步骤】

1. 导入图片

步骤 1 启动 Premiere Pro CS3，弹出"欢迎使用 Adobe Premiere Pro"欢迎界面，单击"新建项目"按钮 ，如图 2-63 所示，弹出"新建项目"对话框。在对话框左侧的列表中展开"DVCPR050 \ 480i"选项，选中"DVCPR050 NTSC 标准"模式，设置"位置"选项，选择保存文件路径，在"名称"文本框中输入文件名"都市女孩"，如图 2-64 所示，单击"确定"按钮。

图 2-63

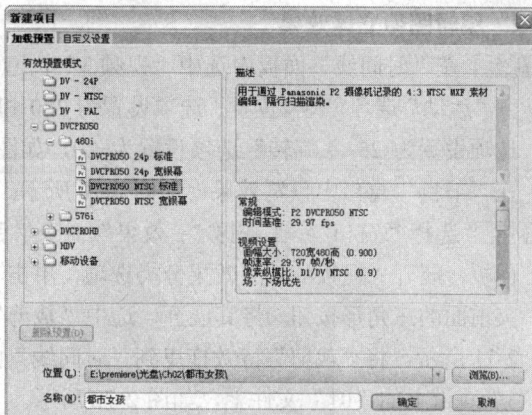

图 2-64

步骤 2 选择"文件 > 导入"命令，弹出"导入"对话框，选择光盘中的"Ch02\都市女孩\素材\01 和 02"文件，单击"打开"按钮导入图片，如图 2-65 所示。导入后的文件将排列在"项目"面板中，如图 2-66 所示。

图 2-65

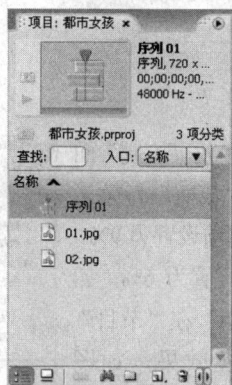

图 2-66

步骤 3 在"时间线"面板中选中"视频 3"轨道，选中"项目"面板中的"01"文件，单击鼠标右键，在弹出的快捷菜单中选择"插入"命令，如图 2-67 所示。文件被插入到"时间线"面板中的"视频 3"轨道中，如图 2-68 所示。

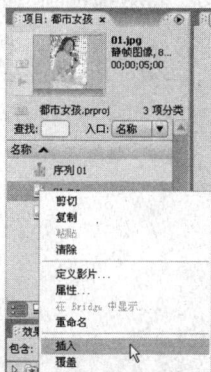

图 2-67

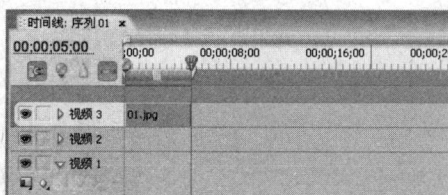

图 2-68

中等职业教育数字艺术类规划教材

2. 编辑图像立体效果

步骤 1 在"时间线"面板中选中"视频 3"轨道中的"01"文件，选择"效果控制"面板，展开"运动"选项，将"位置"选项设置为 280 和 250，"比例"选项设置为 25，"旋转"选项设置为-20，如图 2-69 所示。在"节目"窗口中预览效果，如图 2-70 所示。

步骤 2 选择"窗口 > 工作区 > 效果"命令，弹出"效果"面板，展开"视频特效"效果分类选项，单击"变换"文件夹前面的三角形按钮▷将其展开，选中"裁剪"特效，如图 2-71 所示。将"裁剪"特效拖曳到"时间线"面板中"视频 3"轨道上的"01"文件上，如图 2-72 所示。

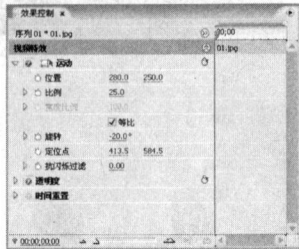

图 2-69

图 2-70

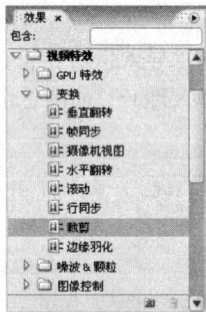

图 2-71

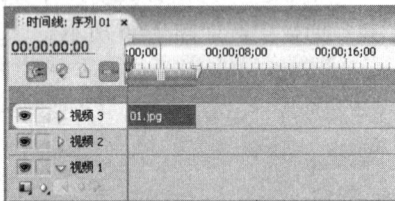

图 2-72

步骤 3 选择"效果控制"面板，展开"裁剪"特效，将"左"选项设置为 9%，"底"选项设置为 6%，如图 2-73 所示。在"节目"窗口中预览效果，如图 2-74 所示。

步骤 4 选择"窗口 > 工作区 > 效果"命令，弹出"效果"面板，展开"视频特效"效果分类选项，单击"透视"文件夹前面的三角形按钮▷将其展开，选中"斜角边"特效，如图 2-75 所示。将"斜角边"特效拖曳到"时间线"窗口中"视频 3"轨道上的"01"文件上，如图 2-76 所示。

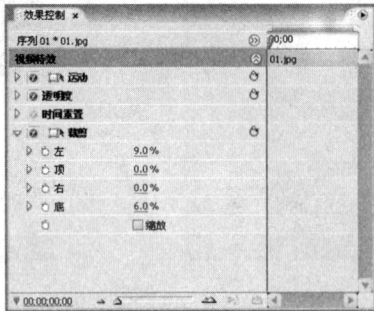

图 2-73

图 2-74

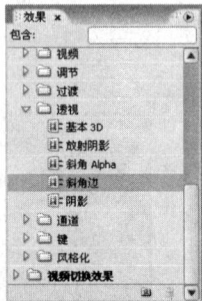

图 2-75

步骤 5 选择"效果控制"面板，展开"斜角边"特效，将"边缘厚度"选项设置为 0.06，"照明角度"选项设置为-40，其他设置如图 2-77 所示。在"节目"窗口中预览效果，如图 2-78 所示。

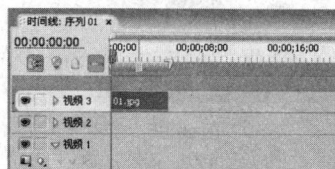
图 2-76

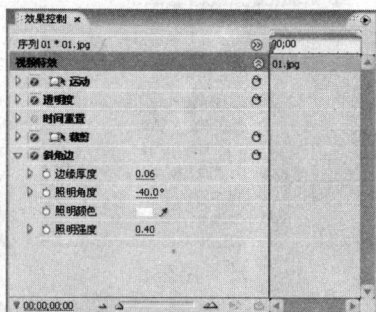
图 2-77

图 2-78

3. 编辑背景

步骤 1 选择"文件 > 新建 > 彩色蒙版"命令，弹出"颜色拾取"对话框，将颜色设置为黄色（其 R、G、B 的值分别为 247、238、196），如图 2-79 所示。单击"确定"按钮，弹出"选择名称"对话框，输入"墙壁"，单击"确定"按钮，如图 2-80 所示。在"项目"面板中添加一个"墙壁"层，如图 2-81 所示。

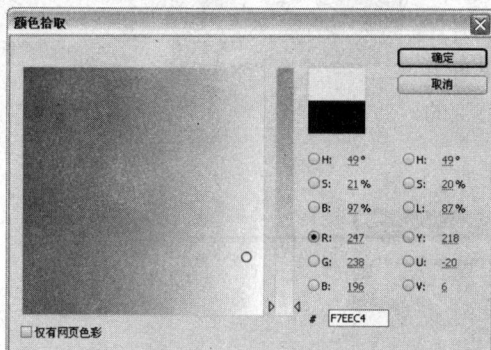
图 2-79

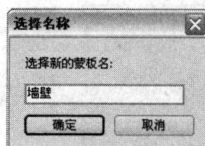
图 2-80

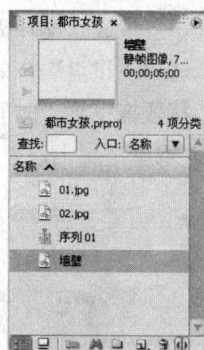
图 2-81

步骤 2 在"项目"面板中选中"墙壁"层，并将其拖曳到"时间线"面板中的"视频 1"轨道中，如图 2-82 所示。在"节目"窗口中预览效果，如图 2-83 所示。

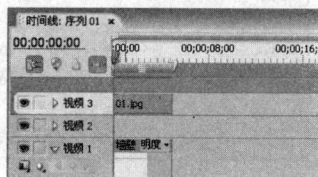
图 2-82

步骤 3 选择"窗口 > 工作区 > 效果"命令，弹出"效果"面板，展开"视频特效"效果分类选项，单击"噪波&颗粒"文件夹前面的三角形按钮▷将其展开，选中"噪波 HLS"特效，如图 2-84 所示。将"噪波 HLS"特效拖曳到"时间线"面板中"视频 1"轨道上的"墙壁"层上，如图 2-85 所示。

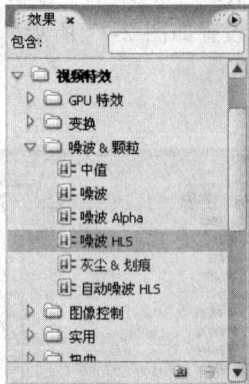
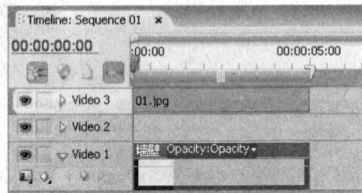

图 2-83　　　　　　图 2-84　　　　　　图 2-85

步骤 4 选择"效果控制"面板，展开"噪波 HLS"特效，将"色相"选项设置为 50%，"亮度"选项设置为 50%，"饱和度"选项设置为 60%，"噪波颗粒"选项设置为 2，其他设置如图 2-86 所示。在"节目"窗口中预览效果，如图 2-87 所示。

步骤 5 选择"窗口 > 工作区 > 效果"命令，弹出"效果"面板，展开"视频特效"效果分类选项，单击"生成"文件夹前面的三角形按钮 ▷ 将其展开，选中"棋盘"特效，如图 2-88 所示。将"棋盘"特效拖曳到"时间线"面板中"视频 1"轨道上的"墙壁"层上，如图 2-89 所示。

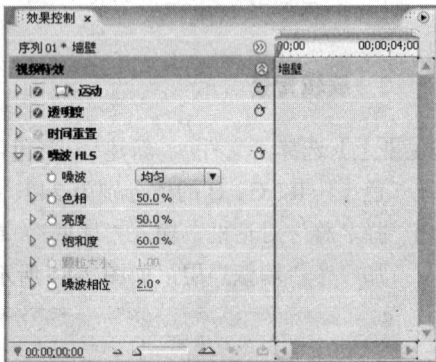

图 2-86

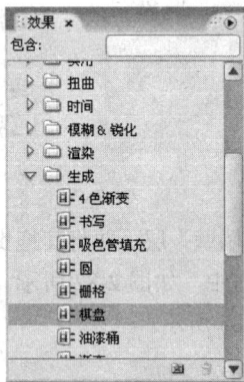
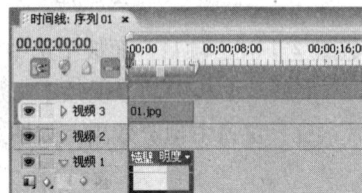

图 2-87　　　　　　图 2-88　　　　　　图 2-89

步骤 6 选择"效果控制"面板，展开"棋盘"特效，将"定位点"选项设置为 400 和 330，将"宽"选项设为 25，单击"混合模式"选项后面的按钮，在下拉列表中选择"屏幕"，其他设置如图 2-90 所示。在"节目"窗口中预览效果，如图 2-91 所示。

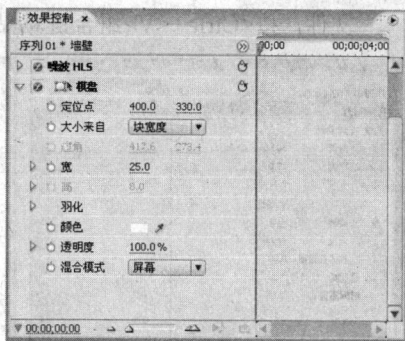

图 2-90

步骤 7 选择"窗口 > 工作区 > 效果"命令，弹出"效果"面板，展开"视频特效"效果分类选项，单击"生成"文件夹前面的三角形按钮▷将其展开，选中"4色渐变"特效，如图 2-92 所示。将"4色渐变"特效拖曳到"时间线"窗口中"视频 1"轨道上的"墙壁"层上，如图 2-93 所示。

图 2-91

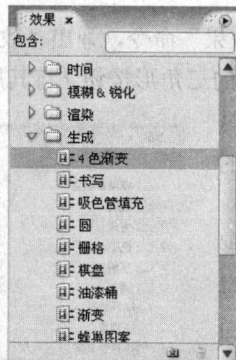

图 2-92

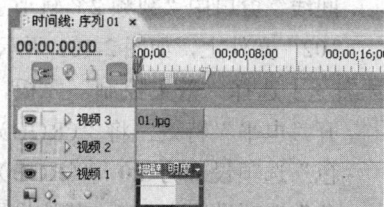

图 2-93

步骤 8 选择"效果控制"面板，展开"4色渐变"特效，将"混合"选项设置为40，"抖动"选项设置为 30%，单击"混合模式"选项后面的按钮，在下拉列表中选择"屏幕"，其他设置如图 2-94 所示。在"节目"窗口中预览，效果如图 2-95 所示。在"项目"面板中，选中"02"文件并将其拖曳到"时间线"面板中的"视频 2"轨道中，如图 2-96 所示。

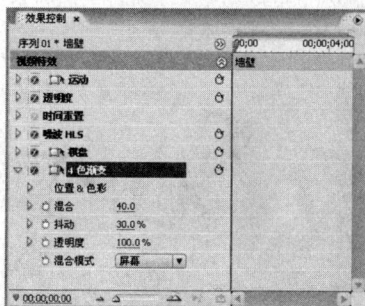

图 2-94

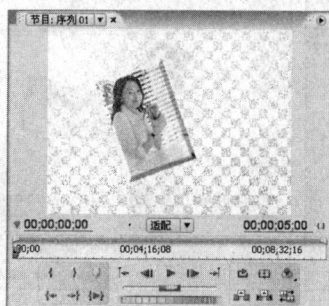

图 2-95

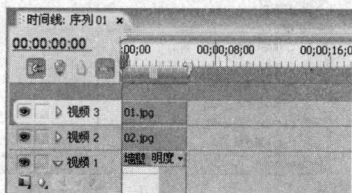

图 2-96

4. 调整图像亮度

步骤 1 在"时间线"面板选中"视频 2"轨道中的"02"文件，选择"效果控制"面板，展开"运动"选项，将"位置"选项设置为 500 和 288，"比例"选项设置为 20，"旋转"选项设置为-8，如图 2-97 所示。在"节目"窗口中预览效果，如图 2-98 所示。

步骤 2 在"时间线"面板选中"01"文件，选择"效果控制"面板，按住<Ctrl>键，选中"裁剪"特效和"斜角边"特效，再按<Ctrl>+<C>组合键复制特效，在"时间线"面板选中"02"

文件，按<Ctrl>+<V>组合键粘贴特效，在"节目"窗口中预览效果，如图2-99所示。

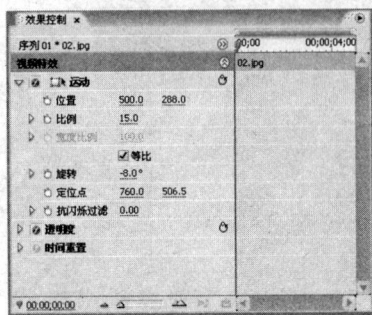
图 2-97

图 2-98

图 2-99

步骤 3 选择"窗口 > 工作区 > 效果"命令，弹出"效果"面板，展开"视频特效"效果分类选项，单击"调节"文件夹前面的三角形按钮▷将其展开，选中"电平"特效，如图 2-100 所示。将"电平"特效拖曳到"时间线"窗口中"视频2"轨道上的"02"文件上，如图2-101所示。

步骤 4 选择"效果控制"面板，展开"电平"特效，将"（RGB）黑色"选项设置为 20，"（RGB）白色"选项设置为230，其他设置如图2-102所示。在"节目"窗口中预览效果，如图2-103所示。

步骤 5 都市女孩制作完成的效果如图2-104所示。

图 2-100

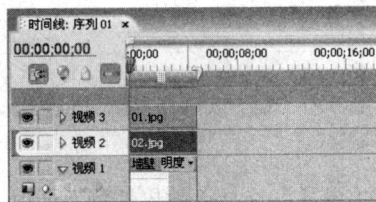
图 2-101

图 2-102

图 2-103

图 2-104

2.2.3 【相关工具】

1. 切割素材

在 Premiere Pro CS3 中，当素材被添加到"时间线"面板中的轨道后，必须对此素材进行分割才能进行后面的操作，可以应用工具箱中的剃刀工具来完成。具体操作步骤如下。

步骤 1　选择"剃刀"工具 ✂。

步骤 2　将鼠标指针移到需要切割影片片段的"时间线"面板中的某一素材上单击，该素材即被切割为两个素材，每一个素材都有独立的长度以及入点与出点，如图 2-105 所示。

步骤 3　如果要将多个轨道上的素材在同一点分割，则按住<Shift>键的同时，会显示多重刀片，轨道上所有未锁定的素材都在该位置被分割为两段，如图 2-106 所示。

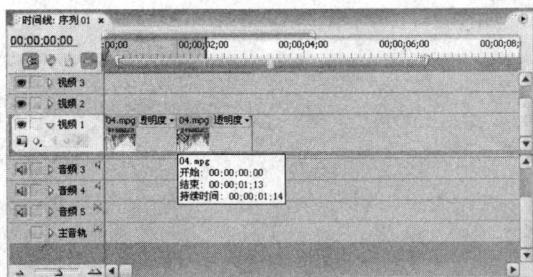

图 2-105

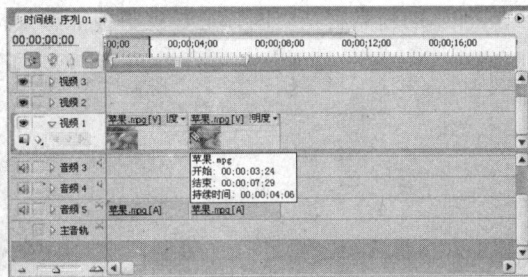

图 2-106

2. 插入和覆盖编辑

用户可以选择插入和覆盖编辑，将"素材源"窗口或者"项目"窗口中的素材插入到"时间线"面板中。在插入素材时，可以锁定其他轨道上的素材或切换，以避免引起不必要的变动。锁定轨道非常有用，如可以在影片中插入一个视频素材而不改变音频轨道。

"插入"按钮 🔳 和"覆盖"按钮 🔳 可以将"素材源"窗口中的片段直接置入"时间线"面板中的时间标记 🔻 位置的当前轨道中。

◎ 插入编辑

使用插入工具插入片段时，凡是处于时间标记 🔻 之后（包括部分处于时间标记 🔻 之后）的素材都会向后推移。如果时间标记 🔻 位于轨道中的素材之上，插入新的素材会把原有素材分为两段，直接插在其中，原素材的后半部分将会向后推移，接在新素材之后。使用插入工具插入素材的具体操作步骤如下。

步骤 1　在"素材源"窗口中选中要插入"时间线"面板中的素材，并为其设置入点和出点。

步骤 2　在"时间线"面板中将时间标记 🔻 移动到需要插入的时间点，如图 2-107 所示。

步骤 3　单击"素材源"窗口下方的"插入"按钮 🔳，将选择的素材插入"时间线"面板中，插入的新素材会直接插入其中，把原有素材分为两段，原素材的后半部分将会向后推移，接在新素材之后，效果如图 2-108 所示。

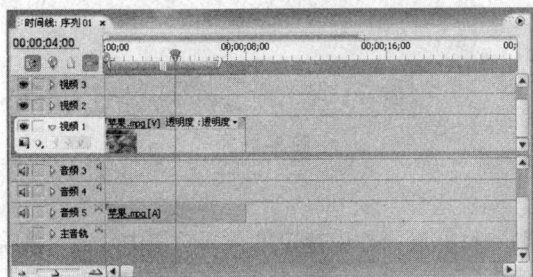

图 2-107

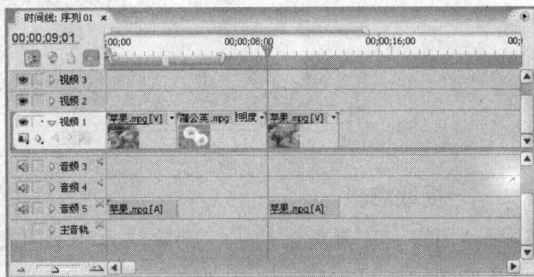

图 2-108

◎ 覆盖编辑

使用覆盖工具插入素材的具体操作步骤如下。

步骤 1 在"素材源"窗口中选中要插入"时间线"面板中的素材，并为其设置入点和出点。

步骤 2 在"素材源"窗口中将时间标记 移动到需要插入的时间点，如图 2-109 所示。

步骤 3 单击"素材源"窗口下方的"覆盖"按钮，将选择的素材插入"时间线"面板中，加入的新素材在时间标记 处将覆盖源素材，如图 2-110 所示。

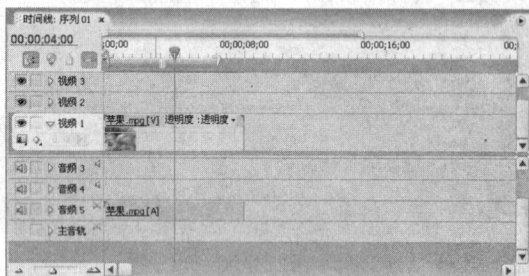
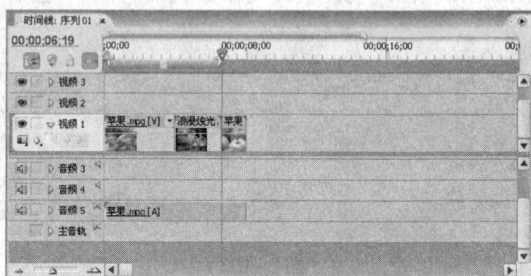

图 2-109　　　　　　　　　　　　　图 2-110

3. 提升和提取编辑

使用"提升"按钮 和"提取"按钮 可以在"时间线"面板的指定轨道上删除指定的一段节目。

◎ 提升编辑

使用提升工具对影片进行删除修改时，只会删除目标轨道中选定范围内的素材片段，对其前、后的素材以及其他轨道上素材的位置都不会产生影响。使用提升工具的具体操作步骤如下。

步骤 1 在"节目"窗口中为素材需要提取的部分设置入点、出点。设置的入点和出点同时显示在"时间线"面板的标尺上，如图 2-111 所示。

步骤 2 在"时间线"面板中提升素材的目标轨道。

步骤 3 单击"节目"窗口下方的"提升"按钮，入点和出点之间的素材将被删除。删除后的区域留下空白，如图 2-112 所示。

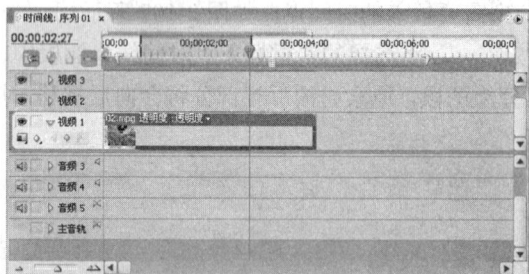
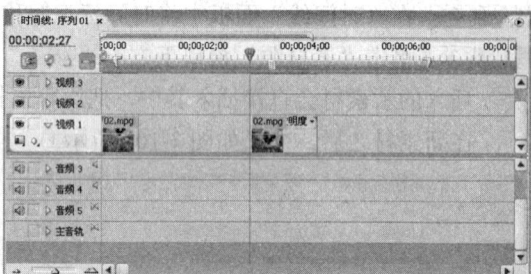

图 2-111　　　　　　　　　　　　　图 2-112

◎ 提取编辑

使用提取工具对影片进行删除修改，不但会删除目标选择栏中指定的目标轨道中片段，还会将其后面的素材前移，填补空缺。而且，对于其他未锁定轨道之中位于该选择范围之内的片段一并删除，并将后面的所有素材前移。使用提取工具的具体操作步骤如下。

步骤 1 在 "节目" 窗口中为素材需要提取的部分设置入点、出点。设置的入点和出点同时显示在 "时间线" 窗口的标尺上。

步骤 2 单击 "节目" 窗口下方的 "提取" 按钮，入点和出点之间的素材将被删除，其后面的素材自动前移，填补空缺，如图 2-113 所示。

4. 分离和连接素材

为素材建立链接的具体操作步骤如下。

步骤 1 在 "时间线" 面板中框选要进行链接的视频和音频片段。

步骤 2 单击鼠标右键，在弹出的快捷菜单中选择 "链接视音频" 命令，片段就被链接在一起。

分离素材的具体操作步骤如下。

步骤 1 在 "时间线" 面板中选择视频链接素材。

步骤 2 单击鼠标右键，在弹出的快捷菜单中选择 "解除视音频链接" 命令，即可分离素材的音频和视频部分。

链接在一起的素材被断开后，分别移动音频和视频部分使其错位，然后再链接在一起，系统会在片段上标记警告，并标识错位的时间，如图 2-114 所示。负值表示向前偏移，正值表示向后偏移。

图 2-113

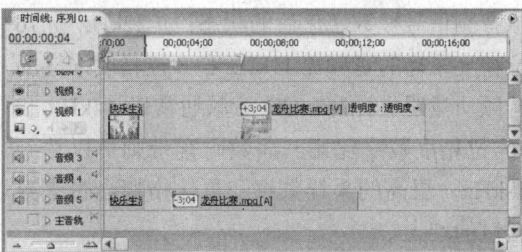

图 2-114

5. Premiere Pro CS3 中的群组

在项目编辑工作中，经常要对多个素材整体进行操作，使用群组命令，可以将多个片段组合为一个整体来进行移动、复制等操作。

建立群组素材的具体操作步骤如下。

步骤 1 在 "时间线" 面板中框选要群组的素材。

步骤 2 按住 <Shift> 键再次单击，可以加选素材。

步骤 3 在选定的素材上单击鼠标右键，在弹出的快捷菜单中选择 "编组" 命令，选定的素材被群组。

素材被群组后，在进行移动、复制等操作时，就会作为一个整体进行操作。

提 示　群组的素材无法改变其属性，如改变群组的不透明度或施加特效等，这些操作仍然针对单个素材有效。

如果要取消群组效果，可以在群组的对象上单击鼠标右键，在弹出的快捷菜单中选择 "取消编组" 命令即可。

6. 采集和上载视频

用户可以使用两种方法采集满屏视频，一是用硬件压缩实时采集，二是使用由计算机精确控制帧的录像机或者影碟机实施非实时采集。一般使用硬件压缩实时采集视频。

非实时采集方式每次抓取硬盘的一帧或一段，直到采集完成所有的影片。这种方式需要一个帧精确控制录像机、原始录像带上有时间码和用于执行非实时采集视频的第 3 方设备控制器。非实时采集视频，一般不会得到较高质量的素材。

如果用户的视频卡可以采集音频，则在采集影片的同时还可以采集音频信号。用户可以在 Premiere Pro CS3 中将音频信号采集到 Video for Windows 文件的声音通道上，或者采集到 Windows 波形文件中。

> **提示** 要将音频信号采集到的 Windows 波形文件中，可选择"文件 > 采集"命令，弹出"采集"对话框，在"记录"选项卡中选择采集音频，如图 2-115 所示。

数字化音频的质量和声音文件的大小，取决于采样的频率的位深度。这些参数决定了模拟音频信号被数字化后的状态，如 22kHz 和 16 位精度采样的音频比 11kHz 和 8 位精度采样的音频质量明显提高。CD 音频通常以 44kHz 和 16 位精度数字化比，而数码音带则可以达到 48kHz。更高的采样频率和量化指标会带来数据量的增大。

使用 Premiere Pro CS3 采集视频时，它先将视频数据临时存储到硬盘中的一个临时文件中，直到用户将该视频存储为一个 avi 文件。用户需要为采集的文件在硬盘中预留足够的空

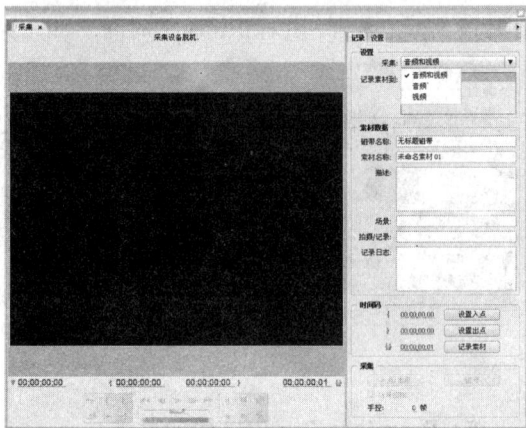

图 2-115

间，以便存放采集时产生的临时文件。另外，用户必须在采集视频后将采集的视频存储为 avi 文件，否则，数据将在下一个采集过程中被重写。

使用 Premiere Pro CS3 采集的具体操作步骤如下。

步骤 1 确定设备已正确连接，然后打开 Premiere Pro CS3，选择"文件 > 采集"命令或按<F5>键，弹出"采集"对话框，如图 2-116 所示。

步骤 2 对采集设备进行设置，选择对话框右侧的"设置"选项，切换至对应的面板，如图 2-117 所示。

步骤 3 "采集位置"栏中显示当前可用的采集设备，单击"编辑"按钮，弹出如图 2-118 所示的"项目设置"对话框。

步骤 4 在对话框中设置采集压缩质量。所采集视频的质量在于采集的数据率，数据率越高，质量越高，单击"确定"按钮，返回"采集"对话框。

步骤 5 在"采集位置"栏中设定采集使用的暂存盘，如图 2-119 所示。

步骤 6 分别在"视频"和"音频"栏中指定采集的暂存盘。原则上，应该指定计算机中的 SCSI 硬盘作为暂存盘，如果没有高速视频硬盘，可以选择剩余空间较大的硬盘作为暂存盘。

提　示 在"采集位置"区域栏中设定采集的保存路径，会显示所用硬盘的可用空间。

图 2-116

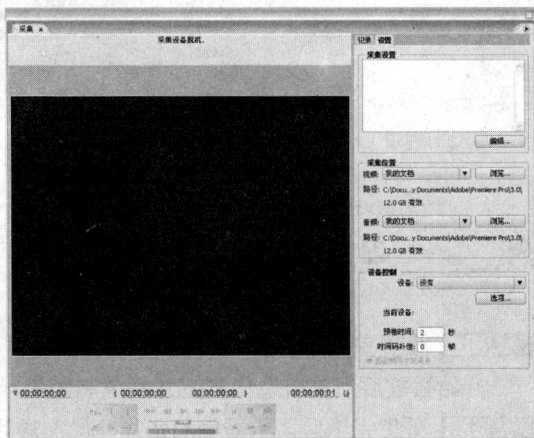

图 2-117

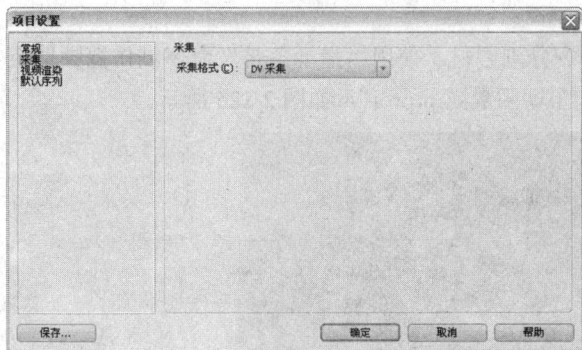

图 2-118

图 2-119

步骤 7 在"设备控制"栏中对采集控制进行设定，如图 2-120 所示。

步骤 8 在"设备"选项的下拉列表中可以指定采集时所使用的设备遥控器。单击"选项"按钮，可以在弹出的对话框中对控制设备进行设置，如图 2-121 所示。

步骤 9 "预卷时间"和"时间码补偿"栏中可以设置影片播放的偏移时间，一般情况下都设为 0，不让时间码发生偏移。

步骤 10 由于数字卡或者其他硬件的问题，有可能在采集的时候发生丢帧情况。如果丢帧情况严重，可能会使影片无法流畅播放。勾选"因丢帧而中断采集"复选框，如果在采集素材过程中出现丢帧，采集会自动停止。

步骤 11 图 2-122 所示的"素材数据"栏用于对采集的素材进行备注设置，主要是填写一些注释信息。在素材比较多的情况下，加入备注是非常有用的，可以方便管理素材，"时间码"栏是比较重要的，可以在该参数栏中设置采集影片的入点和出点位置。对于具有遥控录像机功能的设备来说，由于可以精确控制时码，使用打点采集非常方便。在"采集"栏中单击"入点/出点"按钮可以采集"时间码"栏设定的入点与出点间的设定片段；单击"磁带"按钮则可以采集整个磁带，如图 2-123 所示。

图 2-120

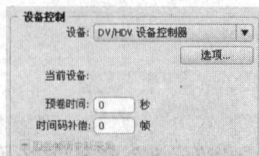
图 2-121

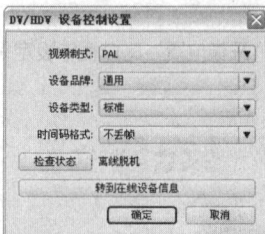
图 2-122

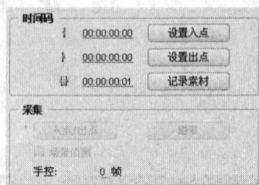
图 2-123

> **提 示** 如果视频采集机器不带遥控装置的话，需要手动控制录像机进行采集，这时无法设置入点和出点。

步骤 12 设置完成后，接下来开始上载（采集）素材。用控制面板遥控录像机进行采集，录像带开始播放后，单击采集按钮开始录制采集，按<Esc>键可中止采集。

步骤 13 采集完毕后，所采集的影片片段在项目窗口中可以找到。

2.2.4 【实战演练】——朝阳晨露

使用"设置序列标记"命令和"提取"命令分割素材，使用"滑动条带"命令制作视频切换效果。（最终效果参看光盘中的"Ch02\朝阳晨露\朝阳晨露.prproj"，如图 2-125 所示。）

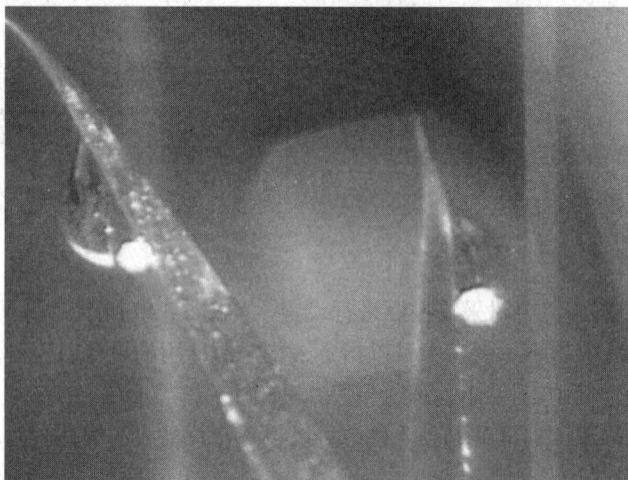
图 2-124

2.3 自然风光片头

2.3.1 【操作目的】

使用"字幕"命令编辑文字与背景效果，使用"时钟擦除"命令制作倒计时效果，使用"比例"选项编辑图像大小。（最终效果参看光盘中的"Ch02\自然风光片头\自然风光片头.prproj"，如图 2-125 所示。）

图 2-125

2.3.2　【操作步骤】

1. 编辑数字

步骤 1　启动 Premiere Pro CS3，弹出"欢迎使用 Adobe Premiere Pro"欢迎界面，单击"新建项目"按钮，如图 2-126 所示，弹出"新建项目"对话框。在对话框左侧的列表中展开"DVCPR050 \ 480i"选项，选中"DVCPR050 NTSC 标准"模式，设置"位置"选项，选择保存文件路径，在"名称"文本框中输入文件名"自然风光片头"，如图 2-127 所示，单击"确定"按钮。

图 2-126

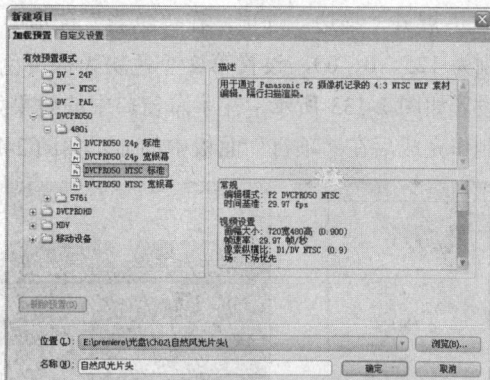

图 2-127

步骤 2　选择"文件 > 新建 > 字幕"命令，弹出"新建字幕"对话框，在"名称"文本框中输入"数字1"，如图 2-128 所示。单击"确定"按钮，弹出字幕编辑面板，如图 2-129 所示。

图 2-128

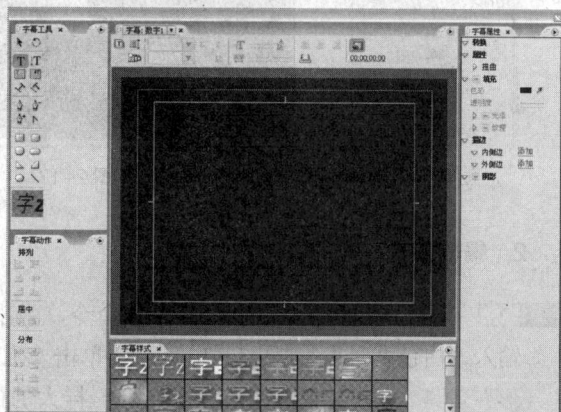

图 2-129

步骤 3 选择"文字"工具 T，在字幕窗口中输入文字"1"，如图 2-130 所示。选择"字幕属性"面板，展开"转换"和"属性"选项并进行参数设置，如图 2-131 所示。展开"填充"选项，设置"填充类型"选项为 4 色渐变，在"色彩"选项中设置左上角为橙黄色（其 R、G、B 的值分别为 255、155、0），右上角为红色（其 R、G、B 的值分别为 255、34、0），左下角为黄色（其 R、G、B 的值分别为 255、217、0），右下角为绿色（其 R、G、B 的值分别为 157、255、0），其他设置如图 2-132 所示。

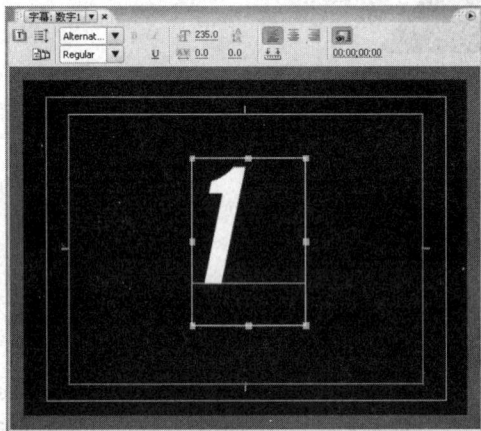
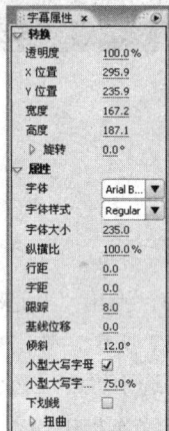

图 2-130   图 2-131   图 2-132

步骤 4 展开"描边"选项，在"色彩"选项中设置第 1 个色块为深红色（其 R、G、B 的值分别为 125、0、0），设置第 2 个色块为棕黄色（其 R、G、B 的值分别为 150、93、0），其他设置如图 2-133 所示，在字幕窗口中的效果如图 2-134 所示。用相同的方法制作数字 2~5，制作完成后在"项目"面板中的显示如图 2-135 所示。

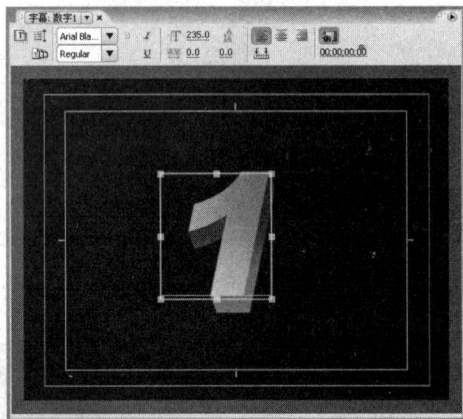
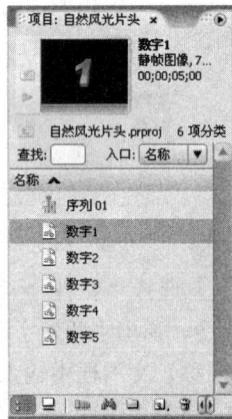

图 2-133   图 2-134   图 2-135

2. 编辑背景

步骤 1 选择"文件 > 新建 > 字幕"命令，弹出"新建字幕"对话框，在"名称"文本框中输入"白色背景"，如图 2-136 所示。单击"确定"按钮，弹出"字幕设计"窗口，选择"矩形"工具 ▢，绘制一个和字幕窗口一样大的白色矩形，在"字幕属性"面板中，展开"属性"、"填充"和"描边"选项，设置"色彩"选项的颜色为白色，其他设置如图 2-137 所示。

步骤 2 选择"直线"工具 ，在字幕窗口中绘制一条直线，如图 2-138 所示。展开"填充"选项，设置"色彩"选项的颜色为黑色，如图 2-139 所示。用相同的方法绘制出另外一条垂直直线，如图 2-140 所示。

步骤 3 选择"椭圆"工具 ，按住<Shift>键绘制第一个圆形，在"字幕属性"面板中，展开"转换"、"属性"和"填充"选项，在"填充"选项中设置"色彩"选项的颜色为黑色，其他设置如图 2-141 所示。字幕窗口中的效果如图 2-142 所示。

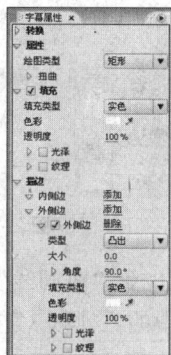

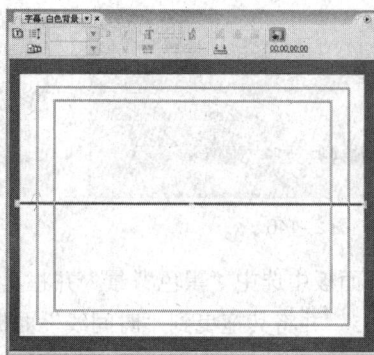

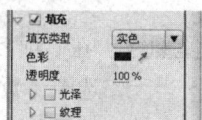

图 2-136　　　　　图 2-137　　　　　图 2-138　　　　　图 2-139

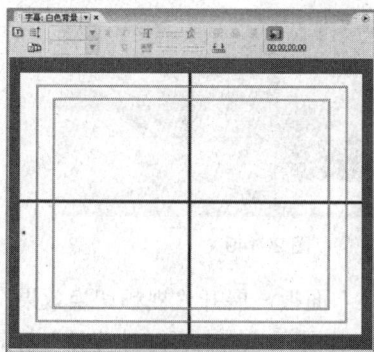

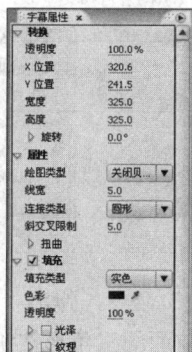

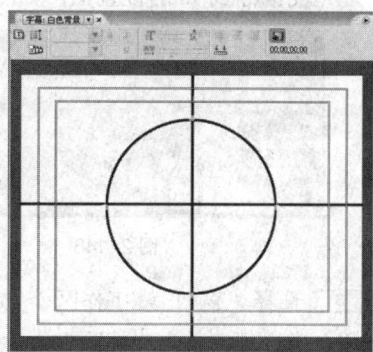

图 2-140　　　　　　　　图 2-141　　　　　　　　图 2-142

步骤 4 选择"椭圆"工具 ，按住<Shift>键绘制第一个圆形，在"字幕属性"面板中，展开"转换"、"属性"和"填充"选项，在"填充"选项中设置"色彩"选项的颜色为黑色，其他设置如图 2-143 所示。字幕窗口中的效果如图 2-144 所示。用相同的方法制作出"黑色背景"效果，标题窗口中的效果如图 2-145 所示。

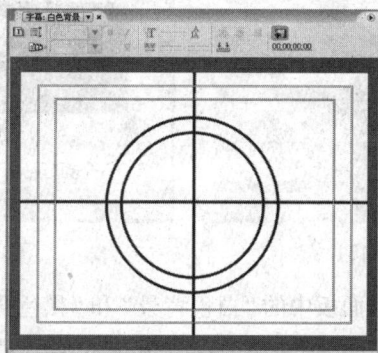

图 2-143　　　　　　　　图 2-144　　　　　　　　图 2-145

3. 制作倒计时动画

步骤1 在"项目"面板中选中"白色背景"并将其拖曳到"时间线"面板中的"视频1"轨道上，如图2-146所示。将时间指示器放置在1s的位置，在"视频1"轨道上选中"白色背景"层，将鼠标指针放在"白色背景"的尾部，当鼠标指针呈✛形状时，向右拖曳鼠标到1s的位置上，如图2-147所示。

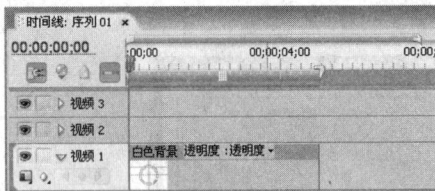 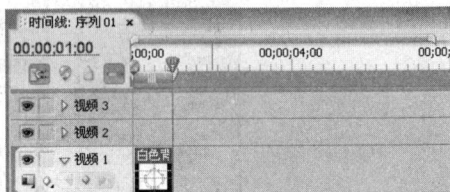

图2-146 　　　　　　　　　　　　　　　图2-147

步骤2 在"项目"面板中选中"黑色背景"并将其拖曳到"时间线"面板中的"视频2"轨道上，选中"数字5"并将其拖曳到"时间线"面板中的"视频3"轨道上，如图2-148所示。选中"黑色背景"和"数字5"层，将鼠标指针放在层的尾部，当鼠标指针呈✛形状时，向左拖曳鼠标到1s的位置上，如图2-149所示。

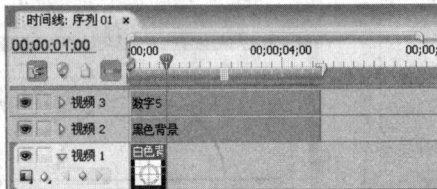 

图2-148 　　　　　　　　　　　　　　　图2-149

步骤3 选择"窗口 > 工作区 > 效果"命令，弹出"效果"面板，展开"视频切换效果"效果分类选项，单击"擦除"文件夹前面的三角形按钮▷将其展开，选中"时钟擦除"特效，如图2-150所示。将"时钟擦除"特效拖曳到"时间线"面板中"视频1"轨道中的"黑色背景"层上，如图2-151所示。在"节目"窗口中预览效果，如图2-152所示。

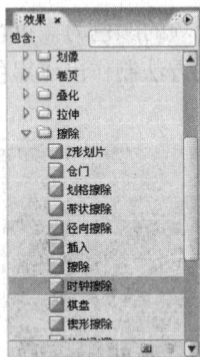  

图2-150 　　　　　图2-151 　　　　　　　　图2-152

步骤4 按住<Shift>键，选择"时间线"面板中的"白色背景"和"黑色背景"层，按<Ctrl>+<C>组合键复制层，然后按<End>键将时间标签移至尾部，并按<Ctrl>+<V>组合键粘贴层。连续按<End>键和<Ctrl>+<V>组合键到第5s结束，如图2-153所示。

步骤 5 选择"项目"面板中的其他几个数字,依次放置在"时间线"面板中的"视频3"轨道中,如图2-154所示。

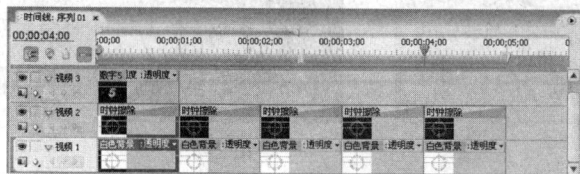

图2-153

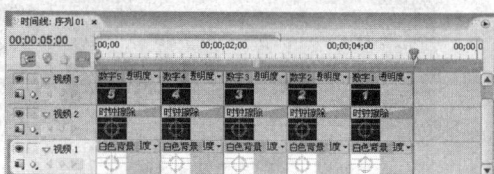

图2-154

步骤 6 选择"文件 > 导入"命令,弹出"导入"对话框,选择光盘中的"Ch02\自然风光片头\素材\ 01"文件,单击"打开"按钮导入视频文件,如图2-155所示。选择"序列 > 添加轨道"命令,弹出"添加视音轨"对话框,选项设置如图2-156所示,单击"确定"按钮,在"时间线"窗口中添加一个"视频4"轨道。

图2-155

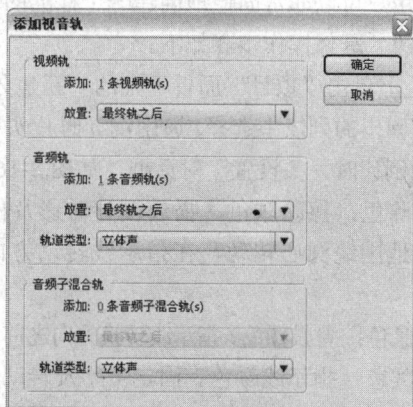

图2-156

步骤 7 将时间指示器放置在5s的位置,在"项目"面板中选中"01"文件,并将其拖曳到"视频4"轨道上,如图2-157所示。选择"效果控制"面板,展开"运动"选项,将"比例"选项设置为116,如图2-158所示。在"节目"窗口中预览,效果如图2-159所示。

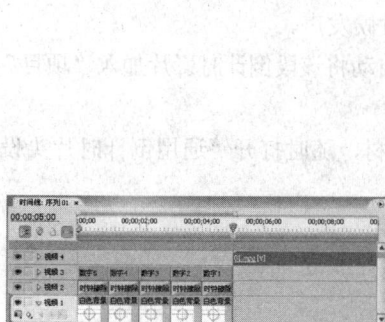

图2-157

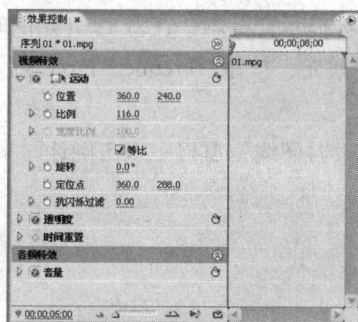

图2-158

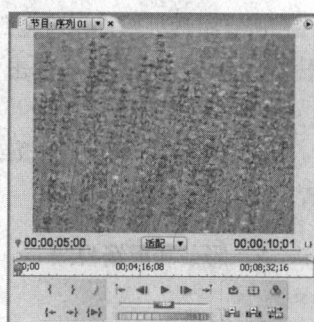

图2-159

步骤 8 在"时间线"面板中的"视频4"轨道上选中"01"文件,将时间指示器放置在7s的位置,将鼠标指针放在层的尾部,当鼠标指针呈 ✥ 形状时,向右拖曳鼠标到7s的位置上,如图2-160所示。

步骤 9 自然风光片头制作完成的效果如图2-161所示。

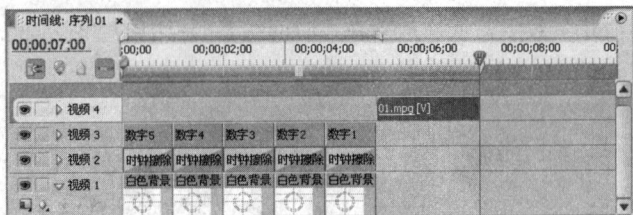

图 2-160

图 2-161

2.3.3 【相关工具】

1. 通用倒计时

通用倒计时通常用于影片开始前的倒计时准备。Premiere Pro CS3 为用户提供了现成的通用倒计时，用户可以非常简便地创建一个标准的倒计时素材，并可以在 Premiere Pro CS3 中随时对其进行修改。具体操作步骤如下。

步骤 1 单击"项目"面板下方的"新建分类"按钮 ，在弹出的列表中选择"通用倒计时片头"选项，弹出"通用倒计时片头设置"对话框，如图 2-162 所示。

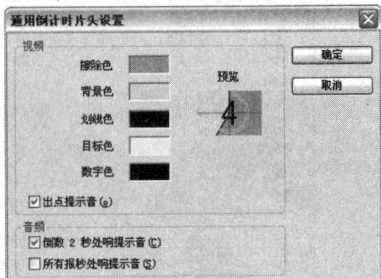

图 2-162

擦除色：擦除颜色。播放倒计时影片的时候，指示线会不停地围绕圆心转动，在指示线转动方向之后的颜色为擦除色。

背景色：背景颜色。指示线转换方向之前的颜色为背景色。

划线色：指示线颜色。固定十字及转动的指示线的颜色由该项设定。

目标色：准星颜色。指定圆形准星的颜色。

数字色：数字颜色。指定倒计时影片中 8、7、6、5、4 等数字的颜色。

出点提示音：结束提示标志。在倒计时结束时显示标志图形。

倒数 2 秒处响提示音：2s 处是提示音标志。在显示"2"的时候发声。

所有报秒处响提示音：每秒提示音标志。在每 1s 开始的时候发声。

步骤 2 设置完成后，单击"确定"按钮，Premiere Pro CS3 自动将该段倒计时影片加入"项目"面板。

用户可在"项目"面板或"时间线"窗口中双击倒计时素材，随时打开"通用倒计时片头设置"对话框进行修改。

2. 彩条和黑场视频

◎ 彩条

Premiere Pro CS3 可以为影片在开始前加入一段彩条，如图 2-163 所示。

在"项目"面板下方单击"新建分类"按钮 ，在弹出的列表中选择"彩条"选项，即可创建彩条。

◎ 黑场视频

Premiere Pro CS3 可以在影片中创建一段黑场。在"项目"面板下方单击"新建分类"按钮 ，在弹出的列表中选择"黑场视频"选项，即可创建黑场。

3. 彩色蒙版

Premiere Pro CS3 还可以为影片创建一个彩色蒙版。用户可以将彩色蒙版当做背景，也可利用"透明度"命令来设定与它相关的色彩的透明性。具体操作步骤如下。

步骤 1 在"项目"面板下方单击"新建分类"按钮 ，在弹出的列表中选择"彩色蒙版"选项，弹出"颜色拾取"对话框，如图 2-164 所示。

步骤 2 在"颜色拾取"对话框中选取蒙版所要使用的颜色，单击"确定"按钮。用户可在"项目"面板或"时间线"面板中双击彩色蒙版，随时打开"颜色拾取"对话框进行修改。

图 2-163

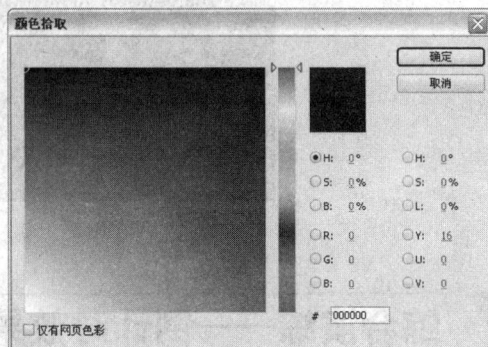

图 2-164

4. 透明视频

在 Premiere Pro CS3 中，用户可以创建一个透明的视频层，它能够应用特效到一系列的影片剪辑中而无须重复地复制和粘贴属性。只要应用一个特效到透明视频轨道上，特效结果将自动出现在下面的所有视频轨道中。

2.3.4 【实战演练】——卷轴画

使用"彩色蒙版"命令制作卷轴效果，使用"滚离"命令制作图像展开效果，使用"效果控制"面板修改图形的大小。（最终效果参看光盘中的"Ch02\卷轴画\卷轴画.prproj"，如图 5-165 所示。）

图 2-165

2.4 综合演练——镜头的快慢处理

使用剃刀工具分割文件，使用"速度/持续时间"命令改变视频播放的快慢，使用"叠化"命令添加视频与视频之间的切换效果。（最终效果参看光盘中的"Ch02\镜头的快慢处理\镜头的快慢处理.prproj"，如图 2-166 所示。）

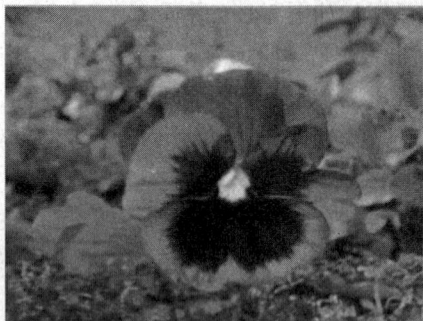

图 2-166

2.5 综合演练——倒计时效果

使用"通用倒计时片头"命令编辑默认倒计时属性，使用"速度/持续时间"命令改变视频文件的播放速度。（最终效果参看光盘中的"Ch02\倒计时效果\倒计时效果.prproj"，如图 2-167 所示。）

图 2-167

第3章 视频切换效果

本章主要介绍如何在 Premiere Pro CS3 的影片素材或静止图像素材之间建立丰富多彩的切换特效的方法。每一个图像切换的控制方式具有很多可调的选项。本章内容对于影视剪辑中的镜头切换有着非常实用的意义，它可以使剪辑的画面更加富于变化，更加生动多姿。

课堂学习目标

- 视频切换特技设置
- 高级切换特技

3.1 美食欣赏

3.1.1 【操作目的】

使用"导入"命令导入图片，使用快捷键添加叠加切换效果，使用快捷键调整时间指示器。（最终效果参看光盘中的"Ch03\美食欣赏\美食欣赏.prproj"，如图3-1所示。）

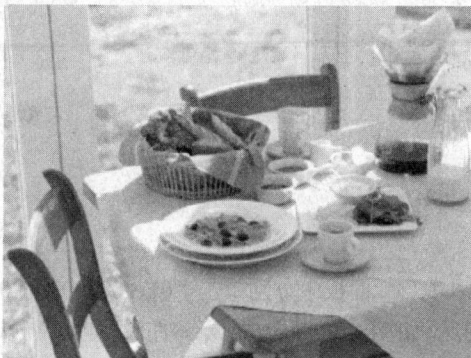

图 3-1

3.1.2 【操作步骤】

1. 新建项目

步骤 1 启动 Premiere Pro CS3，弹出"欢迎使用 Adobe Premiere Pro"的欢迎界面，单击"新建项目"按钮 ⬛，如图 3-2 所示，弹出"新建项目"对话框。在对话框左侧的列表中展开

"DVCPR050\480i" 选项，选中 "DVCPR050 NTSC 标准" 模式，设置 "位置" 选项，选择保存文件路径，在 "名称" 文本框中输入文件名 "美食欣赏"，如图 3-3 所示，单击 "确定" 按钮。

图 3-2

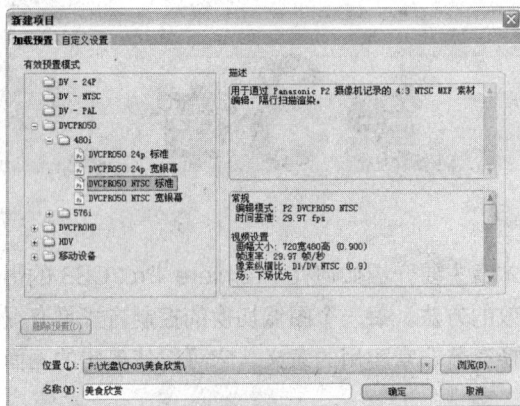

图 3-3

步骤 2 选择 "文件 > 导入" 命令，弹出 "导入" 对话框，选择光盘中的 "Ch03\美食欣赏\素材\ 01、02、03 和 04" 文件，单击 "打开" 按钮导入图片，如图 3-4 所示。导入后的文件将排列在 "项目" 面板中，如图 3-5 所示。

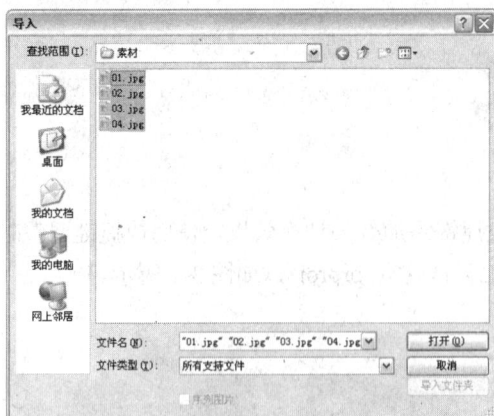

图 3-4

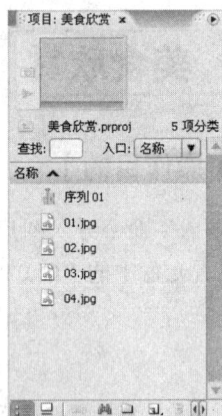

图 3-5

2. 添加视频切换效果

步骤 1 按住 <Ctrl> 键，在 "项目" 面板中分别单击 "01、02、03 和 04" 文件，并将其拖曳到 "时间线" 面板中的 "视频 1" 轨道中，如图 3-6 所示。在 "视频 1" 轨道中分别选中图片，选择 "效果控制" 面板，展开 "运动" 选项，将 "比例" 选项均设置为 105。将时间指示器放置在 0s 的位置，按 <Page Down> 键，时间指示器转到 "02" 文件的开始位置，如图 3-7 所示。

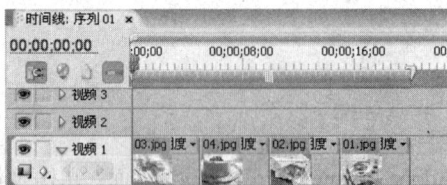

图 3-6

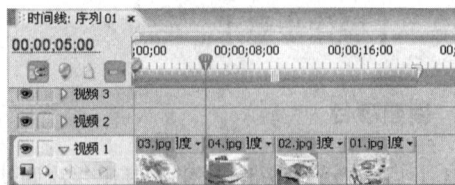

图 3-7

步骤 2 按<Ctrl>+<D>组合键，在 "01" 文件的结尾处与 "02" 文件的开始位置添加一个默认的切换效果，如图 3-8 所示。在 "节目" 窗口中预览效果，如图 3-9 所示。

图 3-8

图 3-9

步骤 3 再次按<Page Down>键，时间指示器转到 "03" 文件的开始位置，如图 3-10 所示。按 < Ctrl >+<D>组合键，在 "02" 文件结尾处与 "03" 文件开始位置添加一个默认的切换效果，在 "节目" 窗口中预览效果，如图 3-11 所示。

图 3-10

图 3-11

步骤 4 用相同的制作方法在 "03" 文件结尾处与 "04" 文件开始位置添加一个默认的切换效果，如图 3-12 所示。美食欣赏制作完成的效果如图 3-13 所示。

图 3-12

图 3-13

3.1.3 【相关工具】

1. 使用镜头切换

一般情况下，切换在同一轨道的两个相邻素材之间使用，如图 3-14 所示。当然，也可以单独为一个素材施加切换，这时候素材与其下方的轨道进行切换，但是下方的轨道只是作为背景使用，并不能被切换所控制。

为影片添加切换后，可以改变切换的长度。最简单的方法是在序列中选中"切换"按钮 ，拖曳切换的边缘即可。还可以在"效果控制"面板中对切换进一步调整，双击切换即可打开面板。

切换包括多种设置，都可在"特效控制"对话框中进行调节，包括"显示实际来源"、"边宽"、"边色"、"反转"、"抗锯齿品质"等，如图 3-15 所示。

图 3-14

2. 调整切换区域

在右侧的时间线区域里可以设置切换的长度和位置。在两段影片加入切换后，时间线上会有一个重叠区域，这个重叠区域就是发生切换的范围。同"时间线"面板中只显示入点和出点间的影片不同，在"效果控制"面板的时间线中，会显示影片的完全长度。这样设置的优点是可以随时修改影片参与切换的位置。

将鼠标指针移动到影片上，按住鼠标左键拖曳，即可移动影片的位置，改变切换的影响区域，如图 3-16 所示。

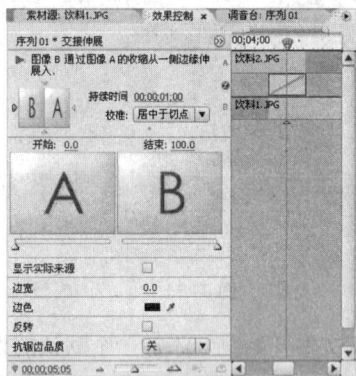

图 3-15

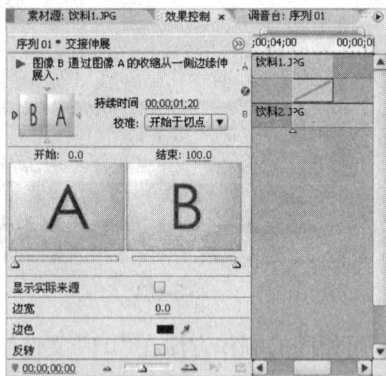

图 3-16

将鼠标指针移动到切换中线上拖曳，可以改变切换位置，如图 3-17 所示。还可以将鼠标指针移动到切换上拖曳改变位置，如图 3-18 所示。

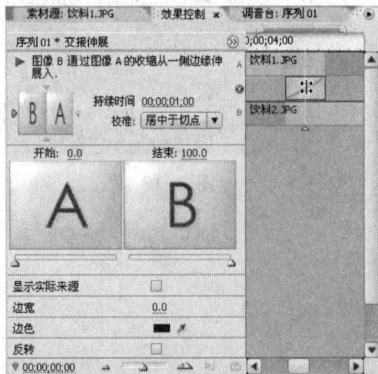

图 3-17

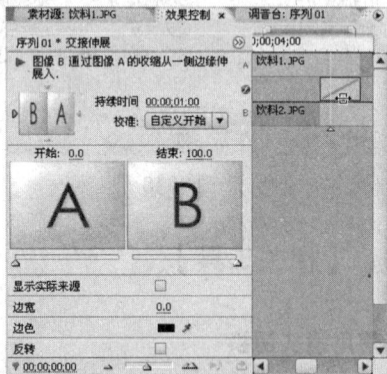

图 3-18

在左边的"校准"下拉列表中提供了几种切换对齐方式。

（1）居中于切点：将切换添加到两剪辑的中间部分，如图 3-19 和图 3-20 所示。

图 3-19

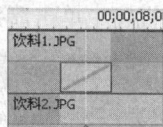

图 3-20

（2）开始在切点：以片段 B 的入点位置为准建立切换，如图 3-21 和图 3-22 所示。

图 3-21

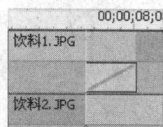

图 3-22

（3）结束在切点：将切换点添加到第一个剪辑的结尾处，如图 3-23 和图 3-24 所示。

图 3-23

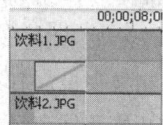

图 3-24

（4）自定义开始：表示可以通过自定义添加设置。

将鼠标指针移动到切换边缘，可以拖曳改变切换的长度，如图 3-25 所示。

如果加入切换的影片入点和出点没有扩展区域，加入切换时会提出警告，并且系统会自动在出点和入点处，根据切换的时间加入一段静止画面来过渡，如图 3-26 所示。

在调整切换区域的时候，"节目"窗口中会分别显示切换影片的出点和入点画面，如图 3-27 所示，以观察调节效果。

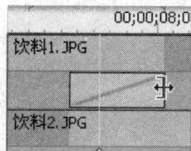

图 3-25

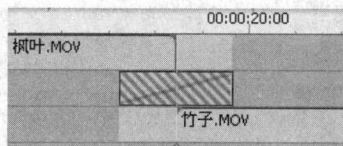

图 3-26

图 3-27

3．切换设置

在左边的切换设置中，可以对切换做进一步的设置，如图 3-28 所示。

默认情况下，切换都是从 A 到 B 完成的。要改变切换的开始和结束状态，可拖曳"开始"和"结束"滑块。按住<Shift>键并拖曳滑块可以使开始和结束滑块以相同的数值变化。

勾选"显示实际来源"复选框，可以在切换设置面板上方"启动"和"结束"窗口中显示切换的开始帧和结束帧，如图 3-29 所示。

勾选"反转"复选框，可以切换顺序，由 A 至 B 的切换变为由 B 至 A。

在对话框上方单击▶按钮，可以在小视窗中预览切换效果。对于某些有方向性的切换来说，可以在上方小视窗中单击箭头改变切换的方向，如图 3-30 所示。

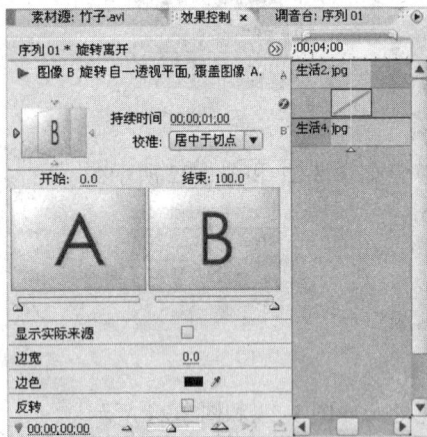
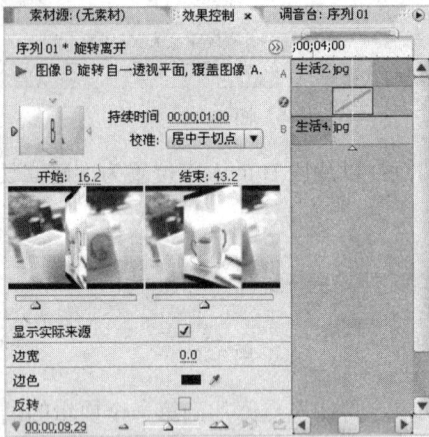
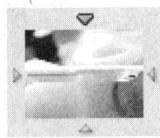

图 3-28　　　　　　　　　　　　　　　图 3-29　　　　　　　　　　图 3-30

对于某些切换来说，具有位置的性质，如出入屏的时候画面从屏幕的哪个位置开始。这时候可以在切换的开始和结束显示框中调整位置，如图 3-31 所示。

对话框上方的"持续时间"栏中可以输入切换的持续时间，这与拖曳切换边缘改变长度是相同的。

4. 设置默认切换

选择"编辑 > 参数 > 常规"命令，在弹出的"参数"对话框中进行切换的默认设置。

可以将当前选定的切换设为默认切换，这样，在使用如自动导入这样的功能时，所建立的都是该切换，并可以分别设定视频和音频切换的默认时间，如图 3-32 所示。

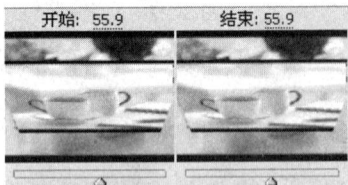
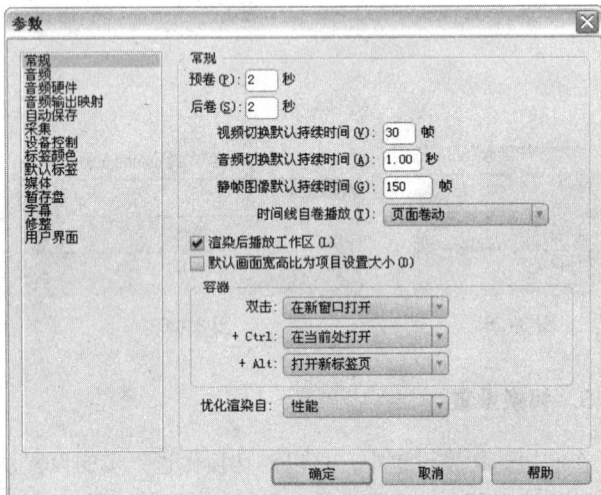

图 3-31　　　　　　　　　　　　　　　　　　图 3-32

Premiere Pro CS3 将各种转换特效根据类型的不同，分别放在"效果"面板中的"视频切换效果"文件夹下的子文件夹中，用户可以根据使用的转换类型，方便地进行查找。

3.1.4 【实战演练】——茶艺欣赏

使用"导入"命令导入图片,使用快捷键添加叠加切换效果,使用快捷键调整时间指示器。(最终效果参看光盘中的"Ch03\茶艺欣赏\茶艺欣赏. prproj",如图 3-33 所示。)

图 3-33

3.2　出水芙蓉

3.2.1 【操作目的】

使用"比例"选项编辑图像的大小,使用"斜叉滑动"命令制作视频斜线滑动效果,使用"形状划像"命令制作视频菱形划像的效果,使用"卷页"命令制作视频卷页效果,使用"自动色彩"命令编辑视频的色彩,使用"调色"命令调整视频的颜色。(最终效果参看光盘中的"Ch03\出水芙蓉\出水芙蓉. prproj",如图 3-34 所示。)

图 3-34

3.2.2 【操作步骤】

1. 新建项目

步骤 1 启动 Premiere Pro CS3,弹出"欢迎使用 Adobe Premiere Pro"欢迎界面,单击"新建

项目"按钮 ，如图 3-35 所示，弹出"新建项目"对话框。在对话框左侧的列表中展开"DVCPR050\480i"选项，选中"DVCPR050 NTSC 标准"模式，设置"位置"选项，选择保存文件路径，在"名称"文本框中输入文件名"出水芙蓉"，如图 3-36 所示，单击"确定"按钮。

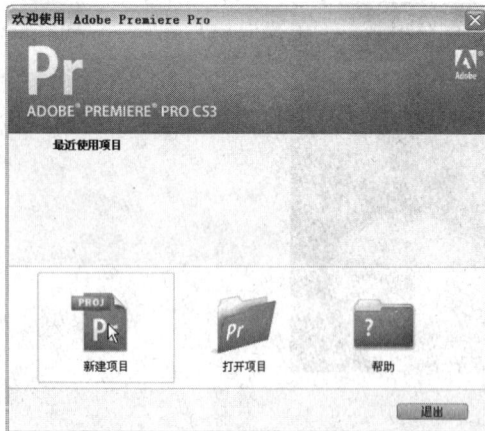

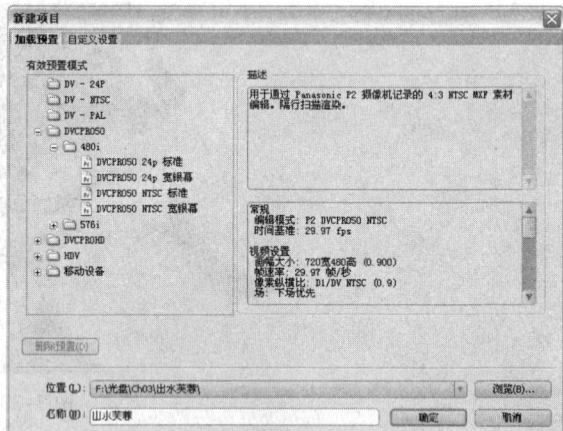

图 3-35　　　　　　　　　　图 3-36

步骤 2 选择"文件 > 导入"命令，弹出"导入"对话框，选择光盘中的"Ch03\出水芙蓉\素材\01、02、03 和 04"文件，单击"打开"按钮导入视频文件，如图 3-37 所示。导入后的文件将排列在"项目"面板中，如图 3-38 所示。

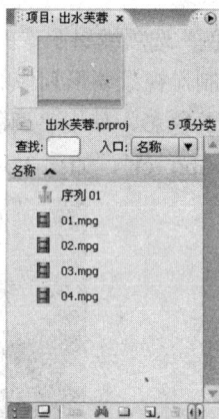

图 3-37　　　　　　　　　　图 3-38

步骤 3 按住<Ctrl>键，在"项目"面板中分别选中"01、02、03 和 04"文件，并将其拖曳到"时间线"面板中的"视频 1"轨道中，如图 3-39 所示。在"视频 1"轨道中选中 01 图片，选择"效果控制"面板，展开"运动"选项，将"比例"选项设置为 85。

图 3-39

2. 制作视频切换特效

步骤 1 选择"窗口 > 效果"命令，弹出"效果"面板，展开"视频切换效果"分类选项，单击"滑动"文件夹前面的三角形按钮▷将其展开，选中"斜叉滑动"特效，如图 3-40 所示。将"斜叉滑动"特效拖曳到"时间线"面板中"01"文件的结尾处与"02"文件的开始位置，如图 3-41 所示。

步骤 2 在"效果"面板中，展开"视频切换效果"分类选项，单击"划像"文件夹前面的三角形按钮▷将其展开，选中"形状划像"特效，如图 3-42 所示。将"形状划像"特效拖曳到"时间线"面板中"02"文件的结尾处与"03"文件的开始位置，如图 3-43 所示。

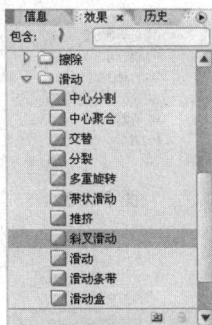

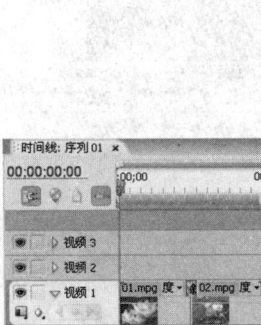

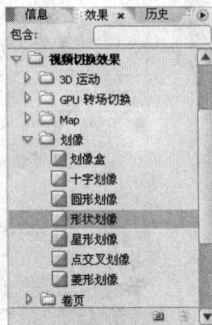

图 3-40　　　　　图 3-41　　　　　图 3-42　　　　　图 3-43

步骤 3 选择"效果"面板，展开"视频切换效果"分类选项，单击"卷页"文件夹前面的三角形按钮▷将其展开，选中"卷页"特效，如图 3-44 所示。将"卷页"特效拖曳到"时间线"面板中"03"文件的结尾处与"04"文件的开始位置，如图 3-45 所示。

步骤 4 选择"效果"面板，展开"视频特效"分类选项，单击"调节"文件夹前面的三角形按钮▷将其展开，选中"自动色彩"特效，如图 3-46 所示。将"自动色彩"特效拖曳到"时间线"面板中"03"文件上，如图 3-47 所示。

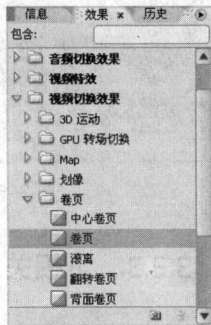

图 3-44

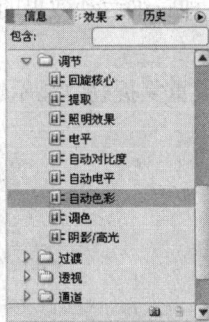

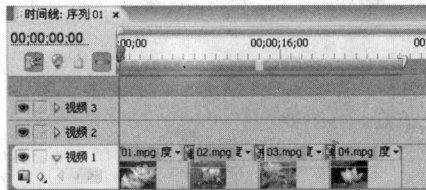

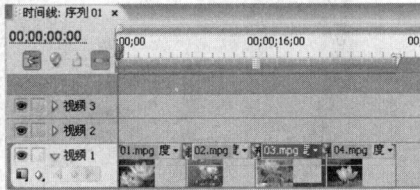

图 3-45　　　　　图 3-46　　　　　图 3-47

步骤 5 将时间指示器放在 03 文件中。选择"效果控制"面板，展开"自动色彩"特效并进行参数设置，如图 3-48 所示。在"节目"窗口中预览效果，如图 3-49 所示。

步骤 6 选择"效果"面板，展开"视频特效"分类选项，单击"调节"文件夹前面的三角形按钮▷将其展开，选中"调色"特效，如图 3-50 所示。将"调色"特效拖曳到"时间线"面板中的"03"文件上，如图 3-51 所示。

步骤 7 选择"效果控制"面板，展开"调节"选项并进行参数设置，如图 3-52 所示。出水芙蓉制作完成的效果如图 3-53 所示。

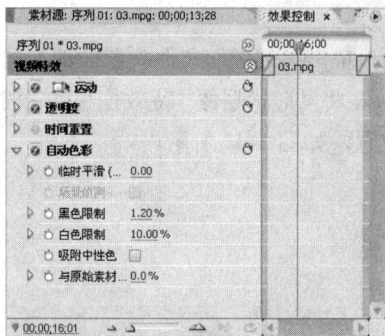

图 3-48

图 3-49

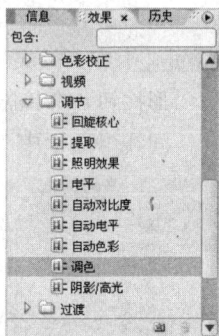

图 3-50

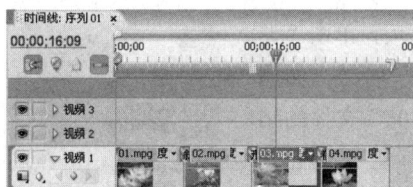

图 3-51

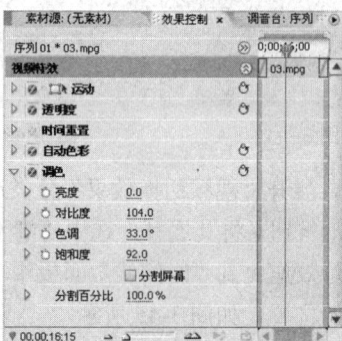

图 3-52

图 3-53

3.2.3 【相关工具】

1. 3D 运动

在"3D 运动"文件夹中共包含 10 种三维运动效果的场景切换。

◎ 上折叠

"上折叠"特效使影片 A 像纸一样被重复折叠，显示影片 B，效果如图 3-54 和图 3-55 所示。

图 3-54

图 3-55

◎ 摆入

"摆入"特效使影片 B 过渡到影片 A 产生内关门效果，如图 3-56 和图 3-57 所示。

图 3-56

图 3-57

◎ 摆出

"摆出"特效使影片 B 过渡到影片 A 产生外关门效果，效果如图 3-58 和图 3-59 所示。

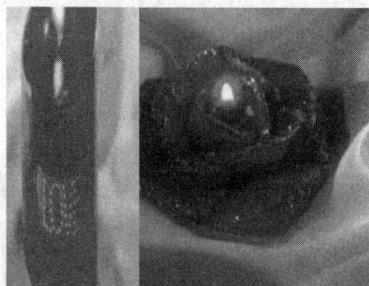

图 3-58

图 3-59

◎ 旋转

"旋转"特效使影片 B 从影片 A 中心展开，效果如图 3-60 和图 3-61 所示。

图 3-60

图 3-61

◎ 旋转离开

"旋转离开"特效使影片 B 从 A 中心旋转出现，效果如图 3-62 和图 3-63 所示。

图 3-62

图 3-63

◎ 窗帘

"窗帘"特效使影片 A 如同窗帘一样被拉起，显示影片 B，效果如图 3-64 和图 3-65 所示。

图 3-64

图 3-65

◎ 立方旋转

"立方旋转"特效可以使影片 A 和 B 分别以立方体的两个面过渡转换，效果如图 3-66 和图 3-67 所示。

图 3-66

图 3-67

◎ 翻转

"翻转"特效使影片 A 翻转到 B。在"效果控制"面板中单击"自定义"（自定义）按钮，弹出"翻转设置"对话框，如图 3-68 所示。

带状：输入空翻的影像数量。

填充色：设置空白区域颜色。

> **提 示** 在"带状"文本框中输入的最大数值为 8。

"翻转"切换效果如图 3-69 和图 3-70 所示。

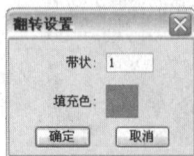

图 3-68

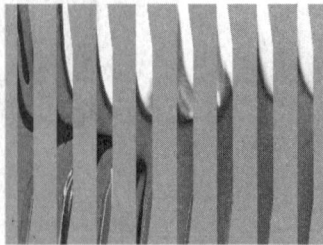

图 3-69

图 3-70

◎ 翻转离开

"翻转离开"特效使影片 A 旋转翻入影片 B，效果如图 3-71 和图 3-72 所示。

图 3-71

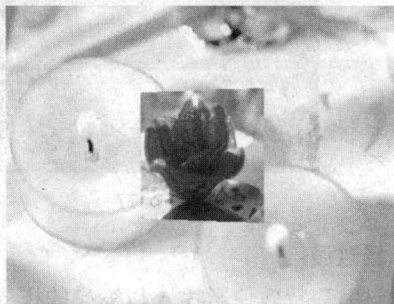

图 3-72

◎ 门

"门"特效使影片 B 如同关门一样覆盖影片 A，效果如图 3-73 和图 3-74 所示。

图 3-73

图 3-74

2. 叠化

在"叠化"文件夹下，共包含 7 种叠化效果的视频切换特效。

◎ 叠化

"叠化"特效使影片 A 淡化为影片 B。该切换为标准的淡入淡出切换。在支持 Premiere Pro CS3 的双通道视频卡上，该切换可以实现实时播放，效果如图 3-75 和图 3-76 所示。

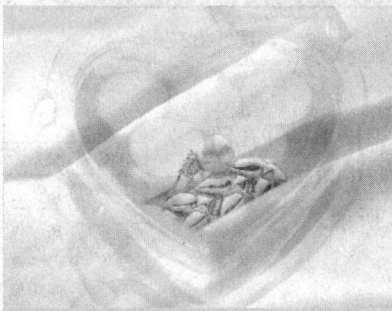

图 3-75

图 3-76

◎ 抖动叠化

"抖动叠化"特效使影片 B 以点的方式出现，取代影片 A，效果如图 3-77 和图 3-78 所示。

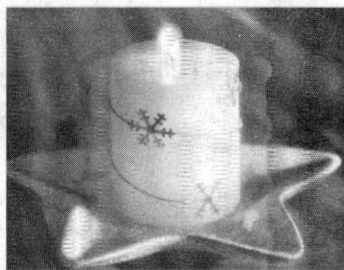

图 3-77

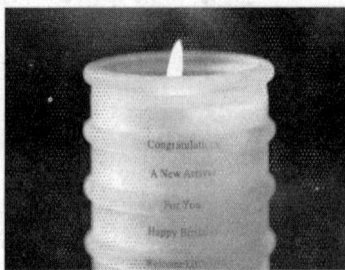

图 3-78

◎ 白场过渡

"白场过渡"特效使影片 A 以变亮的模式淡化为影片 B，效果如图 3-79 和图 3-80 所示。

图 3-79

图 3-80

◎ 附加叠化

"附加叠化"特效使影片 A 以加亮模式淡化为影片 B，效果如图 3-81 和图 3-82 所示。

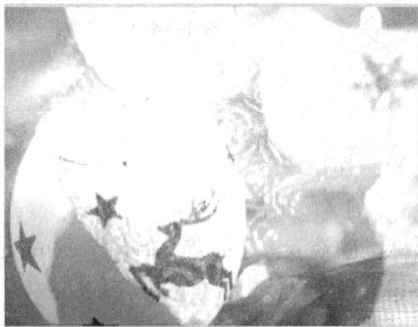

图 3-81

图 3-82

◎ 随机反转

"随机反转"特效以随意块方式使影片 A 过渡到影片 B，并在随意块中显示反色效果。双击效果，在"效果控制"窗口中单击"自定义"按钮，弹出"随机翻转设置"对话框，如图 3-83 所示。

宽：图像水平随意块数量。

高：图像垂直随意块数量。

反转来源：显示素材即影片 A 反色效果。

翻转目标：显示素材即影片 B 反色效果。

"随机反转"特效切换效果如图 3-84 和图 3-85 所示。

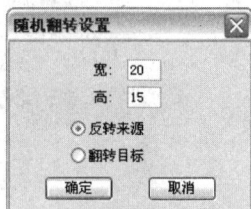

图 3-83

图 3-84

图 3-85

◎ 非附加叠化

"非附加叠化"特效使影片 A 与影片 B 的亮度叠加消溶，效果如图 3-86 和图 3-87 所示。

图 3-86

图 3-87

◎ 黑场过渡

"黑场过渡"特效使影片 A 以变暗的模式淡化为影片 B，效果如图 3-88 和图 3-89 所示。

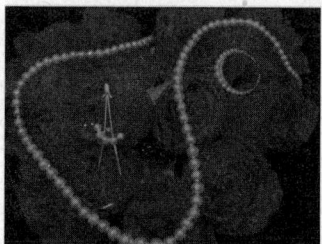

图 3-88

图 3-89

3. GPU 转场切换

在"GPU 转场切换"文件夹下，共包含 5 种视频转换特效。

◎ 中心卷页

"中心卷页"特效使影片 A 在正中心分为 4 块分别向四角卷起，露出影片 B，效果如图 3-90 和图 3-91 所示。

图 3-90

图 3-91

◎ 卡片翻转

"卡片翻转"特效使影片 A 分割成若干个矩形，然后使矩形依次翻转显示影片 B，效果如图 3-92 和图 3-93 所示。

图 3-92

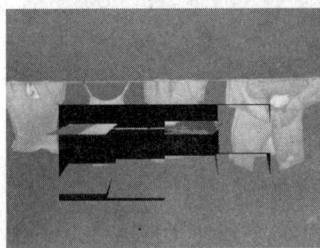
图 3-93

◎ 卷页

"卷页"特效使影片 A 从左上角向右下角卷动，露出影片 B，效果如图 3-94 和图 3-95 所示。

图 3-94

图 3-95

◎ 球状

"球状"特效使影片 A 变成一个圆形，然后向上移动退出显示区域，显示影片 B，效果如图 3-96 和图 3-97 所示。

图 3-96

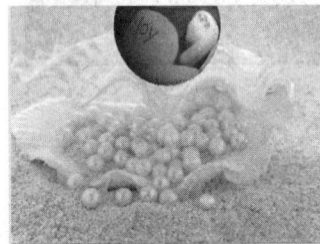
图 3-97

◎ 页面滚动

"页面滚动"特效使影片 A 从左向右卷动，然后显示影片 B，效果如图 3-98 和图 3-99 所示。

图 3-98

图 3-99

4. 划像

在"划像"文件夹中包含 7 种视频转换特效。

◎ **划像盒**

"划像盒"特效使影片 B 呈矩形从影片 A 中展开，效果如图 3-100 和图 3-101 所示。

图 3-100   图 3-101

◎ **十字划像**

"十字划像"特效使影片 B 呈十字形从影片 A 中展开，效果如图 3-102 和图 3-103 所示。

图 3-102   图 3-103

◎ **圆形划像**

"圆形划像"特效使影片 B 呈圆形从影片 A 中展开，效果如图 3-104 和图 3-105 所示。

图 3-104   图 3-105

◎ **形状划像**

"形状划像"特效使影片 B 产生多个规则形状从影片 A 中展开。双击效果，在"效果控制"窗口中单击"自定义"按钮，弹出"形状划像设置"对话框，如图 3-106 所示。

形状数量：拖曳滑块调整宽和高方向规则形状的数量。

形状类型：选择形状，如矩形、椭圆和菱形。

"形状划像"切换效果如图 3-107 和图 3-108 所示。

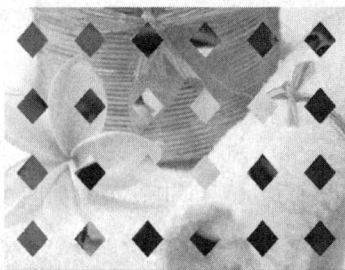

图 3-106　　　　　　　　图 3-107　　　　　　　　图 3-108

◎ 星形划像

"星形划像"特效使影片 B 呈星形从影片 A 正中心展开，效果如图 3-109 和图 3-110 所示。

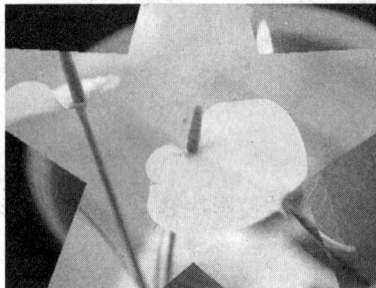

图 3-109　　　　　　　　　　　　　　图 3-110

◎ 点交叉划像

"点交叉划像"特效使影片 B 呈斜角十字形从影片 A 中铺开，效果如图 3-111 和图 3-112 所示。

图 3-111　　　　　　　　　　　　　　图 3-112

◎ 菱形划像

"菱形划像"特效使影片 B 呈菱形从影片 A 中展开，效果如图 3-113 和图 3-114 所示。

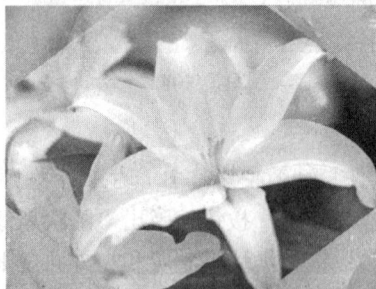

图 3-113　　　　　　　　　　　　　　图 3-114

5. Map

在"Map"文件夹中提供了两种使用影像通道作为影片进行切换的视频切换。

◎ 通道映射

"通道映射"特效使影片 A 或影片 B 选择通道并映射到导出的形式来实现。双击效果，在"效果控制"面板中单击"自定义"按钮，弹出"通道映射设置"对话框，如图 3-115 所示。

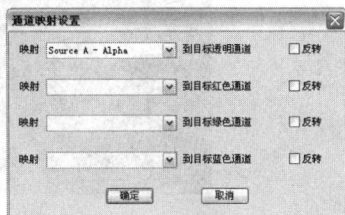

图 3-115

在贴图栏的下拉列表中分别选择要输出到目标通道和素材通道。勾选"反转"复选框，可以反转通道颜色。

"通道贴图"切换效果如图 3-116、图 3-117 和图 3-118 所示。

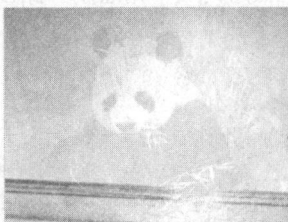

图 3-116   图 3-117   图 3-118

◎ 亮度映射

"亮度映射"特效将图像 A 的亮度映射到图像 B，效果如图 3-119、图 3-120 和图 3-121 所示。

图 3-119   图 3-120   图 3-121

6. 卷页

在"卷页"文件夹中共有 5 种视频卷页效果。

◎ 中心卷页

"中心卷页"特效使影片 A 在正中心分为 4 块分别向四角卷起，露出影片 B，效果如图 3-122 和图 3-123 所示。

图 3-122   图 3-123

◎ 卷页

"卷页"特效使影片 A 像纸一样被翻面卷起,露出影片 B,效果如图 3-124 和图 3-125 所示。

图 3-124

图 3-125

◎ 翻转卷页

"翻转卷页"特效使影片 A 从左上角向右下角卷动,露出影片 B,效果如图 3-126 和图 3-127 所示。

图 3-126

图 3-127

◎ 背面卷页

"背面卷页"特效使影片 A 由中心点向四周分别被卷起,露出影片 B,效果如图 3-128 和图 3-129 所示。

图 3-128

图 3-129

◎ 滚离

"滚离"特效使影片 A 产生卷轴卷起的效果,露出影片 B,如图 3-130 和图 3-131 所示。

图 3-130

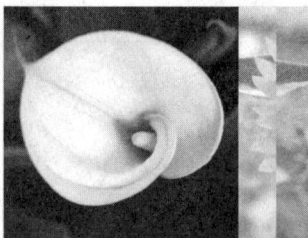

图 3-131

中等职业教育数字艺术类规划教材

7. 滑动

在"滑动"文件夹中共包含 12 种视频切换效果。

◎ 带状滑动

"带状滑动"特效使影片 B 以条状进入，并逐渐覆盖影片 A。双击效果，在"效果控制"窗口中单击"自定义"按钮，弹出"带状滑动设置"对话框，如图 3-132 所示。

条带数量：输入切换条数目。

"带状滑动"转换特效效果如图 3-133 和图 3-134 所示。

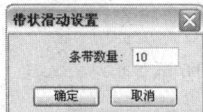

图 3-132　　　　　　　　图 3-133　　　　　　　　　　　　图 3-134

◎ 中心聚合

"中心聚合"特效使影片 A 分裂成 4 块由中心分开，并逐渐覆盖影片 B，效果如图 3-135 和图 3-136 所示。

图 3-135　　　　　　　　　　　　图 3-136

◎ 中心分割

"中心分割"特效使影片 A 从中心分裂为 4 块，向四角滑出，效果如图 3-137 和图 3-138 所示。

图 3-137　　　　　　　　　　　　图 3-138

◎ 多重旋转

"多重旋转"特效使影片 B 被分割成若干个小方格旋转铺入。双击效果，在"效果控制"窗口中单击"自定义"按钮，弹出"多重旋转设置"对话框，如图 3-139 所示。

　　水平：输入水平方向的方格数量。

　　垂直：输入垂直方向的方格数量。

"多重旋转"切换效果如图 3-140 和图 3-141 所示。

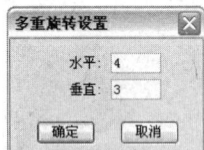

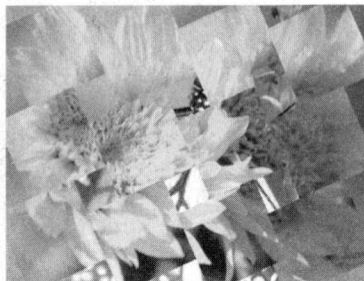

图 3-139　　　　　　　　　图 3-140　　　　　　　　　图 3-141

◎ 推挤

"推挤"特效使影片 B 将影片 A 推出屏幕，效果如图 3-142 和图 3-143 所示。

图 3-142　　　　　　　　　　　　图 3-143

◎ 斜叉滑动

"斜叉滑动"特效使影片 B 呈自由线条状滑入影片 A。双击效果，在"效果控制"窗口中单击"自定义"按钮，弹出"斜线滑动设置"对话框，如图 3-144 所示。

　　切片数量：输入转换切片数目。

"斜叉滑动"切换特效效果如图 3-145 和图 3-146 所示。

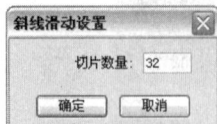

图 3-144　　　　　　　　　图 3-145　　　　　　　　　图 3-146

◎ 滑动

"滑动"特效使影片 B 滑入覆盖影片 A，效果如图 3-147 和图 3-148 所示。

图 3-147

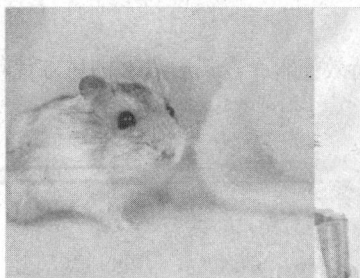

图 3-148

◎　滑动条带

"滑动条带"特效使影片 B 在水平或垂直的线条中逐渐显示，效果如图 3-149 和图 3-150 所示。

图 3-149

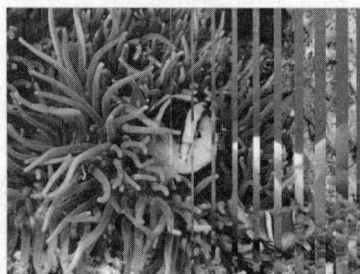

图 3-150

◎　滑动盒

"滑动盒"特效与"滑动条带"类似，使影片 B 的形成更像积木的累积，效果如图 3-151 和图 3-152 所示。

图 3-151

图 3-152

◎　分裂

"分裂"特效使影片 A 像自动门一样打开露出影片 B，效果如图 3-153 和图 3-154 所示。

图 3-153

图 3-154

◎ 交替

"交替"特效使影片 B 从影片 A 的后方转向前方覆盖影片 A，效果如图 3-155 和图 3-156 所示。

图 3-155

图 3-156

◎ 漩涡

"漩涡"特效使影片 B 打破为若干方块从影片 A 中旋转而出。双击效果，在"效果控制"窗口中单击"自定义"按钮，弹出"漩涡设置"对话框，如图 3-157 所示。

水平：输入水平方向产生的方块数量。

垂直：输入垂直方向产生的方块数量。

比率（%）：输入旋转度。

"漩涡"切换特效效果如图 3-158 和图 3-159 所示。

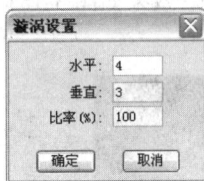
图 3-157

图 3-158

图 3-159

3.2.4 【实战演练】——小区生活

使用"效果"面板添加漩涡切换特效，使用"效果控制"面板调整特效。（最终效果参看光盘中的"Ch03\小区生活\小区生活. prproj"，如图 3-160 所示。）

图 3-160

3.3 / 四季变换

3.3.1 【操作目的】

使用"电平"命令调整图像的亮度，使用"伸展入"命令制作切换图像的缩放大小效果，使用"缩放拖尾"命令制作切换图像的缩小变大效果，使用"时钟擦除"命令制作切换图像的时钟擦除效果。（最终效果参看光盘中的"Ch03\四季变换\四季变换. prproj"，如图 3-161 所示。）

图 3-161

3.3.2 【操作步骤】

1. 新建项目与导入视频

步骤 1 启动 Premiere Pro CS3，弹出"欢迎使用 Adobe Premiere Pro"欢迎界面，单击"新建项目"按钮 ，如图 3-162 所示，弹出"新建项目"对话框。在对话框左侧的列表中展开"DVCPR050\480i"选项，选中"DVCPR050 NTSC 标准"模式，设置"位置"选项，选择保存文件路径，在"名称"文本框中输入文件名"四季变换"，如图 3-163 所示，单击"确定"按钮。

图 3-162

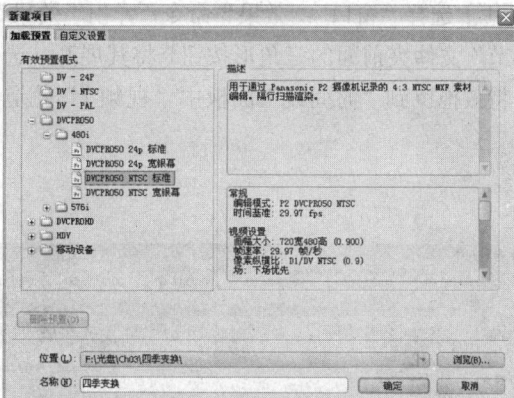

图 3-163

步骤 2 选择"文件 > 导入"命令，弹出"导入"对话框，选择光盘中的"Ch03\四季变换\素材\01、02、03 和 04"文件，单击"打开"按钮，导入视频文件，如图 3-164 所示。导入后的文件将排列在"项目"面板中，如图 3-165 所示。

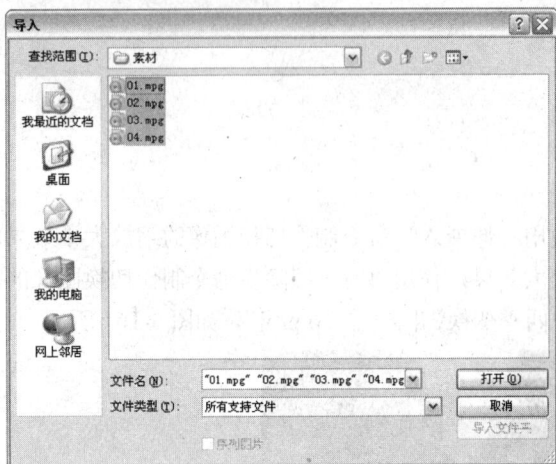

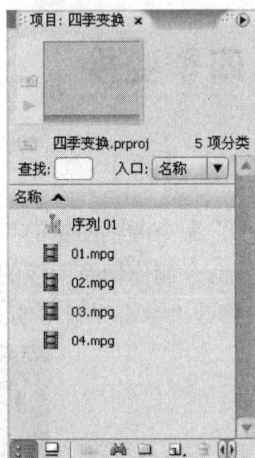

图 3-164   图 3-165

步骤 ③ 在"项目"面板中选中"01"文件，并将其拖曳到"时间线"面板中的"视频1"轨道中，如图 3-166 所示。按住<Ctrl>键，在"项目"面板中分别单击 02、03 和 04 文件，并将其拖曳到"时间线"面板中的"视频2"轨道中，如图 3-167 所示。

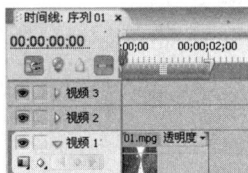

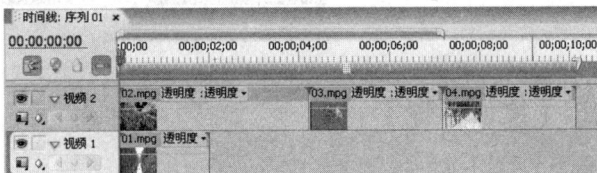

图 3-166   图 3-167

步骤 ④ 将时间指示器放置在 00:08s 的位置，在"时间线"窗口中选中 02、03 和 04 文件，向右拖曳到 00:08s 的位置上，如图 3-168 所示。

2. 制作视频切换效果

步骤 ① 选择"窗口 > 效果"命令，弹出"效果"面板，展开"视频特效"分类选项，单击"调节"文件夹前面的三角形按钮▷将其展开，选中"电平"特效，如图 3-169 所示。将"电平"特效拖曳到"时间线"面板中"视频1"轨道中的"01"文件上，如图 3-170 所示。

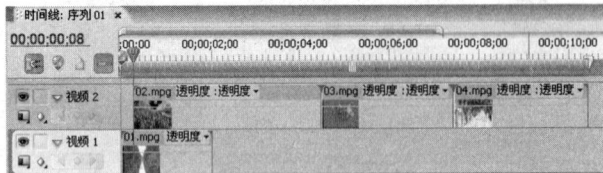

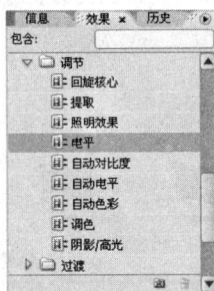

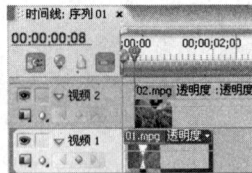

图 3-168   图 3-169   图 3-170

步骤 ② 选择"效果控制"面板，展开"电平"特效并进行参数设置，如图 3-171 所示。在"节目"窗口中预览，效果如图 3-172 所示。

步骤 ③ 选择"效果控制"面板，选中"电平"选项，按<Ctrl>+<C>组合键复制特效。在"时间线"面板中的"视频 2"轨道中,选中"02"文件,选择"效果控制"面板,按<Ctrl>+<V>组合键粘贴特效,如图 3-173 所示。在"节目"窗口中预览效果,如图 3-174 所示。用相同的方法将特效粘贴到"03"文件上。

步骤 4 选择"窗口 > 效果"命令,弹出"效果"面板,展开"视频切换效果"分类选项,单击"拉伸"文件夹前面的三角形按钮 ▷ 将其展开,选中"伸展入"特效,如图 3-175 所示。将"伸展入"特效拖曳到"时间线"面板中的"02"文件开始位置,如图 3-176 所示。

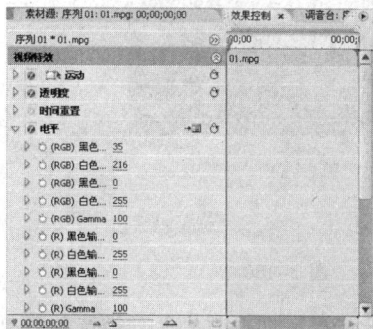

图 3-171

图 3-172

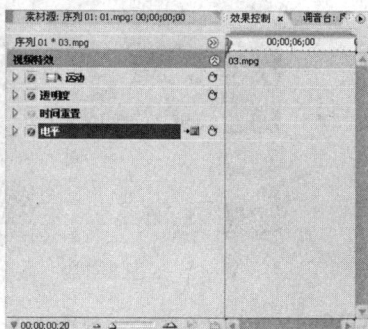

图 3-173

图 3-174

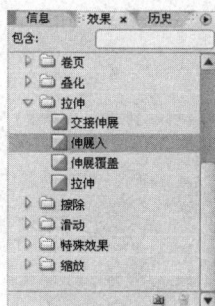

图 3-175

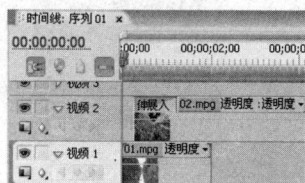

图 3-176

步骤 5 选择"窗口 > 效果"命令,弹出"效果"面板,展开"视频切换效果"分类选项,单击"缩放"文件夹前面的三角形按钮 ▷ 将其展开,选中"缩放拖尾"特效,如图 3-177 所示。将"缩放拖尾"特效拖曳到"时间线"面板中的"02"文件的结尾处和"03"文件的开始位置,如图 3-178 所示。

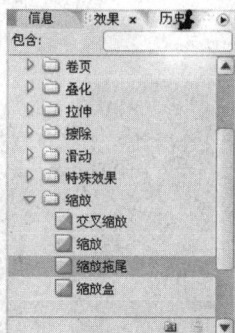

图 3-177

图 3-178

步骤 6 在"时间线"面板中选中"缩放拖尾"特效,选择"效果控制"面板,在"校准"下拉列表中选择"开始于切点"选项,勾选"反转"复选框,如图 3-179 所示。在"节目"窗口中预览效果,如图 3-180 所示。

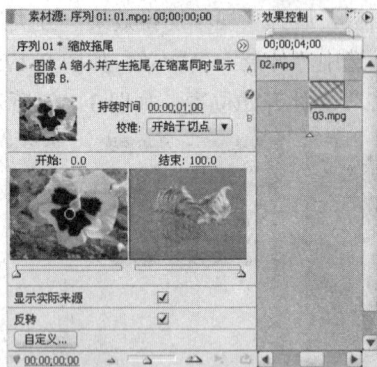
图 3-179

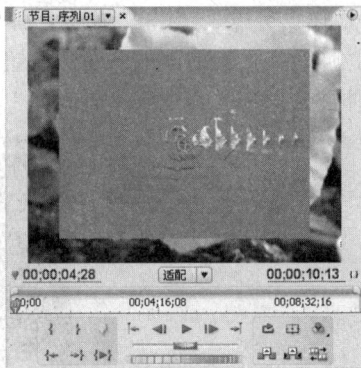
图 3-180

步骤 7 选择"窗口 > 效果"命令,弹出"效果"面板,展开"视频切换效果"分类选项,单击"擦除"文件夹前面的三角形按钮 ▷ 将其展开,选中"时钟擦除"特效,如图 3-181 所示。将"时钟擦除"特效拖曳到"时间线"面板中的"03"文件的结尾处和"04"文件开始位置,如图 3-182 所示。

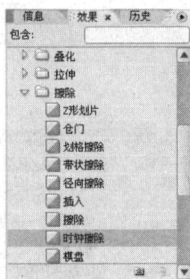
图 3-181

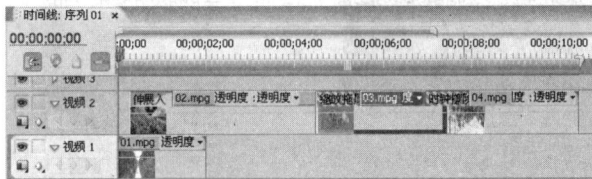
图 3-182

步骤 8 在"时间线"面板中选中"时钟擦除"特效,选择"效果控制"面板,在"校准"下拉列表中选择"开始于切点"选项,如图 3-183 所示。在"节目"窗口中预览效果,如图 3-184 所示。

步骤 9 四季变换制作完成的效果如图 3-185 所示。

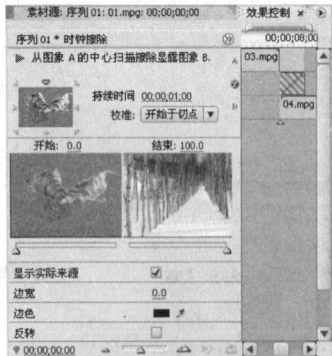
图 3-183

图 3-184

图 3-185

3.3.3　【相关工具】

1. 特殊效果

在"特殊效果"文件夹中共包含 3 种视频转换特效。

◎ 置换

"置换"特效将处于时间线前方的片段作为位移图，以其像素颜色值的明暗，分别用水平和垂直的错位，来影响与其进行切换的片段。

Premiere Pro CS3 将位移的图像放在与其切换的图像上，并指定哪个颜色通道基于水平和垂直位置，以像素为单位指定最大位移。对于指定的通道，位移图像中的每个像素的颜色值用于计算图像中对应像素的位移。颜色值的范围为 0～255，它将转换为-1～1，最大位移量乘以转换值得到最终位移量。颜色值为 0 时，产生最大的负值位移（-1×最大位移量）；255 的颜色值产生最大的正值位移量；颜色值为 128 时，无位移。对于其他颜色值，以像素为单位，依据下述公式计算出位移量：

位移量=最大位移量×[2×（颜色值-128）/256]

在"效果控制"窗口中单击"自定义"按钮，弹出"置换设置"对话框，如图 3-186 所示。

比例：输入最大位移量。

蓝色修改亮度：以蓝色模式改变图像亮度。

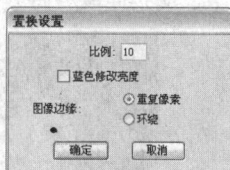

图 3-186

图像边缘：选择使用位移图像后，设置图像边缘像素的处理方法。选择"重复像素"单选钮重复图像边缘像素；选择"环绕"单选钮使用图像填充边缘。

"置换"特效效果如图 3-187、图 3-188 和图 3-189 所示。

图 3-187

图 3-188

图 3-189

◎ 纹理材质

"纹理材质"特效使图像 A 作为纹理贴图映像给图像 B，效果如图 3-190、图 3-191 和图 3-192 所示。

图 3-190

图 3-191

图 3-192

中等职业教育数字艺术类规划教材

◎ 三次元

"三次元"特效将影片 A 中的红蓝通道映射混合到影片 B，效果如图 3-193、图 3-194 和图 3-195 所示。

图 3-193

图 3-194

图 3-195

2. 拉伸

在"拉伸"文件夹中共包含 4 种切换视频特效。

◎ 交接伸展

"交接伸展"特效使影片 A 逐渐被影片 B 平行挤压替代，效果如图 3-196 和图 3-197 所示。

图 3-196

图 3-197

◎ 拉伸

"拉伸"特效使影片 A 从一边伸展开覆盖影片 B，效果如图 3-198 和图 3-199 所示。

图 3-198

图 3-199

◎ 伸展入

"伸展入"特效使影片 B 在影片 A 的中心横向伸展，效果如图 3-200 和图 3-201 所示。

图 3-200

图 3-201

◎ 伸展覆盖

"伸展覆盖"特效使影片 B 拉伸出现，逐渐代替影片 A，效果如图 3-202 和图 3-203 所示。

图 3-202

图 3-203

3. 擦除

在"擦除"文件夹中共包含 17 种切换的视频切换特效。

◎ 带状擦除

"带状擦除"特效使影片 B 从水平方向以条状进入并覆盖影片 A，效果如图 3-204 和图 3-205 所示。

图 3-204

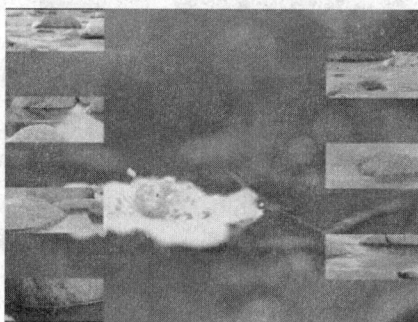

图 3-205

◎ 仓门

"仓门"特效使影片 A 以展开和关门的方式过渡转换到影片 B，效果如图 3-206 和图 3-207 所示。

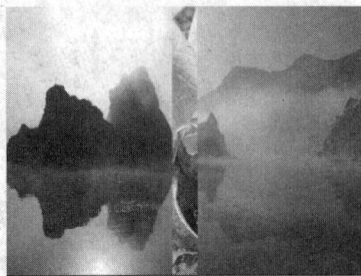

图 3-206

图 3-207

◎ 划格擦除

"划格擦除"特效使影片 B 以方格形式逐行出现覆盖影片 A，效果如图 3-208 和图 3-209 所示。

图 3-208

图 3-209

◎ 棋盘

"棋盘"特效使影片 A 以棋盘消失方式过渡到影片 B，效果如图 3-210 和图 3-211 所示。

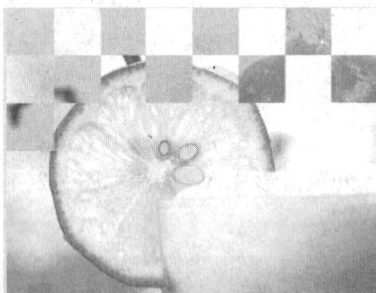

图 3-210

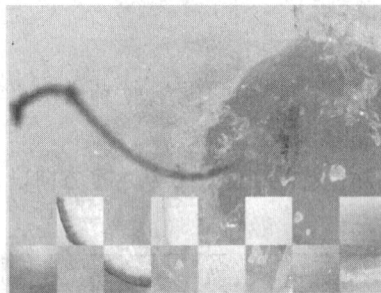

图 3-211

◎ 时钟擦除

"时钟擦除"特效使影片 A 以时钟放置方式过渡到影片 B，效果如图 3-212 和图 3-213 所示。

图 3-212

图 3-213

◎ 渐变擦除

"渐变擦除"特效可以用一张灰度图像制作渐变切换。在渐变切换中，影片 A 充满灰度图像的黑色区域，然后通过每一个灰度开始显示进行切换，直到白色区域完全透明。

在"效果控制"窗口中单击"自定义"按钮，弹出"渐变擦除设置"对话框，如图 3-214 所示。

选择图像：单击此按钮，可以选择作为灰度图的图像。

柔化：设置过渡边缘的羽化程度。

"渐变擦除"切换特效效果如图 3-215 和图 3-216 所示。

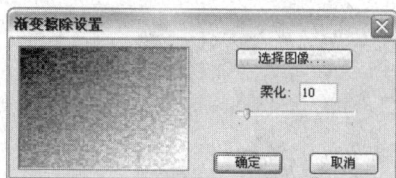

图 3-214　　　　　　　　图 3-215　　　　　　　　图 3-216

◎ 插入

"插入"特效使影片 B 从影片 A 的左上角斜插进入画面，效果如图 3-217 和图 3-218 所示。

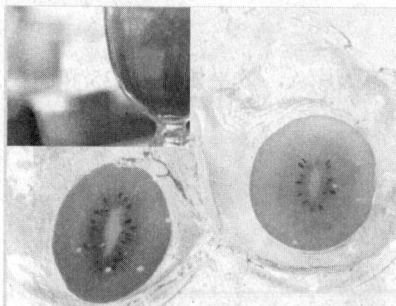

图 3-217　　　　　　　　　　　　图 3-218

◎ 涂料飞溅

"涂料飞溅"特效使影片 B 以墨点状覆盖影片 A，效果如图 3-219 和图 3-220 所示。

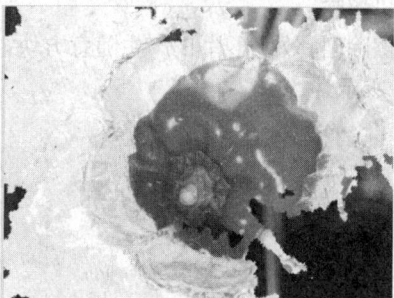

图 3-219　　　　　　　　　　　　图 3-220

◎ 纸风车

"纸风车"特效使影片 B 以风车轮状旋转覆盖影片 A，效果如图 3-221 和图 3-222 所示。

图 3-221   图 3-222

◎ **径向擦除**

"径向擦除"特效使影片 B 从影片 A 的一角扫入画面，效果如图 3-223 和图 3-224 所示。

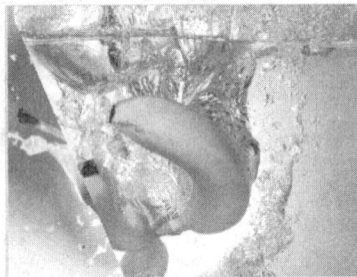

图 3-223   图 3-224

◎ **随机块**

"随机块"特效使影片 B 以方块形式随意出现覆盖影片 A，效果如图 3-225 和图 3-226 所示。

图 3-225   图 3-226

◎ **随机擦除**

"随机擦除"特效使影片 B 产生随意方块，以由上向下的擦除形式覆盖影片 A，效果如图 3-227 和图 3-228 所示。

图 3-227   图 3-228

◎ **螺旋盒**

"螺旋盒"特效使影片 B 以螺纹块状旋转出现。在"效果控制"窗口中单击"自定义"按钮，弹出"螺旋盒设置"对话框，如图 3-229 所示。

水平：输入水平方向的方格数量。

垂直：输入垂直方向的方格数量。

"螺旋盒"切换效果如图 3-230 和图 3-231 所示。

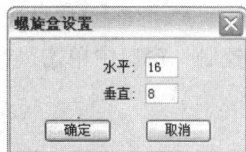

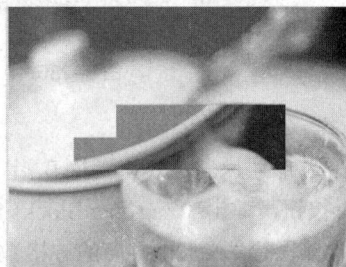

图 3-229   图 3-230   图 3-231

◎ **百叶窗**

"百叶窗"特效使影片 B 在逐渐加粗的线条中逐渐显示，类似于百叶窗效果，效果如图 3-232 和图 3-233 所示。

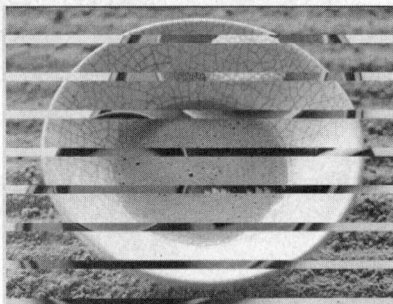

图 3-232   图 3-233

◎ **楔形擦除**

"楔形擦除"特效使影片 B 呈扇形打开扫入，效果如图 3-234 和图 3-235 所示。

图 3-234   图 3-235

◎ **擦除**

"擦除"特效使影片 B 逐渐扫过影片 A，效果如图 3-236 和图 3-237 所示。

图 3-236　　　　　　　　　　　　　图 3-237

◎ Z 形划片

"Z 形划片"特效使影片 B 沿"Z"字形交错扫过影片 A。在"效果控制"窗口中单击"自定义"按钮，弹出"Zag-Zag Blocks Settings"对话框，如图 3-238 所示。

水平：输入水平方向的方格数量。

垂直：输入垂直方向的方格数量。

"Z 形划片"切换特效如图 3-239 和图 3-240 所示。

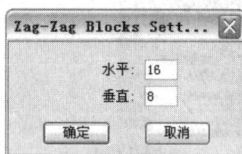  

图 3-238　　　　　　　　　　图 3-239　　　　　　　　　　图 3-240

4. 缩放

在"缩放"文件夹下共包含 4 种以缩放方式过渡的切换视频特效。

◎ 交叉缩放

"交叉缩放"特效使影片 A 放大冲出，影片 B 缩小进入，效果如图 3-241 和图 3-242 所示。

图 3-241　　　　　　　　　　　　　图 3-242

◎ 缩放

"缩放"特效使影片 B 从影片 A 中放大出现，效果如图 3-243 和图 3-244 所示。

图 3-243　　　　　　　　　　　　　　图 3-244

◎ 缩放盒

"缩放盒"特效使影片 B 分为多个方块从影片 A 中放大出现。在"效果控制"窗口中单击"自定义"按钮，弹出"缩放盒设置"对话框，如图 3-245 所示。

形状数量：拖曳滑块，设置水平和垂直方向的方块数量。

"缩放盒"切换特效如图 3-246 和图 3-247 所示。

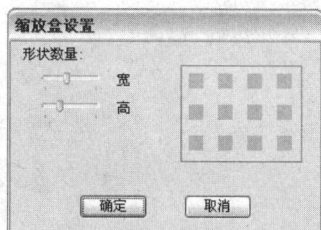

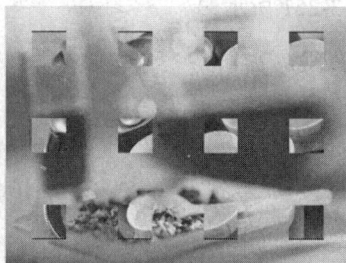

图 3-245　　　　　　　　　图 3-246　　　　　　　　　图 3-247

◎ 缩放拖尾

"缩放拖尾"特效使影片 A 缩小并带有拖尾消失，效果如图 3-248 和图 3-249 所示。

图 3-248　　　　　　　　　　　　　　图 3-249

3.3.4 【实战演练】——时尚家居

使用"伸展入"命令制作伸展特效，使用"仓门"命令制作图像之间的仓门特效，使用"缩放盒"命令制作图像间的缩放盒效果，使用"效果控制"面板编辑缩放盒特效。（最终效果参看光盘中的"Ch03\时尚家居\时尚家居. prproj"，如图 3-250 所示。）

图 3-250

3.4 综合演练——动物世界

使用"马赛克"命令制作视频马赛克效果与动画，使用"渐变擦除"命令制作图像渐变擦除效果，使用"时钟擦除"命令制作图像与图像之间的时钟擦除。（最终效果参看光盘中的"Ch03\动物世界\动物世界. prproj"，如图 3-251 所示。）

图 3-251

3.5 综合演练——游乐园

使用"随机块"命令制作图像以随意形成的图块切换，使用"叠化"命令制作图像与图像之间的转换，使用"窗帘"命令制作图像窗帘切换，使用"翻转"命令制作图像的翻转切换。（最终效果参看光盘中的"Ch03\游乐园\游乐园. prproj"，效果如图 3-252 所示。）

图 3-252

第4章 视频特效应用

本章主要介绍 Premiere Pro CS3 中的视频特效，这些特效可以应用在视频、图片和文字上。通过本章的学习，读者可以快速了解并掌握视频特效制作的精髓，随心所欲地创造出丰富多彩的视觉效果。

课堂学习目标

- 应用视频特效
- 使用关键帧控制效果
- 视频特效与特效操作

4.1 飘落的枫叶

4.1.1 【操作目的】

使用"位置"和"比例"选项编辑图像的位置与大小，使用"色度键"命令编辑图像的颜色与透明度，使用"色彩平衡"命令调整图像颜色，使用"边角固定"命令编辑图像侧边大小。（最终效果参看光盘中的"Ch04\飘落的枫叶\飘落的枫叶.prproj"，如图 4-1 所示。）

图 4-1

4.1.2 【操作步骤】

1. 新建项目与导入素材

步骤 1 启动 Premiere Pro CS3，弹出"欢迎使用 Adobe Premiere Pro"欢迎界面，单击"新建项目"按钮 ，如图 4-2 所示，弹出"新建项目"对话框。在对话框左侧的列表中展开"DVCPRO50 \

480i"选项,选中"DVCPRO50 NTSC 标准"模式,设置"位置"选项,选择保存文件路径,在"名称"文本框中输入文件名"飘落的枫叶",如图 4-3 所示,单击"确定"按钮。

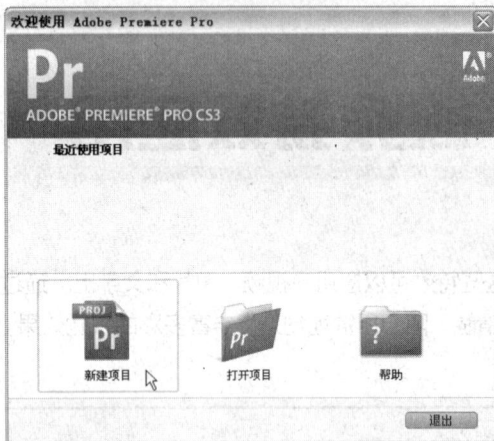

图 4-2

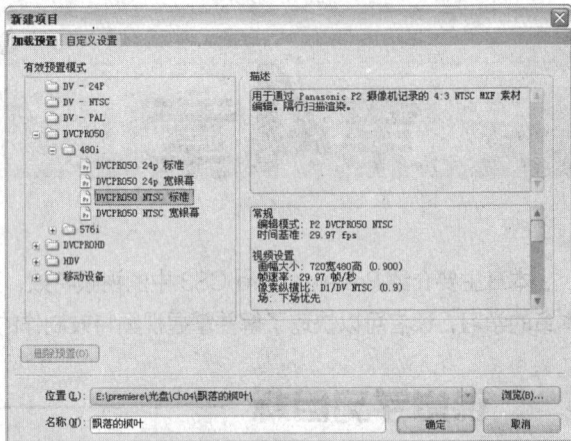

图 4-3

步骤 2 选择"文件 > 导入"命令,弹出"导入"对话框,选择光盘中的"Ch04\飘落的枫叶\素材\ 01 和 02"文件,单击"打开"按钮,导入图像 5 视频文件,如图 4-4 所示。导入后的文件将排列在"项目"面板中,如图 4-5 所示。

图 4-4

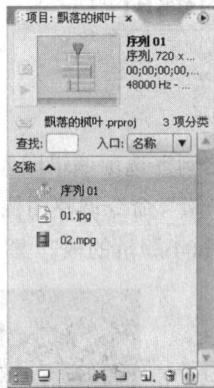

图 4-5

步骤 3 在"项目"面板中选中"02"文件,并将其拖曳到"时间线"面板中的"视频 1"轨道中,如图 4-6 所示。选中"01"文件,将其拖曳到"时间线"面板中的"视频 2"轨道中,如图 4-7 所示。

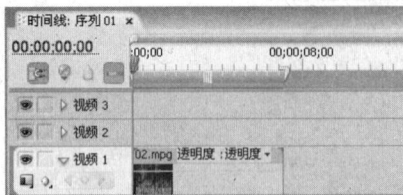

图 4-6

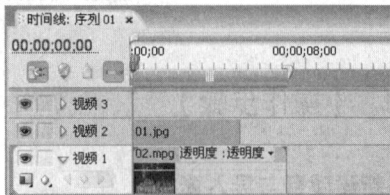

图 4-7

步骤 4 将时间指示器放置在 1s 的位置,在"时间线"面板中的"视频 2"轨道上选中"01"

文件,将鼠标指针放在"01"文件的头部,当鼠标指针呈╪形状时,向右拖曳鼠标到 1s 的
位置上,如图 4-8 所示。将时间指示器放置在 4s 的位置,将鼠标指针放在"01"文件的尾部,
当鼠标指针呈╪形状时,向左拖曳鼠标到 4s 的位置上,如图 4-9 所示。

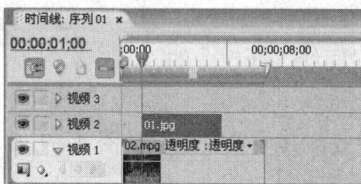
图 4-8

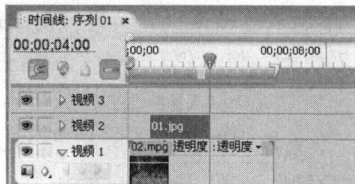
图 4-9

2. 编辑叶子动画

步骤 1 将时间指示器放置在 1s 的位置,选择"效果控制"面板,展开"运动"选项,将"位
置"选项设置为 105 和 128,"比例"选项设置为 20,单击"位置"和"比例"选项前面的
"记录动画"按钮,如图 4-10 所示,记录第 1 个动画关键帧。将时间指示器放置在 2s 的
位置,将"位置"选项设置为 50 和 215,"比例"选项设置为 20,如图 4-11 所示,记录第 2
个动画关键帧。

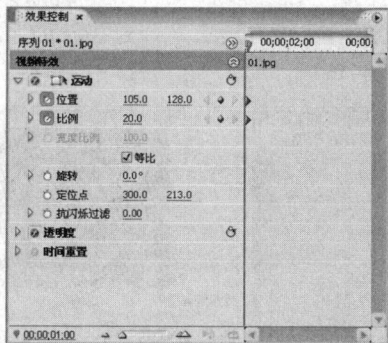
图 4-10

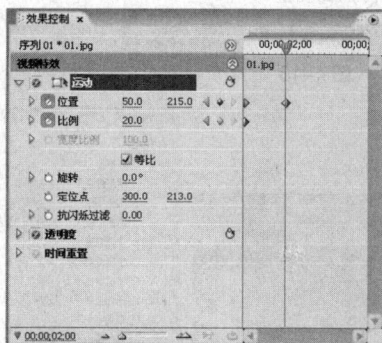
图 4-11

步骤 2 将时间指示器放置在 4s 的位置,将"位置"选项设置为 315 和 425,如图 4-12 所示,
记录第 3 个动画关键帧。

步骤 3 选择"窗口 > 工作区 > 效果"命令,弹出"效果"面板,展开"视频特效"效果分类选
项,单击"键"文件夹前面的三角形按钮▷将其展开,选中"色度键"特效,如图 4-13 所示。
将"色度键"特效拖曳到"时间线"面板中"视频 2"轨道上的"01"文件上,如图 4-14 所示。

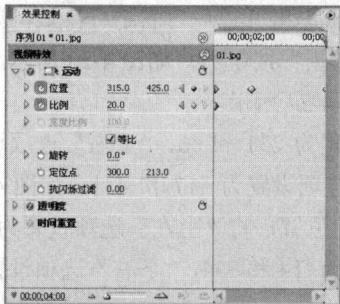
图 4-12

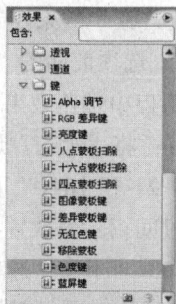
图 4-13

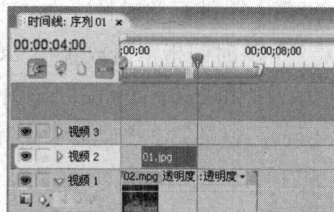
图 4-14

步骤 4 选择"效果控制"面板,展开"色度键"特效,并进行参数设置,如图 4-15 所示。在"节目"窗口中预览效果,如图 4-16 所示。

步骤 5 选择"窗口 > 工作区 > 效果"命令,弹出"效果"面板,展开"视频特效"效果分类选项,单击"色彩校正"文件夹前面的三角形按钮 ▷ 将其展开,选中"色彩平衡"特效,如图 4-17 所示。将"色彩平衡"特效拖曳到"时间线"面板中的"01"文件上,如图 4-18 所示。

步骤 6 在"效果控制"面板中展开"色彩平衡"特效,其他参数设置如图 4-19 所示。在"节目"窗口中预览效果,如图 4-20 所示。

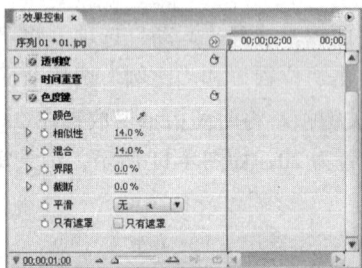

图 4-15

图 4-16

图 4-17

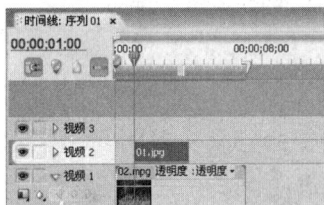

图 4-18

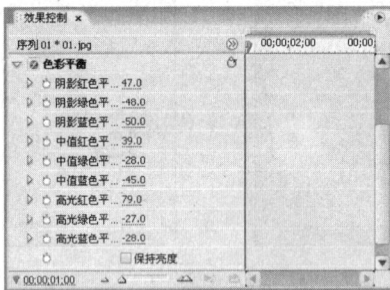

图 4-19

图 4-20

步骤 7 选择"窗口 > 工作区 > 效果"命令,弹出"效果"面板,展开"视频特效"效果分类选项,单击"扭曲"文件夹前面的三角形按钮 ▷ 将其展开,选中"边角固定"特效,如图 4-21 所示。将"边角固定"特效拖曳到"时间线"面板中"视频 2"轨道上的"01"文件上,如图 4-22 所示。

步骤 8 将时间指示器放置在 1s 的位置,在"效果控制"面板中展开"边角固定"特效,单击"上左"、"上右"、"下左"和"下右"选项前面的"记录动画"按钮 ⌚,如图 4-23 所示,记录第 1 个动画关键帧。在"节目"窗口中预览效果,如图 4-24 所示。

步骤 9 将时间指示器放置在 2s 的位置,将"上左"选项设置为 231 和 66,"上右"选项设置为 710 和 230,"下左"选项设置为-21 和 164,"下右"选项设置为 517 和 431,如图 4-25 所示,记录第 2 个动画关键帧。将时间指示器放置在 4s 的位置,将"上左"选项设置为-64 和 141,"上右"选项设置为 407 和 63,"下左"选项设置为-14 和 334,"下右"选项设置为 392 和 263,如图 4-26 所示,记录第 3 个动画关键帧。

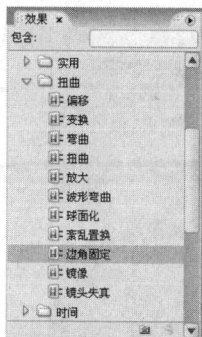

图 4-21

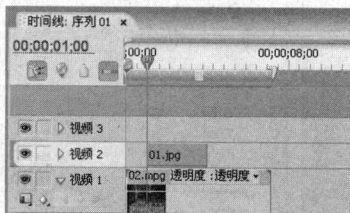

图 4-22

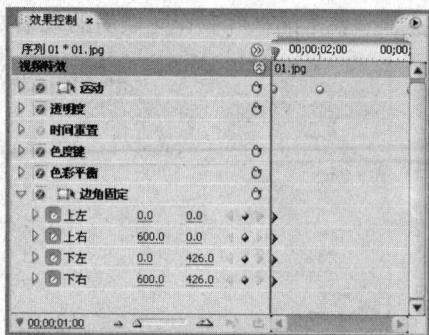

图 4-23

图 4-24

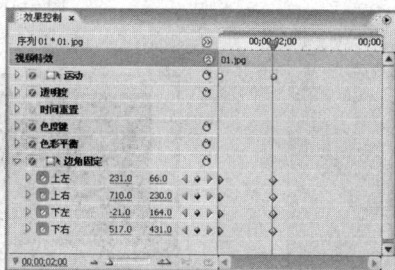

图 4-25

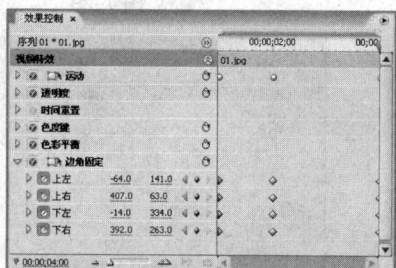

图 4-26

3. 编辑第 2 个叶子动画

步骤 **1** 在"时间线"面板中，选择"视频 2"轨道中的"01"文件，将时间指示器放置在 2s 的位置，按<Ctrl>+<C>组合键，复制"视频 2"轨道中的"01"文件，选择"视频 3"轨道，按<Ctrl>+<V>组合键，将复制出的"01"文件粘贴到"视频 3"轨道中，如图 4-27 所示。选中"视频 3"轨道中的"01"文件，在"效果控制"面板中展开"运动"特效，单击"比例"选项前面的"记录动画"按钮，取消关键帧，将"比例"选项设置为 20，如图 4-28 所示。

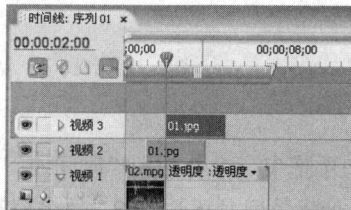

图 4-27

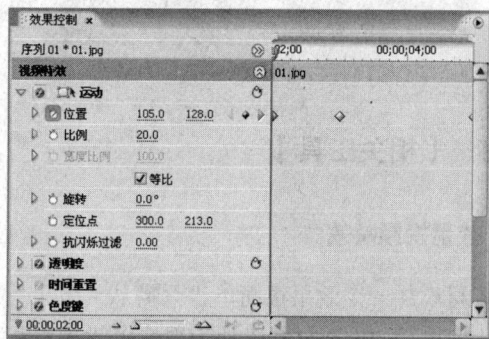

图 4-28

步骤 **2** 将时间指示器放置在 2s 的位置，单击"旋转"选项前面的"记录动画"按钮，如图 4-29 所示，记录第 1 个动画关键帧。将时间指示器放置在 4s 的位置，将"旋转"选项设置为 183，如图 4-30 所示，记录第 2 个动画关键帧。

步骤 **3** 将时间指示器放置在 5s 的位置，将"旋转"选项设置为 1×183，如图 4-31 所示，记录第 3 个动画关键帧。在"节目"窗口中预览效果，如图 4-32 所示。用相同的方法制作"视频 4"轨道与"视频 5"轨道，层的排序如图 4-33 所示。

步骤 4 飘落的枫叶制作完成后的效果如图 4-34 所示。

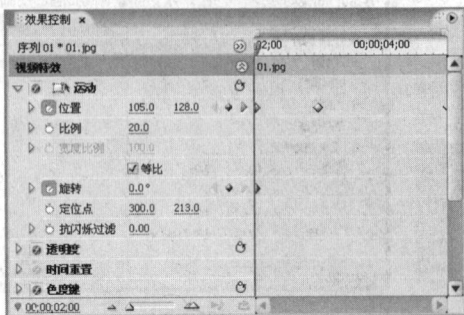

图 4-29

图 4-30

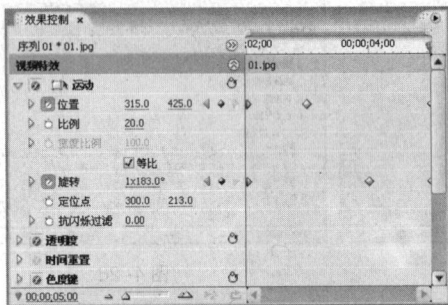

图 4-31

图 4-32

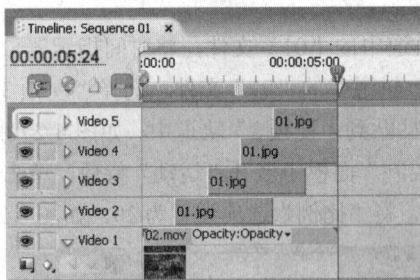

图 4-33

图 4-34

4.1.3 【相关工具】

1. 应用视频特效

为素材添加一个效果很简单，只需从"效果"窗口中拖曳一个特效到"时间线"面板中的素材片段上即可。如果素材片段处于被选中状态，也可以拖曳特效到该片段的"效果控制"窗口中。

2. 关于关键帧

若使效果随时间而改变，可以使用关键帧技术。当创建了一个关键帧后，就可以指定一个效果属性在确切的时间点上的值，当为多个关键帧赋予不同的值时，Premiere Pro CS3 会自动计算关键帧之间的值，这个处理过程称为"插补"。对于大多数标准效果，都可以在素材的整个时间长度中设置关键帧。对于固定效果，如位置和缩放，可以设置关键帧，使素材产生动画，也可以移动、复制或删除关键帧和改变插补的模式。

3. 激活关键帧

为了设置动画效果属性，必须激活属性的关键帧，任何支持关键帧的效果属性都包括"固定动画"按钮 ，单击该按钮可插入一个关键帧。插入关键帧（即激活关键帧）后，就可以添加和调整素材所需要的属性，效果如图 4-35 所示。

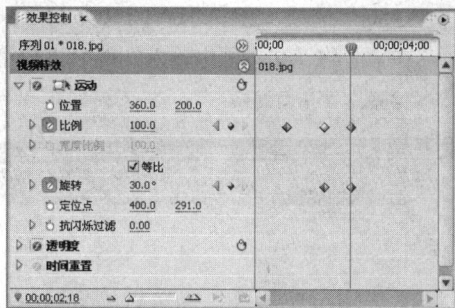

图 4-35

4.1.4　【实战演练】——转动的风车

使用"位置"和"比例"选项编辑图像的位置与大小，使用"旋转"选项和关键帧制作风车的转动效果。（最终效果参看光盘中的"Ch04\转动的风车\转动的风车.prproj"，如图 4-36 所示。）

图 4-36

4.2 数字时代

4.2.1　【操作目的】

使用"Alpha 辉光"命令制作文字边缘辉光效果，使用"方向模糊"命令制作文字方向性模糊效果，使用"字幕"命令输入并编辑文字，使用"速度/持续时间"命令编辑倒放效果，使用"透明度"选项编辑文字不透明度与动画。（最终效果参看光盘中的"Ch04\数字时代\数字时代.prproj"，如图 4-37 所示。）

图 4-37

4.2.2　【操作步骤】

1. 输入文字

步骤 1 启动 Premiere Pro CS3，弹出"欢迎使用 Adobe Premiere Pro"欢迎界面，单击"新建项目"按钮 ，如图 4-38 所示，弹出"新建项目"对话框。在对话框左侧的列表中展开"DVCPRO50

\480i"选项，选中"DVCPRO50 NTSC 标准"模式，设置"位置"选项，选择保存文件路径，在"名称"文本框中输入文件名"数字时代"，如图 4-39 所示，单击"确定"按钮。

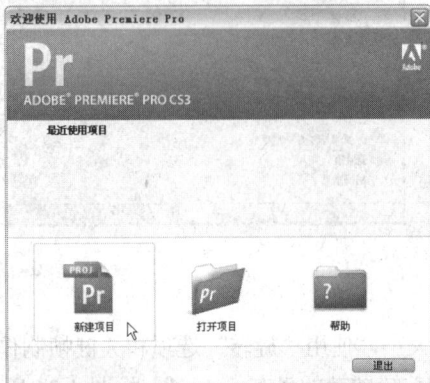

图 4-38

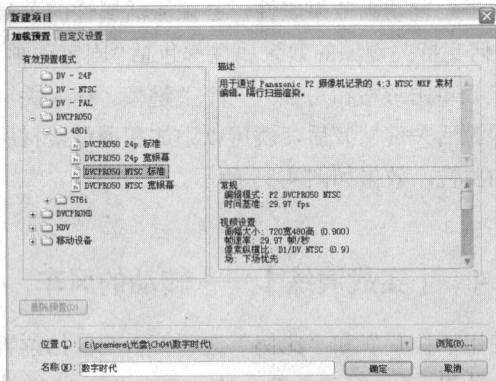

图 4-39

步骤 2 选择"文件 > 新建 > 字幕"命令，弹出"新建字幕"对话框，在"名称"文本框中输入"数字时代1字幕"，如图 4-40 所示。单击"确定"按钮，弹出字幕编辑面板，选择"垂直文字"工具 ，在字幕工作区中输入需要的文字，其他设置如图 4-41 所示。关闭字幕编辑面板，新建的字幕文件自动保存到"项目"面板中。

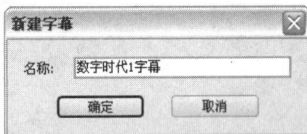

图 4-40

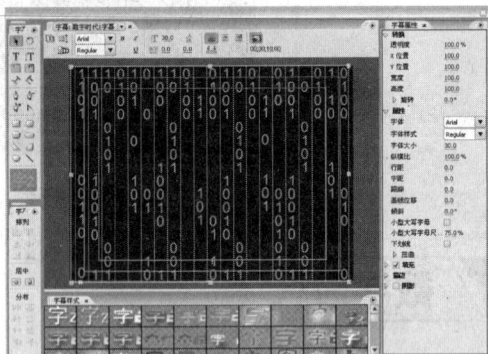

图 4-41

步骤 3 在字幕面板的上方单击 按钮，弹出"滚动/游动选项"对话框，选择"滚动"单选钮，其他设置如图 4-42 所示。字幕窗口的显示如图 4-43 所示。

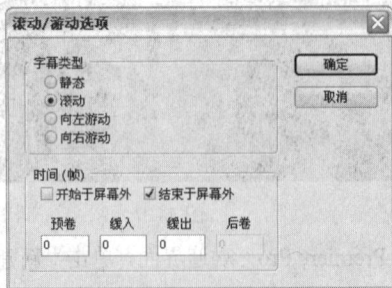

图 4-42

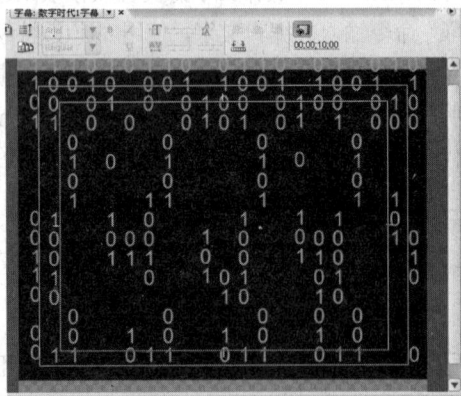

图 4-43

2. 编辑文字特效

步骤 `1` 在"项目"面板中选中"数字时代 1 字幕",并将其拖曳到"时间线"面板中的"视频 1"轨道中,如图 4-44 所示。将时间指示器放置在 10s 的位置,将鼠标指针放在"数字时代 1 字幕"文件的尾部,当鼠标指针呈 ↔ 形状时,向右拖曳鼠标到 10s 的位置上,如图 4-45 所示。

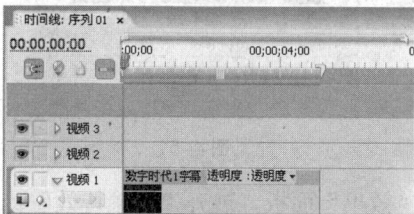
图 4-44

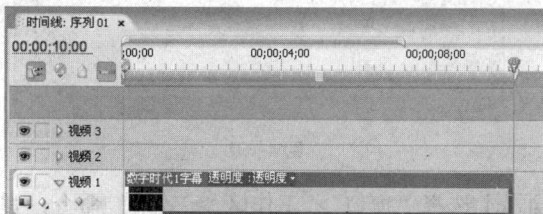
图 4-45

步骤 `2` 在"时间线"面板中,选中"数字时代 1 字幕",选择"素材 > 速度/持续时间"命令,弹出"素材速度/持续时间"对话框,勾选"速度反向"复选框,单击"确定"按钮,如图 4-46 所示。这样向上滚动的"数字时代 1 字幕"将会进行倒放,在"时间线"面板中的显示如图 4-47 所示。

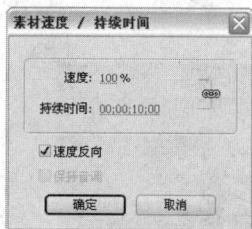
图 4-46

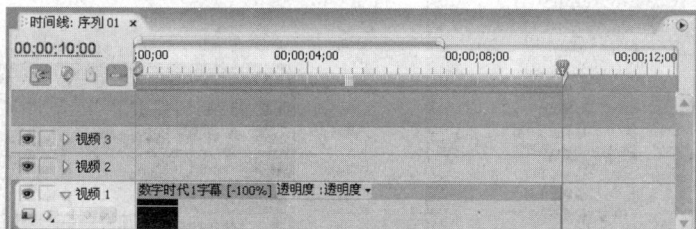
图 4-47

步骤 `3` 选择"窗口 > 工作区 > 效果"命令,弹出"效果"面板,展开"视频特效"特效分类选项,单击"风格化"文件夹前面的三角形按钮 ▷ 将其展开,选中"Alpha 辉光"特效,如图 4-48 所示。将"Alpha 辉光"特效拖曳到"时间线"面板中的"数字时代 1 字幕"层上,如图 4-49 所示。

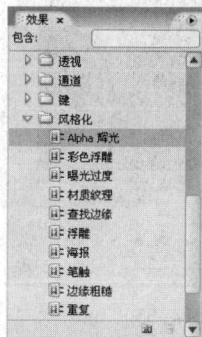
图 4-48

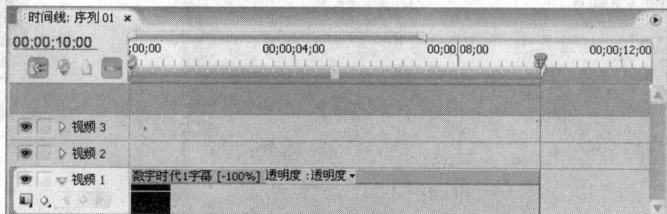
图 4-49

步骤 `4` 选择"效果控制"面板,展开"Alpha 辉光"特效,将"辉光"选项设置为 8,"起始色"选项设置为白色,"结束色"选项设置为黑色,如图 4-50 所示。在"节目"窗口中预览,效果如图 4-51 所示。

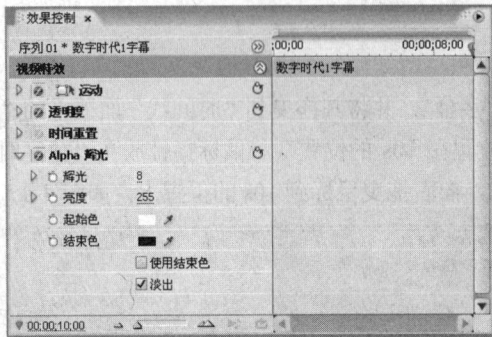

图 4-50

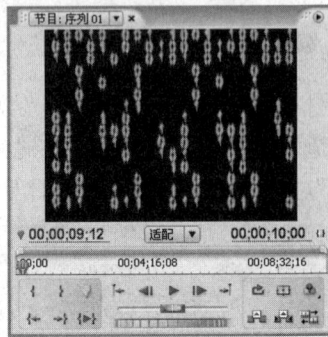

图 4-51

步骤 5 选择 "窗口 > 工作区 > 效果" 命令, 弹出 "效果" 面板, 展开 "视频特效" 特效分类选项, 单击 "模糊&锐化" 文件夹前面的三角形按钮 ▷ 将其展开, 选中 "方向模糊" 特效, 如图 4-52 所示。将 "方向模糊" 特效拖曳到 "时间线" 面板中的 "数字时代 1 字幕" 层上, 如图 4-53 所示。

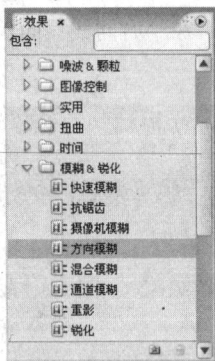

图 4-52

图 4-53

步骤 6 选择 "效果控制" 面板, 展开 "方向模糊" 特效, 将 "模糊长度" 选项设置为 27, 如图 4-54 所示。在 "节目" 窗口中预览, 效果如图 4-55 所示。

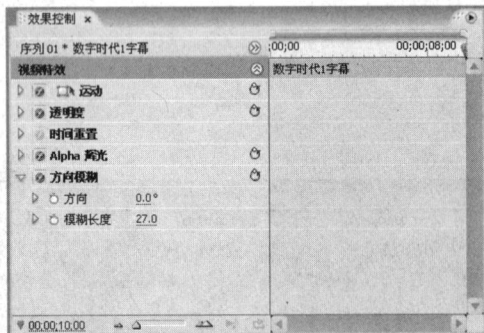

图 4-54

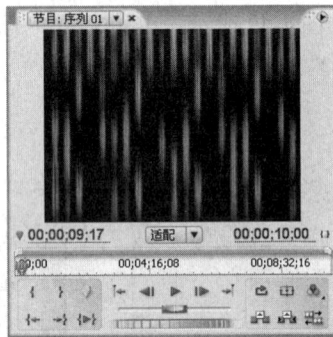

图 4-55

步骤 7 将时间指示器放置在 0s 的位置, 在 "时间线" 面板中的 "视频 1" 轨道上, 选中 "数字时代 1 字幕" 层, 按<Ctrl>+<C>组合键复制层, 然后选中 "视频 2" 轨道, 按<Ctrl>+<V>组合键粘贴层, 如图 4-56 所示。选择 "效果控制" 面板, 展开 "定向模糊" 特效, 将 "模糊长度" 选项设置为 15, 如图 4-57 所示。

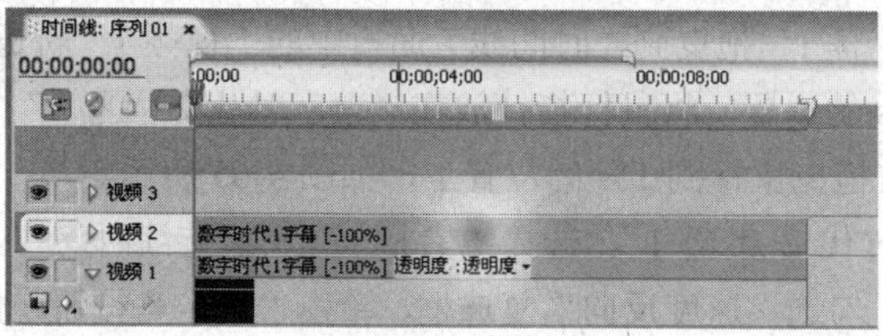

图 4-56 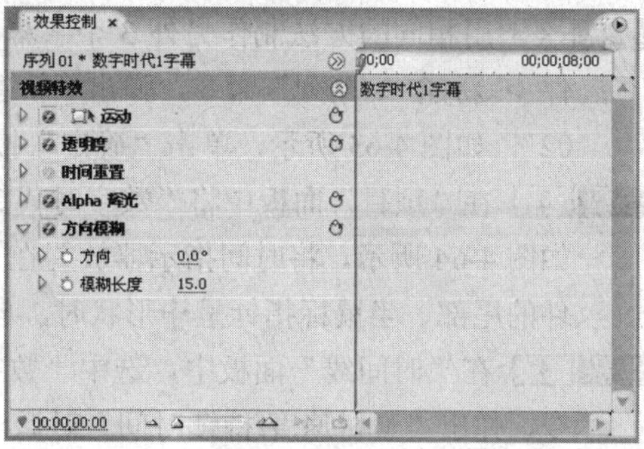　　　　　　　　　　　　　　　　　　　　图 4-57

步骤 **8**　在"时间线"面板中的"视频 1"轨道上，选中"数字时代 1 字幕"层，按<Ctrl>+<C>
组合键复制层，然后选中"视频 3"轨道，按<Ctrl>+<V>组合键粘贴层，如图 4-58 所示。选
择"效果控制"面板，选中"定向模糊"特效，按<Delete>键删除特效，如图 4-59 所示。

图 4-58 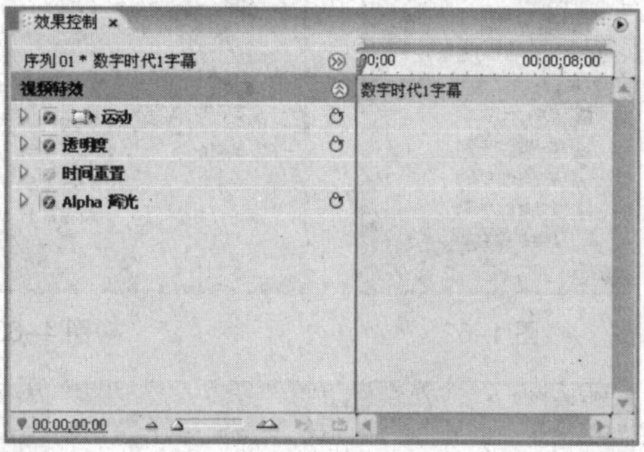　　　　　　　　　　　　　　　　　　　　图 4-59

3. 编辑多个字幕

步骤 **1**　选择"文件 > 新建 > 字幕"命令，弹出"新建字幕"对话框，在"名称"文本框中
输入"数字时代 2 字幕 1"，如图 4-60 所示。单击"确定"按钮，弹出字幕编辑面板，选择
"垂直文字"工具 T ，在字幕工作区中输入需要的文字，其他设置如图 4-61 所示。关闭字幕
编辑面板，新建的字幕文件自动保存到"项目"面板中。

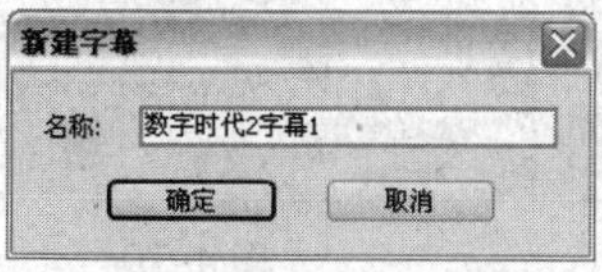

图 4-60 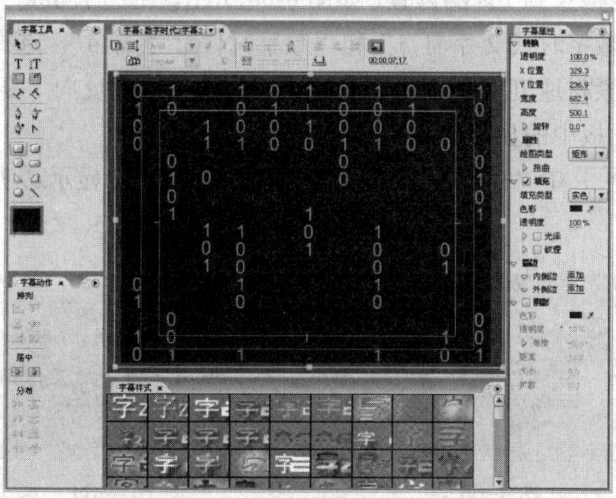　　　　　　　　　　　　　　图 4-61

步骤 2 用相同的方法制作另外 3 个字幕，在"项目"面板中的显示如图 4-62 所示。选择"文件 > 新建 > 序列"命令，弹出"新建序列"对话框，在"序列名称"文本框中输入"序列02"，如图 4-63 所示，单击"确定"按钮，新建一个时间线序列 02。

步骤 3 在"项目"面板中将"数字时代 2 字幕 1"拖曳到"时间线"面板中的"视频 1"轨道，如图 4-64 所示。将时间指示器放置在 10s 的位置，将鼠标指针放在"数字时代 2 字幕 1"文件的尾部，当鼠标指针呈 ✛ 形状时，向右拖曳鼠标到 10s 的位置上，如图 4-65 所示。

步骤 4 在"时间线"面板中，选中"数字时代 2 字幕 1"，选择"素材 > 速度/持续时间"命令，弹出"素材速度/持续时间"对话框，勾选"速度反向"复选框，单击"确定"按钮，如图 4-66 所示。这样向上滚动的"数字时代 2 字幕 1"将会进行倒放，在"时间线"面板中的显示如图 4-67 所示。

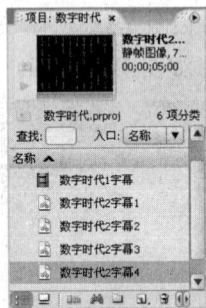
图 4-62

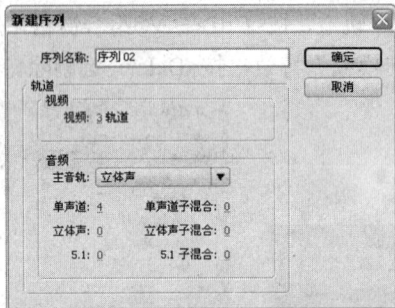
图 4-63

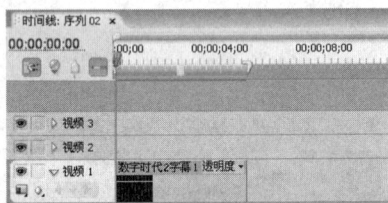
图 4-64

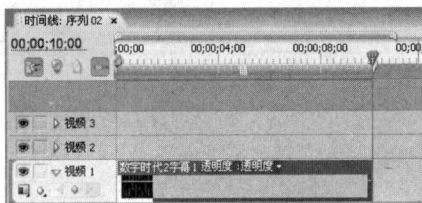
图 4-65

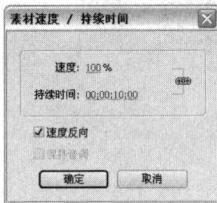
图 4-66

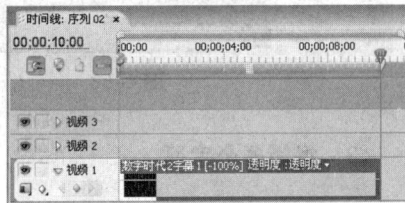
图 4-67

步骤 5 用相同的方法将"数字时代 2 字幕 2"拖曳到"视频 2"轨道，将"数字时代 2 字幕 3"拖曳到"视频 3"轨道，将"数字时代 2 字幕 4"拖曳到"视频 4"轨道，将各个轨道的字幕均拖长到 10s 的位置，如图 4-68 所示。在"时间线"面板中，依次选择"数字时代 2 字幕 2"、"数字时代 2 字幕 3"和"数字时代 2 字幕 4"，选择"素材 > 速度/持续时间"命令，弹出"素材速度/持续时间"对话框，勾选"速度反向"复选框，单击"确定"按钮，在"时间线"面板中的显示如图 4-69 所示。

步骤 6 在"视频 1"轨道至"视频 4"轨道中显示透明控制线，如图 4-70 所示。

图 4-68

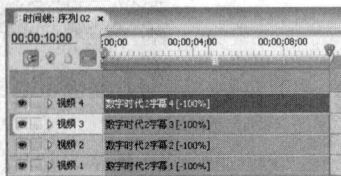
图 4-69

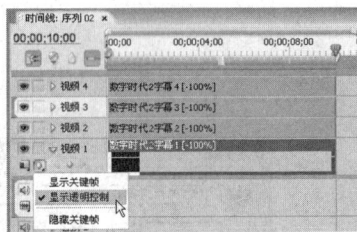
图 4-70

步骤 7　将时间指示器放置在 0s 的位置，单击"视频 1"轨道中的"添加/删除关键帧"按钮 ，如图 4-71 所示，添加第 1 个关键帧，并在"时间线"面板中用鼠标拖曳"数字时代 2 字幕 1"中的关键帧移至最低，如图 4-72 所示。

步骤 8　将时间指示器放置在 00:10s 的位置，单击"视频 1"轨道中的"添加/删除关键帧"按钮 ，如图 4-73 所示，添加第 2 个关键帧。用鼠标拖曳"数字时代 2 字幕 1"中的关键帧移至最顶，如图 4-74 所示。

图 4-71　　　　　　　　图 4-72　　　　　　　　图 4-73　　　　　　　　图 4-74

步骤 9　将时间指示器放置在 00:20s 的位置，单击"视频 1"轨道中的"添加/删除关键帧"按钮 ，如图 4-75 所示，添加第 3 个关键帧。用鼠标拖曳"数字时代 2 字幕 1"中的关键帧移至最低，如图 4-76 所示。

图 4-75　　　　　　　　　图 4-76

步骤 10　在"时间线"面板中，选中"数字时代 2 字幕 1"，选择"效果控制"面板，展开"透明度"选项，可以看到添加的 3 个关键帧，如图 4-77 所示。单击"透明度"选项，按<Ctrl>+<C>组合键复制关键帧。在"时间线"面板中，选中"数字时代 2 字幕 2"，选择"效果控制"面板，单击"透明度"选项，按<Ctrl>+<V>组合键粘贴关键帧，如图 4-78 所示。

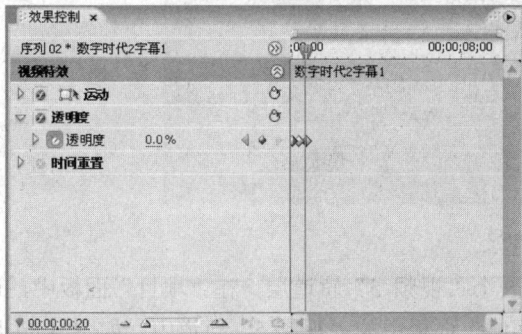 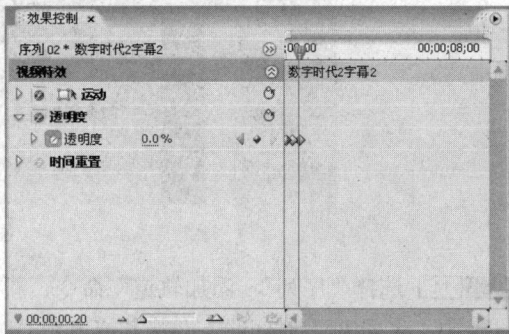

图 4-77　　　　　　　　　　　　　　　　　　　图 4-78

步骤 11　将时间指示器放置在 00:10s 的位置，将"数字时代 2 字幕 2"中的 3 个关键帧全部选中，用鼠标拖曳关键帧，使第 1 个关键帧位于第 10 帧，如图 4-79 所示。用相同的方法，将复制的 3 个关键帧依次粘帖到"视频 3"轨道和"视频 4"轨道上，并依次向后移动 10 帧，如图 4-80 所示。

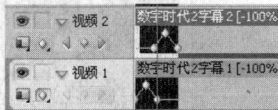 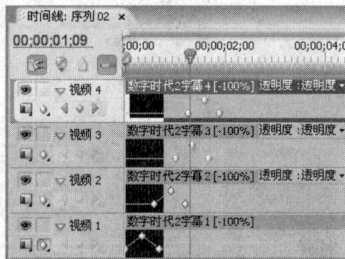

图 4-79　　　　　　　　　　　　　　　　　图 4-80

步骤 12 在"时间线"面板中，选择"选择"工具 ▶，框选"数字时代 2 字幕 1"中的 3 个关键帧，按<Ctrl>+<C>组合键复制关键帧，将时间指示器放置在 02:10s 的位置，按<Ctrl>+<V>组合键粘贴关键帧，如图 4-81 所示。将时间指示器放置在 02:20s 的位置，选中"数字时代 2 字幕 2"，按<Ctrl>+<V>组合键粘贴关键帧，将时间指示器放置在 03:05s 的位置，选中"数字时代 2 字幕 3"，按<Ctrl>+<V>组合键粘贴关键帧，将时间指示器放置在 03:15s 的位置，选中"数字时代 2 字幕 4"，按<Ctrl>+<V>组合键粘贴关键帧，如图 4-82 所示。

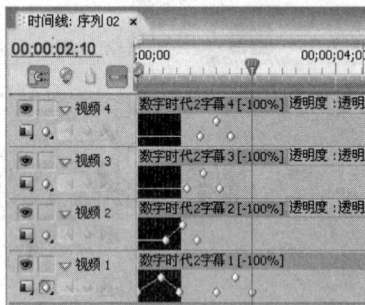
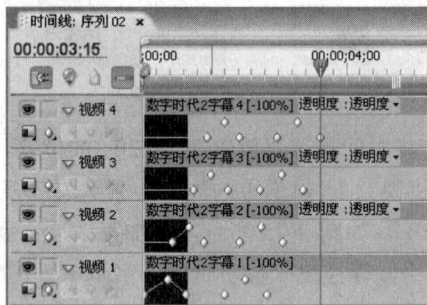

图 4-81   图 4-82

步骤 13 用相同的方法制作其他关键帧，如图 4-83 所示。

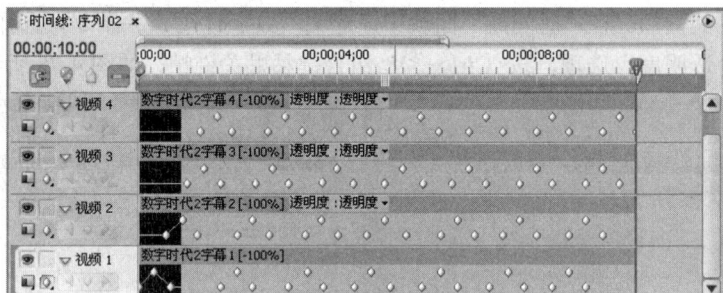

图 4-83

步骤 14 选择"序列 > 添加轨道"命令，新建一个"视频 5"轨道层，在"项目"面板中，选中"序列 01"时间线，并将其拖曳到"时间线"面板中的"视频 5"轨道中，如图 4-84 所示。将时间指示器放置在 9:15s 的位置，在"效果控制"面板中展开"透明度"选项，单击"透明度"选项前面的"记录动画"按钮 ⏺，如图 4-85 所示。将时间指示器放置在 10s 的位置，设置"透明度"选项为 0。

步骤 15 数字时代效果制作完成，如图 4-86 所示。

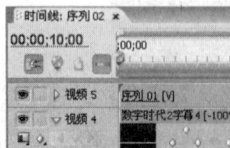
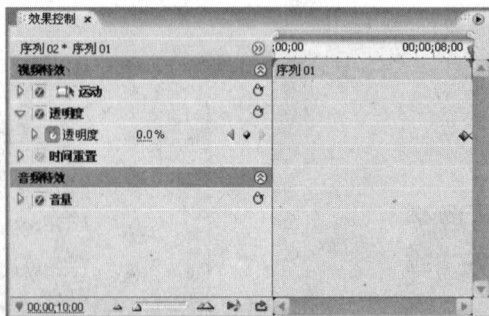

图 4-84   图 4-85   图 4-86

4.2.3 【相关工具】

1. 模糊与锐化视频特效

该视频特效主要针对镜头画面锐化或模糊进行处理，共包含 10 种特效。

◎ 快速模糊

该特效可以指定画面模糊程度，同时可以指定水平、垂直或两个方向的模糊程度。该特效在模糊图像时比使用"高斯模糊"处理速度快。应用该特效后，其参数面板如图 4-87 所示。

模糊程度：用于调节控制影片的模糊程度。

模糊尺寸：控制图像的模糊尺寸，包括"水平与垂直"、"水平"和"垂直"3 种方式。

应用"快速模糊"特效的效果如图 4-88 和图 4-89 所示。

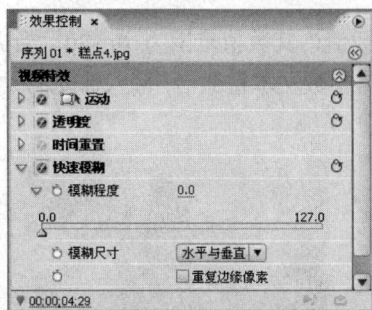
图 4-87

图 4-88

图 4-89

◎ 抗锯齿

该特效通过平均化图像对比度区域的颜色值来平均整个图像，使图像的高亮区和低亮区渐变柔和，应用该特效后，面板不会产生任何参数设置，只对图像进行默认柔化。应用"抗锯齿"特效的图像效果如图 4-90 和图 4-91 所示。

图 4-90

图 4-91

◎ 摄像机模糊

该特效可以产生图像离开摄像机焦点范围时所产生的"虚焦"效果，应用该特效后，面板如图 4-92 所示。

可以调整窗口中的参数对该特效效果进行设置，直到满意为止。在窗口中单击"设置"按钮，弹出"摄像机模糊设置"对话框，对图像进行设置，如图 4-93 所示，设置完成后，单击"确定"按钮。

应用"摄像机模糊"特效的图像效果如图 4-94 和图 4-95 所示。

 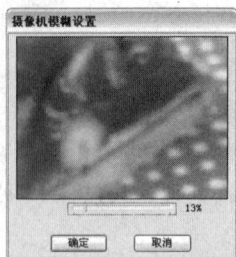  

图 4-92   图 4-93   图 4-94   图 4-95

◎ 方向模糊

该特效可以在图像中产生一个方向性的模糊效果，使素材产生一种幻觉运动特效，应用该特效后，其参数面板如图 4-96 所示。

方向：用于设置模糊方向。

模糊长度：用于设置图像虚化的程度，拖曳滑块可调整数值，其数值范围为 0~20。当需要用到高于 20 的数值时，可以单击选项右侧带下画线的数值，将参数文本框激活，输入需要的数值。

应用"方向模糊"特效的效果如图 4-97 和图 4-98 所示。

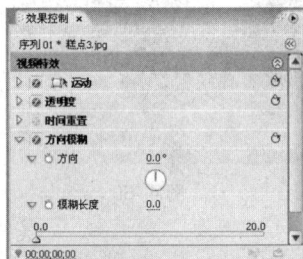  

图 4-96   图 4-97   图 4-98

◎ 混合模糊

该特效主要通过模拟摄像机快速变焦和旋转镜头来产生具有视觉冲击力的模糊效果，应用该特效后，其参数面板如图 4-99 所示。

模糊层：单击 视频1 ▼ 按钮，在弹出的下拉列表中选择要模糊的视频轨道，如图 4-100 所示。

最大模糊：对模糊的数值进行调节。

拉伸贴图进行适配：勾选此复选框，可以对使用模糊效果的影片画面进行拉伸处理。

反转模糊：用于对当前设置的效果反转，即模糊反转。

应用"混合模糊"特效的效果如图 4-101 和图 4-102 所示。

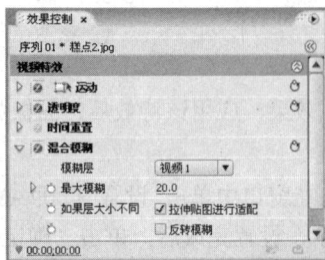  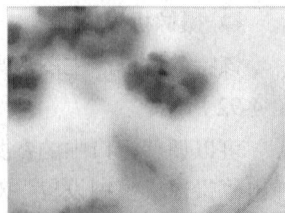

图 4-99   图 4-100   图 4-101   图 4-102

◎ 通道模糊

"通道模糊"特效可以对素材的红、绿、蓝和 Alpha 通道分别进行模糊，还可以指定模糊的方向是水平、垂直或双向。使用该特效可以创建辉光效果或控制一个图层的边缘附近变得不透明。

在"特效控制"面板中可以设置特效的参数，如图 4-103 所示。

红色模糊：设置红色通道的模糊程度。

绿色模糊：设置绿色通道的模糊程度。

蓝色模糊：设置蓝色通道的模糊程度。

Alpha 模糊：设置 Alpha 通道的模糊程度。

边缘形态：勾选"重复边缘像素"复选框，可以使图像的边缘更加透明化。

模糊尺寸：控制图像的模糊尺寸，包括"水平与垂直"、"水平"和"垂直"3 种方式。

应用"通道模糊"特效的效果如图 4-104 和图 4-105 所示。

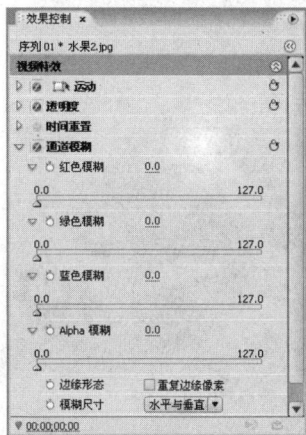

图 4-103

图 4-104

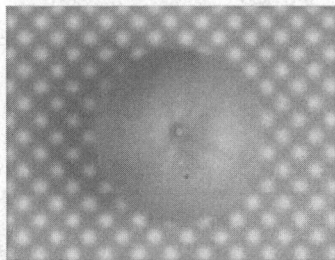

图 4-105

◎ 重影

"重影"特效可以使影片中运动物体后面跟着一串阴影一起移动，效果如图 4-106 和图 4-107 所示。

图 4-106

图 4-107

◎ 锐化

该特效通过增加相邻像素间的对比度使图像清晰化，应用该特效后，其参数面板如图 4-108 所示。

锐化数量：用于调整画面的锐化程度。

应用"锐化"特效的效果如图 4-109 和图 4-110 所示。

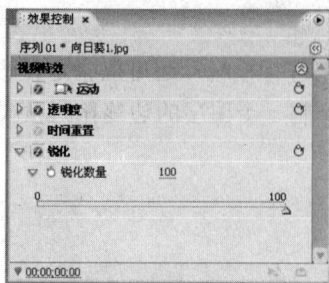

图 4-108　　　　　　　　　图 4-109　　　　　　　　　图 4-110

◎ 非锐化遮罩

"非锐化遮罩"特效可以调整图像的色彩锐化程度，应用该特效后，其参数面板如图 4-111 所示。

数量：设置颜色边缘差别值大小。

半径：设置颜色边缘产生差别的范围。

界限：设置颜色边缘之间允许的差别范围，值越小效果越明显。

应用"非锐化遮罩"特效的效果如图 4-112 和图 4-113 所示。

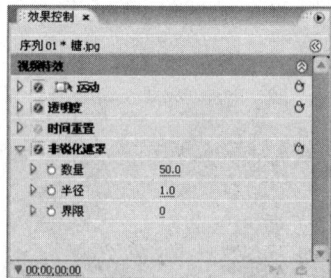

图 4-111　　　　　　　　　图 4-112　　　　　　　　　图 4-113

◎ 高斯模糊

"高斯模糊"特效可以大幅度地模糊图像，使其产生虚化的效果，应用该特效后，其参数面板如图 4-114 所示。

模糊程度：用于调节控制影片的模糊程度。

模糊尺寸：控制图像的模糊尺寸，包括"水平与垂直"、"水平"和"垂直"3 种方式。

应用"高斯模糊"特效的效果如图 4-115 和图 4-116 所示。

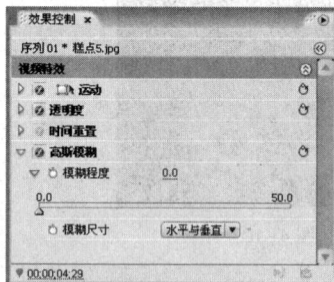

图 4-114　　　　　　　　　图 4-115　　　　　　　　　图 4-116

2. 通道视频特效

该视频特效可以对素材的通道进行处理，实现图像颜色、色调、饱和度、亮度等颜色属性的改变，共包含 7 种特效。

◎ **反转**

该特效将图像的颜色进行反色显示，使处理后的图像看起来像照片的底片，效果如图 4-117 和图 4-118 所示。

图 4-117

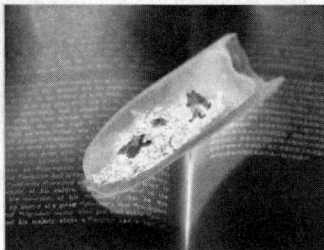
图 4-118

◎ **固态合成**

该特效可以将一种颜色填充合成图像，放置在原始素材的后面，应用该特效后，其参数面板如图 4-119 所示。

来源透明度：用于指定素材层的不透明度。

色彩：用于设置新填充图像的颜色。

透明度：控制新填充图像的不透明度。

混合模式：设置素材层和填充图像以何种方式混合。

应用"固态合成"特效的效果如图 4-120、图 4-121 和图 4-122 所示。

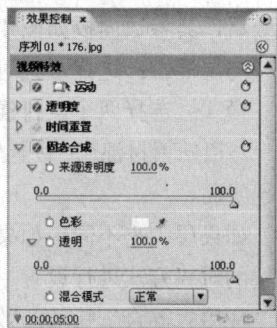
图 4-119

图 4-120

图 4-121

图 4-122

◎ **复合算法**

该特效与"混合"特效类似，都是将两个重叠素材的颜色相互组合在一起，应用该特效后，其参数面板如图 4-123 所示。

第二来源层：用于当前操作中指定原始的图层。

操作：选择两个素材混合模式。

在通道上运算：选择混合素材进行操作的通道。

溢出行为：选择两个素材混合后颜色允许的范围。

拉伸第二来源进行适配：当素材与混合素材大小相同时，不勾选该复选框，混合素材与原素材将无法对齐重合。

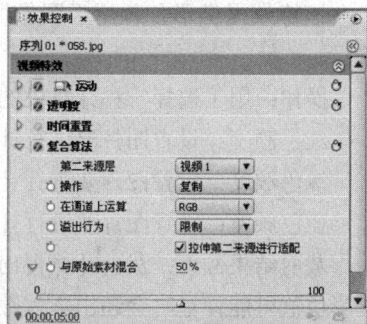
图 4-123

中等职业教育数字艺术类规划教材

与原始素材混合：设置混合素材的透明值。

应用"复合算法"特效的效果如图 4-124、图 4-125 和图 4-126 所示。

图 4-124　　　　　　　　　　图 4-125　　　　　　　　　　图 4-126

◎ 混合

该特效是将两个通道中的图像按指定方式进行混合，从而达到改变图像色彩的效果，应用该特效后，其参数面板如图 4-127 所示。

与层混合：选择重叠对象所在的视频轨道。

模式：选择两个素材混合的部分。

与原始素材混合：设置所选素材与原素材混合值，值越小效果越明显。

如果层大小不同：如果图层的尺寸不同时，该选项用于对图层的对齐方式进行设置。

应用"混合"特效的效果如图 4-128、图 4-129 和图 4-130所示。

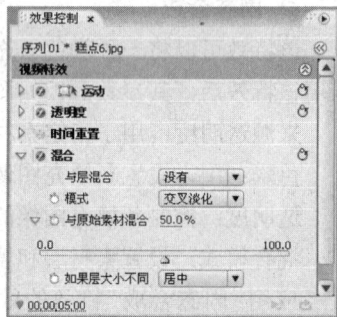

图 4-127

图 4-128　　　　　　　　　　图 4-129　　　　　　　　　　图 4-130

◎ 算法

该特效提供了各种用于图像通道的简单数学运算，应用该特效后，其参数面板如图 4-131所示。

操作：用于选择一种计算机的颜色。

红色额度：设置图片要进行计算的红色值。

绿色额度：设置图片要进行计算的绿色值。

蓝色额度：设置图片要进行计算的蓝色值。

裁剪结果额度：裁剪计算得出的数值，创造有效的范围彩色数值。如果不勾选该复选框，一些彩色值可能计算时会超出彩色数值范围。

应用"算法"特效的效果如图 4-132 和图 4-133 所示。

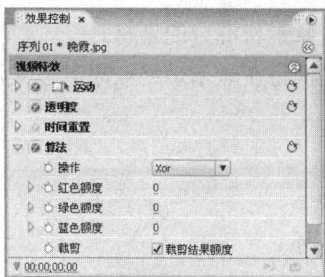

图 4-131 　　　　　　　　　　图 4-132 　　　　　　　　　图 4-133

◎ 设置蒙版

以当前层的 Alpha 通道取代指定层的 Alpha 通道，使之产生运动屏蔽的效果，应用该特效后，其参数面板如图 4-134 所示。

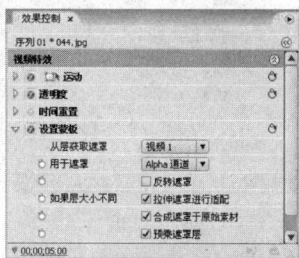

从层获取遮罩：该选项用于指定作为蒙版的图层。

用于遮罩：选择指定的蒙版层用于效果处理的通道。

反转遮罩：反转蒙版层的透明度。

拉伸遮罩进行适配：用于放大或缩小屏蔽层的尺寸，使之与当前层适配。

合成遮罩于原始素材：使当前层合成新的蒙版，而不是替换原始素材层。

图 4-134

预乘遮罩层：勾选该复选框，软化蒙版层素材的边缘。

应用"设置蒙版"特效的效果如图 4-135、图 4-136 和图 4-137 所示。

图 4-135 　　　　　　　　　　图 4-136 　　　　　　　　　图 4-137

◎ 运算

该特效通过通道混合进行颜色调整，应用该特效后，其参数面板如图 4-138 所示。

输入：设置原素材显示。

输入通道：选择需要显示的通道，在其下拉列表中各选项如下。

- RGBA：正常输入所有通道。
- 灰度：呈灰色显示原来的 RGBA 图像的亮度。
- 红、绿、蓝、Alpha 通道：选择对应的通道，显示对应通道。

反转输入：将"输入通道"中选择的通道反向显示。

第二来源：设置与原素材混合的素材。

第二层：选择与原素材混合素材所在的视频轨道。

第二层通道：选择与原素材混合显示的通道。其下方选项的作用与"输入"设置框中的"输入通道"相同。

第二层透明度：设置与原素材混合素材的透明度值。

反转第二层：与"反转输入"的作用相同，但这里指的是与原素材混合的素材。

拉伸第二层进行适配：当混合素材小于原素材，勾选该复选框将在显示最终效果时放大混合素材。

混合模式：用于设置原素材与第二信号源的多种混合模式。

保持透明度：确保被影响素材的透明度不被修改。

应用"运算"特效的效果如图 4-139、图 4-140 和图 4-141 所示。

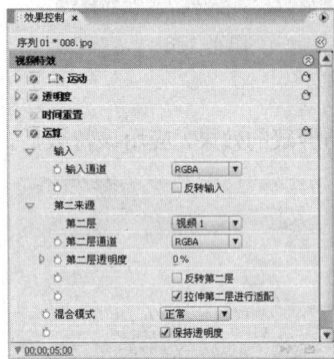

| 图 4-138 | 图 4-139 | 图 4-140 | 图 4-141 |

3. 色彩校正视频特效

"色彩校正"视频特效主要用于对视频素材进行颜色校正，该特效包括了 17 种类型。

◎ RGB 色彩校正

该特效可以通过修改 RGB 三个通道中的参数，实现图像色彩的改变，应用"RGB 色彩校正"特效的效果如图 4-142 和图 4-143 所示。

| 图 4-142 | 图 4-143 |

◎ RGB 曲线

该特效通过曲线调整红色、绿色和蓝色通道中的数值，达到改变图像色彩的目的，应用"RGB 曲线"特效的效果如图 4-144 和图 4-145 所示。

| 图 4-144 | 图 4-145 |

◎　三路色彩校正

该特效通过旋转 3 个色盘来调整颜色的平衡，应用"三路色彩校正"特效的效果如图 4-146 和图 4-147 所示。

图 4-146

图 4-147

◎　亮度&对比度

该特效用于调整素材的亮度和对比度，并同时调节所有素材的亮部、暗部和中间色，应用该特效后，其参数面板如图 4-148 所示。

亮度：调整素材画面的亮度。

对比度：调整素材画面的对比度。

应用"亮度&对比度"特效的效果如图 4-149 和图 4-150 所示。

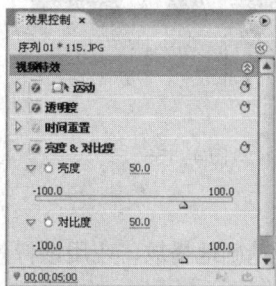

图 4-148

图 4-149

图 4-150

◎　亮度曲线

该特效通过亮度曲线图实现对图像亮度的调整，应用"亮度曲线"特效的效果如图 4-151 和图 4-152 所示。

图 4-151

图 4-152

◎　亮度校正

该特效通过亮度进行图像颜色的校正，应用该特效后，其参数面板如图 4-153 所示。

输出：设置输出的选项，在其下拉列表中包括"合成"、"亮度"、"遮罩"和"色调范围" 4 个选项，如果勾选"显示分割视图"复选框，可以对图像进行分屏预览。

布局：设置分屏预览的布局，在其下拉列表中有"水平"和"垂直"两个选项。

分割视图百分比：用于对分屏比例进行设置。

"色调范围定义"：用于选择调整的区域，在"色调范围"下拉列表中包括"主体"、"高光"、"中值"和"阴影"4 个选项。

亮度：对图像的亮度进行设置。

对比度：该参数用于改变图像的对比度。

对比度电平：用于设置对比度的级别。

附属色彩校正：用于设置二级色彩修正。

应用"亮度校正"特效的效果如图 4-154 和图 4-155 所示。

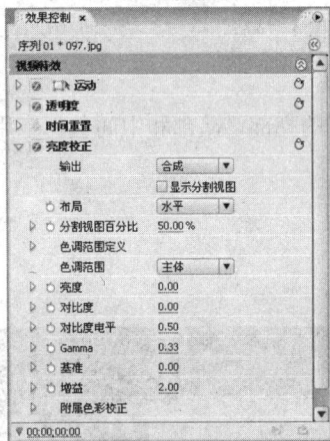

图 4-153

图 4-154

图 4-155

◎ 广播级色彩

该特效可以校正广播级的颜色和亮度，使影视作品在电视机中进行精确地播放，应用该特效后，其参数面板如图 4-156 所示。

本地广播制式：用于设置 PAL 和 NTSC 两种电视制式。

如何制作安全色：设置实现安全色的方法。

最大信号幅度（IRE）：限制最大的信号幅度。

应用"广播级色彩"特效的效果如图 4-157 和图 4-158 所示。

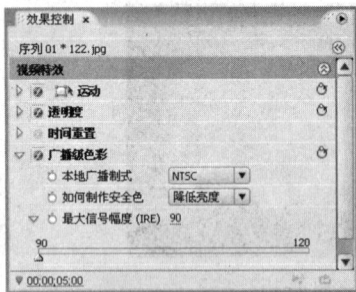

图 4-156

图 4-157

图 4-158

◎ 快速色彩校正

该特效能够快速地进行图像颜色修正，应用该特效后，其参数面板如图 4-159 所示。

输出：设置输出的选项，在其下拉列表中包括"合成"、"亮度"和"遮罩"3 个选项，如果勾选"显示分割视图"复选框，可以对图像进行分屏预览。

布局：设置分屏预览的布局，在其下拉列表中包括"水平"和"垂直"两个选项。

分割视图百分比：用于对分屏比例进行设置。

白平衡：用于设置白色平衡，数值越大，画面中的白色越多。

色相位平衡与角度：用于调整色调平衡和角度，可以直接使用色盘改变画面中的色调。

平衡幅度：设置平衡的数量。

平衡增益：增加白色平衡。

平衡角度：设置白色平衡的角度。

饱和度：用于设置画面颜色的饱和度。

自动黑电平：单击该按钮，将进行自动黑色级别调整。

自动对比度：单击该按钮，将自动进行对比度调整。

自动白电平：单击该按钮，将自动进行白色级别调整。

黑电平：用于设置黑色级别的颜色。

灰度电平：用于设置灰色级别的颜色。

白电平：用于设置白色级别的颜色。

输入电平：对输入的颜色进行级别调整，拖曳该选项颜色条下的 3 个滑块，将对输入黑电平、输入白电平和输入灰度电平 3 个参数产生影响。

输出电平：对输出的颜色进行级别调整，拖曳该选项条下的两个滑块，将对输出黑电平和输出白电平两个参数产生影响。

输入黑电平：用于调节黑色输入时的级别。

输入灰度电平：用于调节灰色输入时的级别。

输入白电平用于调节白色输入时的级别。

输出黑电平：用于调节黑色输出时的级别。

输出白电平用于调节白色输出时的级别。

应用"快速色彩校正"特效的效果如图 4-160 和图 4-161 所示。

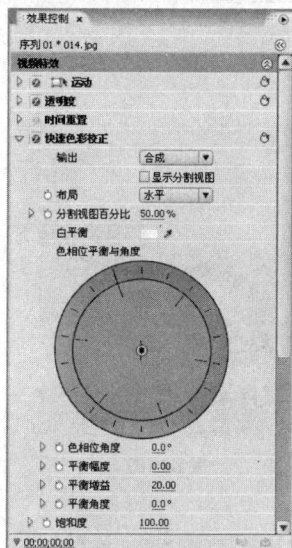

图 4-159

图 4-160

图 4-161

◎ 改变颜色

该特效用于改变图像中某种颜色区域的色调，应用该特效后，其参数面板如图 4-162 所示。

查看：该选项用于设置在合成图像中观看的效果，在其下拉列表中包括"校正层"和"色彩校正遮罩"两个选项。

色相转换：调整色相，以"度"为单位改变所选区域的颜色。

亮度转换：用于设置所选颜色的明暗度。

饱和度转换：设置所选颜色的饱和度。

色彩更改：设置图像中要改变颜色的区域。

匹配限度：设置颜色匹配的相似程度。

匹配柔化：设置颜色的柔和度。

匹配颜色：设置颜色空间，在其下拉列表中包括"使用 RGB"、"使用色相"和"使用色度" 3 个选项。

反转色彩校正遮罩：勾选此复选框，可以将颜色进行反向校正。

应用"改变颜色"特效的效果如图 4-163 和图 4-164 所示。

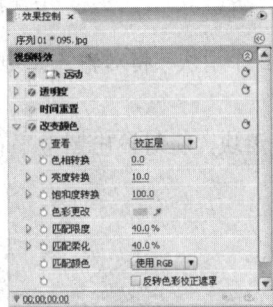
图 4-162

图 4-163

图 4-164

◎ 着色

该特效用于调整图像中包含的颜色信息，在最亮和最暗之间确定融合度。应用该特效后，其参数面板如图 4-165 所示。

映射黑色到：设置黑色像素被映像到该图像上指定的颜色。

映射白色到：设置白色像素被映像到该图像上指定的颜色。

着色数值：设置颜色被调整的数量。

应用"着色"特效的效果如图 4-166 和图 4-167 所示。

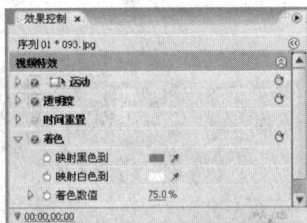
图 4-165

图 4-166

图 4-167

◎ 色彩均化

该特效可以修改图像的像素值，并将其颜色值进行平均化处理。应用该特效后，其参数面板如图 4-168 所示。

均衡：用于设置平均化的方式，在其下拉列表中包括"RGB"、"亮度"和"Photoshop 风格"3个选项。

均衡数量：用于设置重新分布亮度值的程度。

应用"色彩均化"特效的效果如图 4-169 和图 4-170 所示。

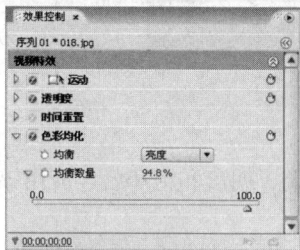

图 4-168

图 4-169

图 4-170

◎ 色彩平衡

应用该特效，可以按照 RGB 颜色调节影片的颜色，以达到校色的目的。应用"色彩平衡"特效的效果如图 4-171 和图 4-172 所示。

图 4-171

图 4-172

◎ 色彩平衡（HLS）

通过对图像色相、亮度和饱和度的精确调整，实现对图像颜色的改变。应用该特效后，其参数面板如图 4-173 所示。

色相：该参数可以改变图像的色相。

亮度：设置图像的亮度。

饱和度：设置图像的饱和度。

应用"色彩平衡（HLS）"特效的效果如图 4-174 和图 4-175 所示。

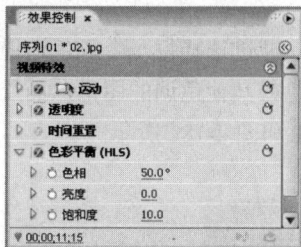

图 4-173

图 4-174

图 4-175

◎ 视频限幅器

该特效利用视频限制器对图像的颜色进行调整，应用"视频限幅器"特效的效果如图 4-176 和图 4-177 所示。

图 4-176

图 4-177

◎ 转换颜色

该特效可以在图像中选择一种颜色将其转换为另一种颜色的色调、明度和饱和度。应用该特效后，其参数面板如图 4-178 所示。

从：设置当前图像中需要转换的颜色，可以利用其右侧的"吸管工具" 在"节目"窗口中提取颜色。

到：设置转换后的颜色。

更改：设置在 HLS 颜色模式下产生影响的通道。

更改根据：设置颜色转换方式，在其下拉列表中包括"设置为颜色"和"转换为颜色"两个选项。

宽容度：设置色调、明暗度和饱和度的值。

柔化：通过百分比的值控制柔和度。

查看校正遮罩：通过遮罩控制发生改变的部分。

应用"转换颜色"特效的效果如图 4-179 和图 4-180 所示。

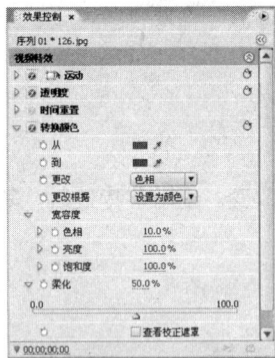

图 4-178

图 4-179

图 4-180

◎ 通道混合

该特效用于调整通道之间的颜色数值，实现图像颜色的调整。通过选择每一个颜色通道的百分比组成，可以创建高质量的灰度图像，还可以创建高质量的棕色或其他色调的图像，而且可以对通道进行交换和复制。应用"通道混合"特效的效果如图 4-181 和图 4-182 所示。

图 4-181

图 4-182

◎ **颜色分离**

该特效可以准确地指定颜色或者删除图层中的颜色，应用该特效后，其参数面板如图 4-183 所示。

脱色数量：设置指定层中需要删除的颜色数量。

颜色分离：设置图像中需分离的颜色。

宽容度：用于设置颜色的容差度。

边缘羽化：用于设置颜色分界线的柔化程度。

匹配色：设置颜色的对应模式。

应用"颜色分离"特效的效果如图 4-184 和图 4-185 所示。

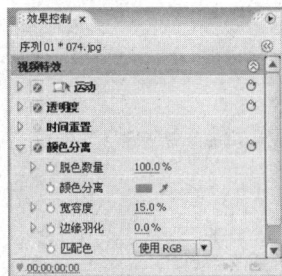
图 4-183

图 4-184

图 4-185

4.2.4　【实战演练】——冬日雪景

　　使用"椭圆"工具绘制圆形，使用"高斯模糊"命令制作雪花，使用"滚动/游动"选项制作下雪效果，使用"速度/持续时间"命令改变播放速度。（最终效果参看光盘中的"Ch04\冬日雪景\冬日雪景.prproj"，如图 4-186 所示。）

图 4-186

4.3　海滨城市

4.3.1　【操作目的】

　　使用"比例"选项改变图像的大小，使用"裁剪"命令剪切部分图像，使用"自动电平"调整图像的颜色，使用"照明效果"命令改变图像的灯光亮度。（最终效果参看光盘中的"Ch04\海滨城市\海滨城市.prproj"，如图 4-187 所示。）

图 4-187

4.3.2 【操作步骤】

1. 编辑背景

步骤 1 启动 Premiere Pro CS3，弹出"欢迎使用 Adobe Premiere Pro"欢迎界面，单击"新建项目"按钮 ，如图 4-188 所示，弹出"新建项目"对话框。在对话框左侧的列表中展开"DVCPRO50\480i"选项，选中"DVCPRO50 NTSC 标准"模式，设置"位置"选项，选择保存文件路径，在"名称"文本框中输入文件名"海滨城市"，如图 4-189 所示，单击"确定"按钮。

图 4-188

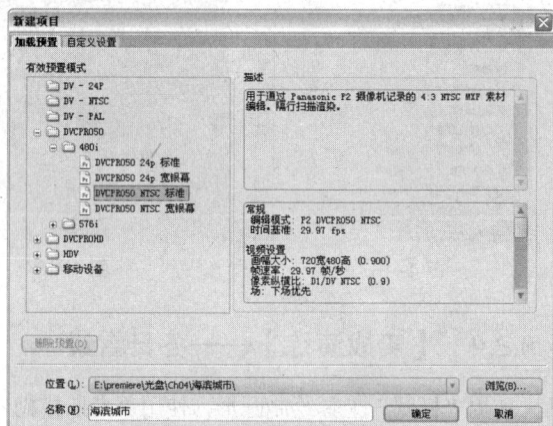

图 4-189

步骤 2 选择"文件 > 导入"命令，弹出"导入"对话框，选择光盘中的"Ch04\海滨城市\素材\01 和 02"文件，单击"打开"按钮导入图片，如图 4-190 所示。导入后的文件将排列在"项目"面板中，如图 4-191 所示。

图 4-190

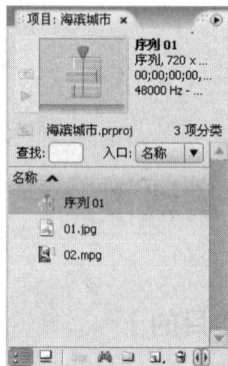

图 4-191

步骤 3 在"项目"面板中选中"01"文件，并将其拖曳到"时间线"面板中的"视频 1"轨道中，如图 4-192 所示。在"时间线"面板中选中"视频 1"轨道中的"01"文件，选择"效果控制"面板，展开"运动"选项，将"比例"选项设置为 140，如图 4-193 所示。

步骤 4 选择"窗口 > 工作区 > 效果"命令，弹出"效果"面板，展开"视频特效"特效分类选项，单击"调节"文件夹前面的三角形按钮 ▷ 将其展开，选中"自动电平"特效，如图 4-194 所示。将"自动电平"特效拖曳到"时间线"面板中的"01"文件上，如图 4-195 所示。

步骤 5 在"时间线"面板中选中"视频 1"轨道中的"01"文件，选择"效果控制"面板，展开"自动电平"特效，将"白色限制"选项设置为 5%，如图 4-196 所示。在"节目"窗口中预览效果，如图 4-197 所示。

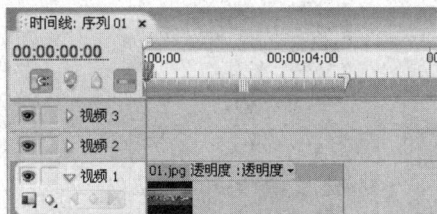

图 4-192

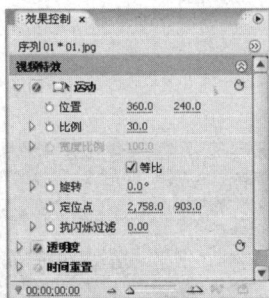

图 4-193

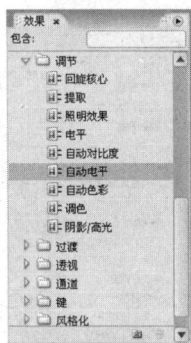

图 4-194

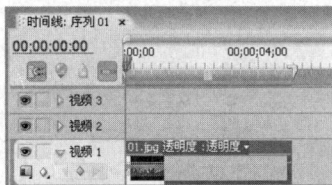

图 4-195

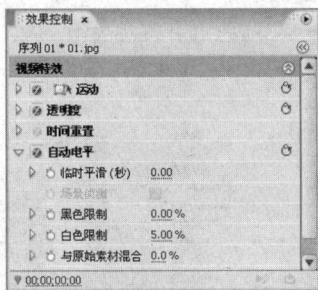

图 4-196

图 4-197

2. 裁剪图像

步骤 1 在"项目"面板中选中"02"文件，并将其拖曳到"时间线"面板中的"视频 2"轨道中，如图 4-198 所示。将时间指示器放置在 7s 的位置，在"视频 1"轨道上选中"01"文件，将鼠标指针放在"01"文件的尾部，当鼠标指针呈 ✛ 形状时，向右拖曳鼠标到 7s 的位置上，用同样的方法将"02"文件拖曳到 7s 的位置，如图 4-199 所示。

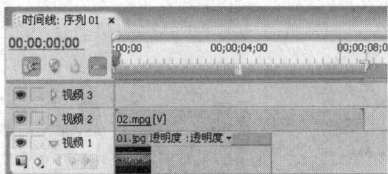

图 4-198

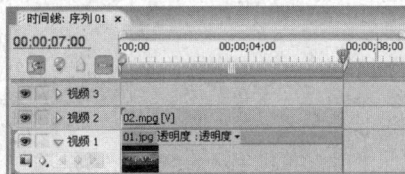

图 4-199

步骤 2 选择"特效"面板，展开"视频特效"特效分类选项，单击"变换"文件夹前面的三角形按钮 ▷ 将其展开，选中"裁剪"特效，如图 4-200 所示。将"裁剪"特效拖曳到"时间线"面板中的"02"文件上，如图 4-201 所示。

步骤 3 选择"效果控制"面板，展开"裁剪"特效，将"顶"选项设置为 61%，如图 4-202 所示。在"节目"窗口中预览效果，如图 4-203 所示。

3. 编辑水面亮度

步骤 1 选择"效果"面板，展开"视频特效"特效分类选项，单击"调节"文件夹前面的三角形按钮▷将其展开，选中"照明效果"特效，如图 4-204 所示。将"照明效果"特效拖曳到"时间线"面板中的"02"文件上，如图 4-205 所示。

图 4-200

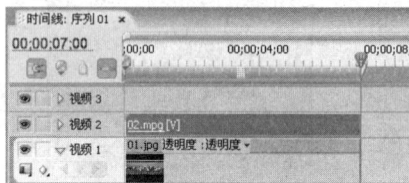
图 4-201

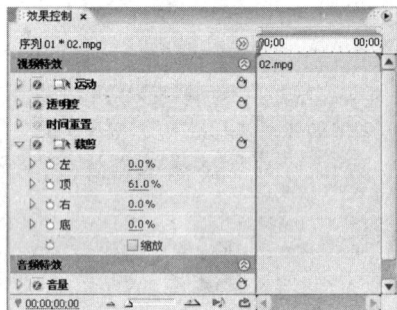
图 4-202

图 4-203

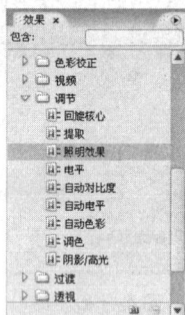
图 4-204

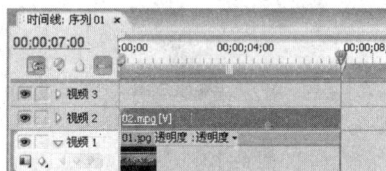
图 4-205

步骤 2 选择"效果控制"面板，展开"照明效果"特效，在"灯光类型"下拉列表中选择"泛光灯"选项，将"中心"选项设置为 571 和 300，"主半径" 选项设置为 25，"强度"选项设置为 40，如图 4-206 所示。在"节目"窗口中预览效果，如图 4-207 所示。

步骤 3 海滨城市制作完成的效果如图 4-208 所示。

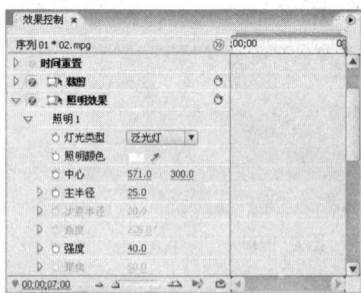
图 4-206

图 4-207

图 4-208

4.3.3　【相关工具】

1. 扭曲视频特效

"扭曲"视频特效主要通过对图像进行几何扭曲变形来制作出各种画面变形效果，共包含 11 种特效。

◎ **偏移**

该特效可以根据设置的偏移量对图像进行位移，应用该特效后，其参数面板如图 4-209 所示。

移动中心到：设置偏移的中心点坐标值。

与原始素材混合：设置偏移的程度，数值越大效果越明显。

应用"偏移"特效的效果如图 4-210 和图 4-211 所示。

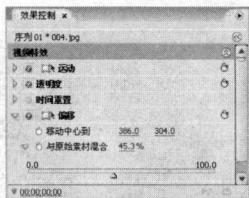  

图 4-209　　　　　　　　　　图 4-210　　　　　　　　　　图 4-211

◎ **变换**

该特效用于对图像的位置、尺寸、透明度、倾斜度等进行综合设置。应用该特效后，其参数面板如图 4-212 所示。

定位点：用于设置定位点的坐标位置。

位置：用于设置素材在屏幕中的位置。

等比：勾选此复选框，"宽度比例"将变为不可用，"高度比例"则变为参数选项，设置比例参数选项时将只能成比例地缩放素材。

高度比例/宽度比例：用于设置素材的高度/宽度。

倾斜：用于设置素材的倾斜度。

倾斜轴：用于设置素材倾斜的角度。

旋转：用于设置素材放置的角度。

透明度：用于设置素材的透明度。

快门角度：用于设置素材的遮挡角度。

应用"变换"特效的效果如图 4-213 和图 4-214 所示。

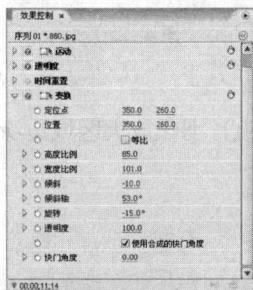  

图 4-212　　　　　　　　　　图 4-213　　　　　　　　　　图 4-214

◎ **弯曲**

应用该特效，可以制作出类似水面上的波纹效果。应用该特效后，其参数面板如图 4-215 所示。

水平强度：调整水平方向素材弯曲的程度。

水平比率：调整水平方向素材弯曲的大小比例。

水平宽度：调整水平方向素材弯曲的宽度。

垂直强度：调整垂直方向素材弯曲的程度。

垂直比率：调整垂直方向素材弯曲的大小比例。

垂直宽度：调整垂直方向素材弯曲的宽度。

应用"弯曲"特效的效果如图 4-216 和图 4-217 所示。

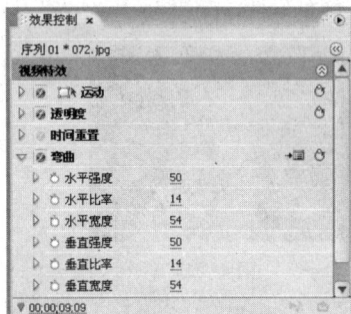

图 4-215　　　　　　　图 4-216　　　　　　　图 4-217

◎ **扭曲**

该特效可以使图像产生沿中心轴旋转的效果，应用该特效后，其参数面板如图 4-218 所示。

角度：用于设置漩涡的旋转角度。

扭曲半径：用于设置产生漩涡的半径。

扭曲中心：用于设置产生漩涡的中心点位置。

应用"扭曲"特效的效果如图 4-219 和图 4-220 所示。

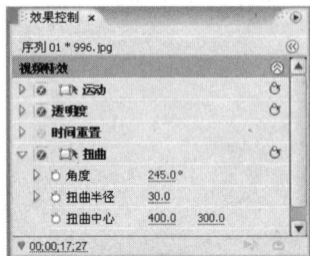

图 4-218　　　　　　　图 4-219　　　　　　　图 4-220

◎ **放大**

该特效可以将素材的某一部分放大，并可以调整放大区域的透明度，羽化放大区域边缘。应用该特效后，其参数面板如图 4-221 所示。

形状：设置放大区域的形状。

中心：设置放大区域的中心点坐标值。

放大：设置放大区域的放大倍数。

链接：选择放大区域的模式。

尺寸：设置用于产生放大效果区域的尺寸大小。

羽化：设置放大区域的羽化值。

透明度：设置放大部分的透明度。

比例：设置缩放的方式。

混合模式：设置放大部分与原图颜色混合模式。

重设层大小：只有在"链接"选项中选择了"无"选项，才能勾选该复选框。

应用"放大"特效的效果如图 4-222 和图 4-223 所示。

图 4-221　　　　　　　　　　图 4-222　　　　　　　　　　图 4-223

◎ 波形弯曲

该特效类似于波纹效果，可以对波纹的形状、方向、宽度等进行设置。应用该特效后，其参数面板如图 4-224 所示。

波纹类型：用于选择波形的类型模式。

波纹高度/波纹宽度：用于设置波形的高度（即振幅）/宽度（即波长）。

方向：用于设置波形旋转的角度。

波纹速度：用于设置波形的运动速度。

固定：用于设置波形面积模式。

相位：用于设置波形的角度。

抗锯齿（最佳品质）：选择波形特效的质量。

应用"波形弯曲"特效的效果如图 4-225 和图 4-226 所示。

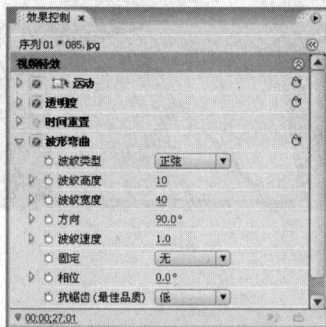

图 4-224　　　　　　　　　　图 4-225　　　　　　　　　　图 4-226

◎ 球面化

应用该特效可以在素材中制作出球形画面效果，应用该特效后，其参数面板如图 4-227 所示。

半径：用于设置球形的半径值。

球体中心：用于设置产生球面效果的中心点位置。

应用"球面化"特效的效果如图 4-228 和图 4-229 所示。

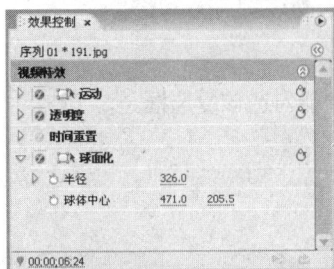

图 4-227

图 4-228

图 4-229

◎ 紊乱置换

该特效可以使素材产生类似流水、旗帜飘动、哈哈镜等扭曲效果，应用"紊乱置换"特效的效果如图 4-230 和图 4-231 所示。

◎ 边角固定

应用该特效，可以使图像的 4 个顶点发生变化，达到变形效果。应用该特效后，其参数面板如图 4-232 所示。

上左：调整素材左上角的位置。

上右：调整素材右上角的位置。

下左：调整素材左下角的位置。

下右：调整素材右下角的位置。

图 4-230　　　　　　　图 4-231

提 示　　除了在"效果控制"面板中调整参数值，还有一种比较直观、方便的操作方法，即单击"边角"按钮，这时在"节目"窗口中，图片的 4 个角上将出现 4 个控制柄，然后调整控制柄的位置就可以改变图片的形状。

应用"边角固定"特效的效果如图 4-233 和图 4-234 所示。

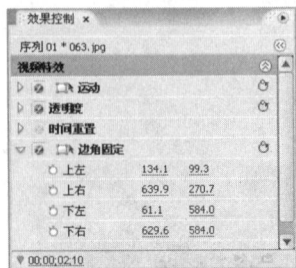

图 4-232

图 4-233

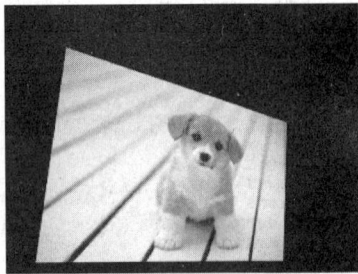

图 4-234

◎ 镜像

应用该特效可以将图像沿一条直线分割为两部分，制作出镜像效果。应用该特效后，其参数面板如图 4-235 所示。

反射中心：用于设置镜像效果的中心点坐标值。

反射角度：用于设置镜像效果的角度。

应用"镜像"特效的效果如图 4-236 和图 4-237 所示。

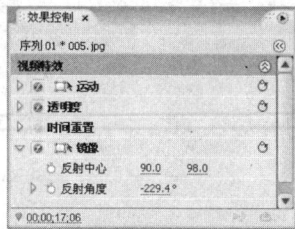

图 4-235　　　　　　　　　图 4-236　　　　　　　　　图 4-237

◎ 镜头失真

该特效是模拟一种从失真的镜头里观看素材的效果，应用该特效后，其参数面板如图 4-238 所示。

弯曲度：设置素材的弯曲程度。数值为 0 以上时将缩小素材，数值为 0 以下时将放大素材。

垂直偏心：设置弯曲中心点垂直方向上的位置。

水平偏心：设置弯曲中心点水平方向上的位置。

垂直棱镜 FX：设置素材上、下两边棱角的弧度。

水平棱镜 FX：设置素材左、右两边棱角的弧度。

图 2-238

> **提　示**　单击"设置"按钮 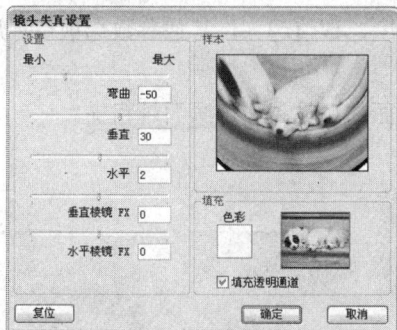，弹出"镜头失真设置"对话框，在对话框中可以更直观地设置效果，如图 4-239 所示。

应用"镜头失真"特效的效果如图 4-240 和图 4-241 所示。

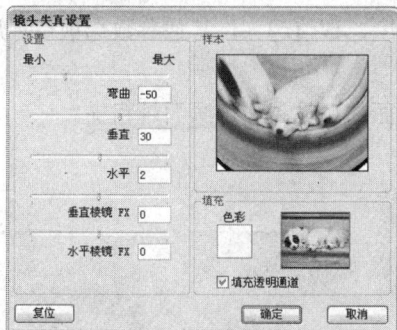

图 4-239　　　　　　　　　图 4-240　　　　　　　　　图 4-241

2. GPU 特效视频特效

"GPU 特效"视频特效主要用于制作一些边角卷起或者画面的变形效果，共包含 3 种特效。

◎ 卷页

该特效可以使素材模拟翻书一样的动画效果，通过该特效还可以调整素材的角度、明亮度、移动光亮的位置以及素材的粗糙度。应用该特效后，其参数面板如图 4-242 所示。

表面角度 'X' / 'Y'：调整该参数项，在素材 x/y 轴上旋转。

卷曲角度：设置素材卷页角度。

卷曲值：设置素材卷页的弯曲度。

主光源角度 'A' / 'B'：设置素材上光亮点的位置。

照明距离：设置素材光线范围。

凹凸感：设置粗糙度，数值越大，画面越粗糙。

光泽：设置素材的明亮度，数值越大，画面越暗。

噪波：设置该选项可以为素材添加噪点。

应用"卷页"特效的效果如图 4-243 和图 4-244 所示。

图 4-242

图 4-243

图 4-244

◎ 折射

该特效可以使素材产生水波效果，同时还可以让素材具有霜花效果，类似于透过毛玻璃观看的效果。应用该特效后，其参数面板如图 4-245 所示。

波纹数量：设置水波形的数量。

折射指标：该选项可控制面板中其他参数选项的作用程度，数值越大，其他参数选项设置后的效果越明显。

凹凸感：设置素材表面颗粒的数量，数值越大，素材表面的颗粒越多，画面越粗糙。

深度：调整特效运用的程度，数值越大，效果越明显。

应用"折射"特效的效果如图 4-246 和图 4-247 所示。

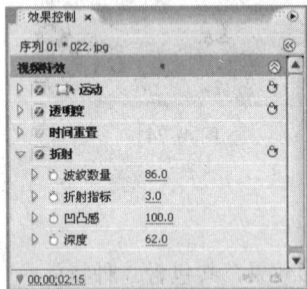
图 4-245

图 4-246

图 4-247

◎ 波纹（循环）

该特效可以使素材产生水波动画效果，通过该特效还可以调整素材的角度、明亮度、移动光亮的位置以及素材的粗糙度。应用"波纹（循环）"特效的效果如图 4-248 和图 4-249 所示。

图 4-248

图 4-249

3. 噪波与颗粒视频特效

该特效主要用于去除素材画面中的擦痕及噪点，共包含 6 种特效。

◎ **中值**

该特效用于将图像的每一个像素都用它周围像素的 RGB 平均值来代替，从而达到平均整个画面的色值，达到艺术效果的目的。应用"中值"特效的效果如图 4-250 和图 4-251 所示。

图 4-250

图 4-251

◎ **噪波**

应用该特效，将在画面中添加模拟的噪点效果。应用"噪波"特效的效果如图 4-252 和图 4-253 所示。

图 4-252

图 4-253

◎ **噪波 Alpha**

该特效可以在一个素材的通道中添加统一或方形的噪波，应用"噪波 Alpha"特效的效果如图 4-254 和图 4-255 所示。

图 4-254

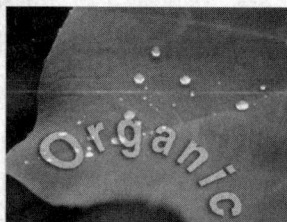

图 4-255

◎ **噪波 HLS**

该特效可以根据素材的色相、亮度和饱和度添加不规则的噪点。应用该特效后，其参数面板如图 4-256 所示。

噪波：设置噪声的类型。

色相：用于设置色相通道产生杂质的强度。

亮度：用于设置亮度通道产生杂质的强度。

饱和度：用于设置饱和度通道产生杂质的强度。

颗粒大小：用于设置素材中添加杂质的颗粒大小。

噪波相位：用于设置杂质的方向角度。

应用"噪波 HLS"特效的效果如图 4-257 和图 4-258 所示。

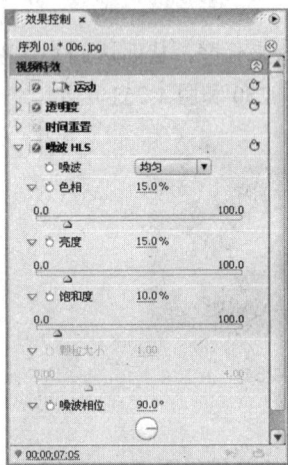

图 4-256   图 4-257   图 4-258

◎ **灰尘&划痕**

该特效可以减小图像中的杂色，以达到平衡整个图像色彩的效果。应用该特效后，其参数面板如图 4-259 所示。

半径：设置产生柔化效果的范围半径。

界限：用于设置柔化的强度。

应用"灰尘 &划痕"特效的效果如图 4-260 和图 4-261 所示。

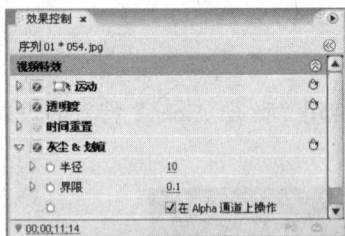

图 4-259   图 4-260   图 4-261

◎ **自动噪波 HLS**

该特效可以为素材添加杂色，并设置这些杂色的色彩、亮度、颗粒大小和饱和度及杂质的运动速率。应用"自动噪波 HLS"特效的效果如图 4-262 和图 4-263 所示。

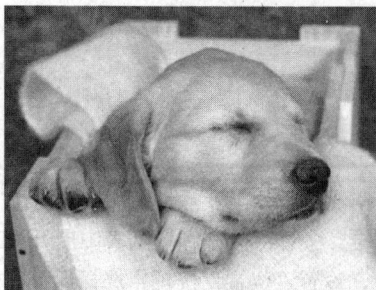

图 4-262

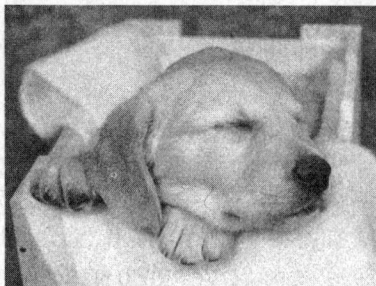

图 4-263

4.3.4　【实战演练】——照片卷边效果

使用"比例"选项改变图像的大小，使用"旋转"命令旋转图像，使用"卷页"命令制作图像的卷边效果，使用"镜头光晕"命令制作光晕效果。（最终效果参看光盘中的"Ch04\照片卷边效果\照片卷边效果.prproj"，如图 4-264 所示。）

图 4-264

4.4　变形画面

4.4.1　【操作目的】

使用"比例"选项改变图像的大小，使用"位置"选项改变图像的位置，使用"边角固定"命令制作图像变形，使用"栅格"命令制作网格效果。（最终效果参看光盘中的"Ch04\变形画面\变形画面.prproj"，如图 4-265 所示。）

图 4-265

4.4.2 【操作步骤】

1. 新建项目与导入素材

步骤 1 启动 Premiere Pro CS3，弹出"欢迎使用 Adobe Premiere Pro"欢迎界面，单击"新建项目"按钮 ，如图 4-266 所示，弹出"新建项目"对话框。在对话框左侧的列表中展开"DVCPR050\480i"选项，选中"DVCPR050 NTSC 标准"模式，设置"位置"选项，选择保存文件路径，在"名称"文本框中输入文件名"变形画面"，如图 4-267 所示，单击"确定"按钮。

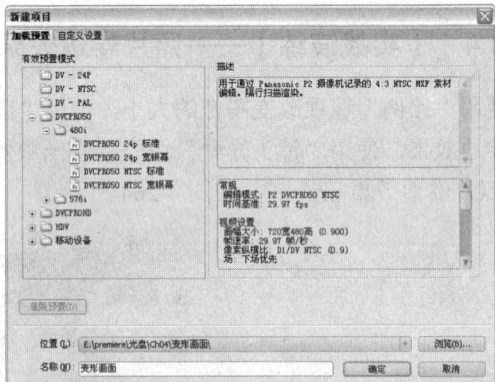

图 4-266　　　　　　　　　　　　　　　　图 4-267

步骤 2 选择"文件 > 导入"命令，弹出"导入"对话框，选择光盘中的"Ch04\变形画面\素材\01 和 02"文件，单击"打开"按钮导入图片。导入后的文件将排列在"项目"面板中。

步骤 3 在"项目"面板中选中"01"文件，并将其拖曳到"时间线"面板中的"视频 1"轨道中，选中"02"文件，并将其拖曳到"时间线"面板中的"视频 2"轨道中，如图 4-268 所示。单击"视频 2"轨道前面的"可视属性"按钮 ，关闭可视性，如图 4-269 所示。

步骤 4 在"时间线"面板中，选中"视频 1"轨道中的"01"文件，选择"效果控制"面板，展开"运动"选项，将"比例"选项设置为 22，如图 4-270 所示。在"节目"窗口中预览效果，如图4-271 所示。

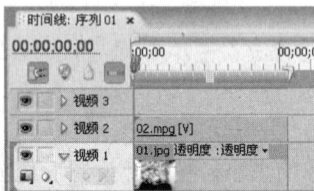

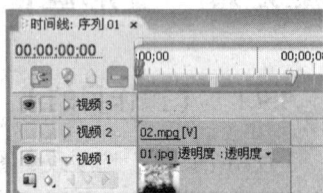

图 4-268　　　　　　　　　　　　图 4-269

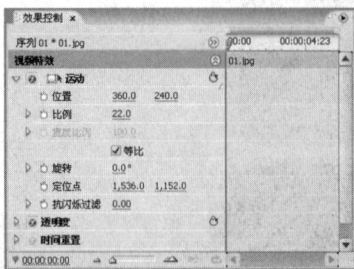

图 4-270.　　　　　　　　　　　图 4-271

2. 编辑变形图像

步骤 1 单击"视频 2"轨道中"02"文件前面的"可视属性"按钮 👁，显示可视性，如图 4-272 所示。选择"效果控制"面板，展开"运动"选项，将"位置"选项设置为 328.9 和 252，如图 4-273 所示。在"节目"窗口中预览效果，如图 4-274 所示。

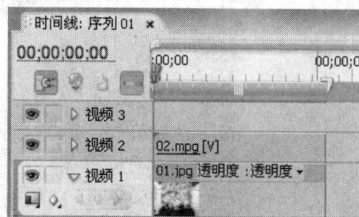

图 4-272

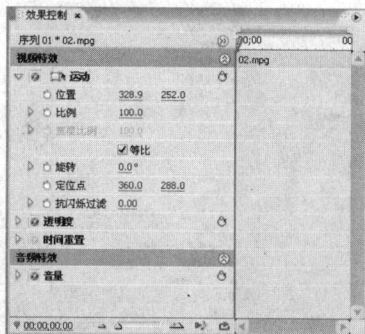

图 4-273

图 4-274

步骤 2 选择"窗口 > 工作区 > 效果"命令，弹出"效果"面板，展开"视频特效"特效分类选项，单击"扭曲"文件夹前面的三角形按钮 ▷ 将其展开，选中"边角固定"特效，如图 4-275 所示。将"边角固定"特效拖曳到"时间线"面板中的"02"文件上，如图 4-276 所示。

步骤 3 在"效果控制"面板中选中"边角固定"特效，在"节目"面板中可以看到图像的 4 个角上有 4 个位置坐标点，如图 4-277 所示。用鼠标拖曳 4 个位置点，将"02"文件调整至合适的大小，如图 4-278 所示。

步骤 4 选择"特效"面板，展开"视频特效"特效分类选项，单击"生成"文件夹前面的三角形按钮 ▷ 将其展开，选中"栅格"特效，如图 4-279 所示。将"栅格"特效拖曳到"时间线"面板中的"02"文件上，如图 4-280 所示。

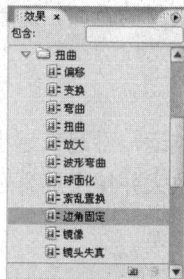

图 4-275

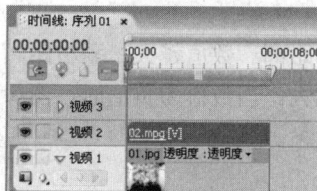

图 4-276

图 4-277

图 4-278

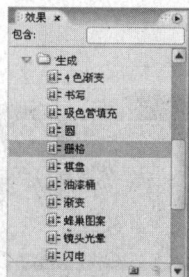

图 4-279

图 4-280

步骤 5 在"效果控制"面板中，选中"栅格"特效，将其拖曳到"边角固定"特效上方，如图 4-281 所示。展开"栅格"特效，将"边角"选项设置为 180 和 150，"边缘"选项设置为 2，在"混合模式"下拉列表中选择"正常"选项，其他设置如图 4-282 所示。

步骤 6 变形画面制作完成的效果如图 4-283 所示。

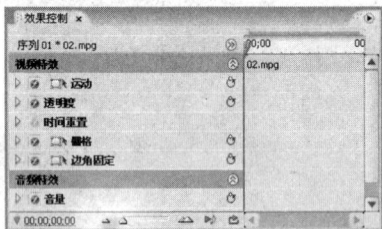

图 4-281

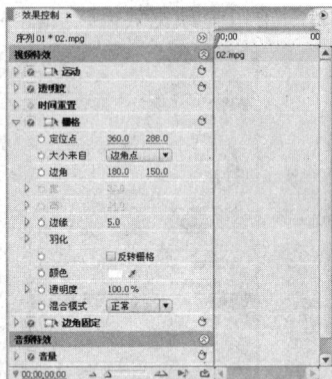

图 4-282

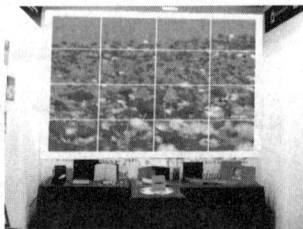

图 4-283

4.4.3 【相关工具】

1. 透视视频特效

该特效主要用于制作三维透视效果，使素材产生立体感或空间感。该特效共包含 5 种类型。

◎ **基本 3D**

该特效可以模拟平面图像在三维空间的运动效果，能够使素材绕水平和垂直的轴旋转，或者沿着虚拟的 z 轴移动，以靠近或远离屏幕。此外，使用该特效可以为旋转的素材表面添加反光效果。应用该特效后，其参数面板如图 4-284 所示。

旋转：设置素材水平旋转的角度，当旋转角度为 90°时，可以看到素材的背面，这就成了正面的镜像。

倾斜：设置素材垂直旋转的角度。

图像距离：设置素材拉近或推远的距离。数值越大，素材距离屏幕越远，看起来越小；数值越小，素材距离屏幕越近，看起来就越大。当数值为负值时，图像会被放大并撑出屏幕之外。

镜面高光：用于为素材添加反光效果。

预览：设置图像以线框的形式显示。

应用"基本 3D"特效的效果如图 4-285 和图 4-286 所示。

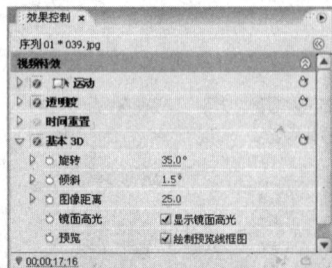

图 4-284

图 4-285

图 4-286

◎　**放射阴影**

该特效为素材添加一个阴影，并可通过原素材的 Alpha 值影响阴影的颜色。应用该特效后，其参数面板如图 4-287 所示。

阴影色：用于设置阴影的颜色。

透明度：用于设置阴影的透明度。

光源：调整光源移动阴影的位置。

投影距离：设置该参数，调整阴影与原素材之间的距离。

柔化：用于设置阴影的边缘柔和度。

渲染：选择产生阴影的类型。

色彩感应：原素材在阴影中彩色值的合计。如果这一个素材没有透明因素，彩色值将不会受到影响，而且阴影彩色数值决定阴影的颜色。

只有阴影：勾选此复选框，在"节目"窗口中将只显示素材的阴影。

重设层大小：设置阴影可以超出原素材的界线。如果不勾选此复选框，阴影只能在原素材的界线内显示。

应用"放射阴影"特效的效果如图 4-288 和图 4-289 所示。

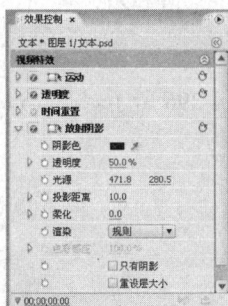

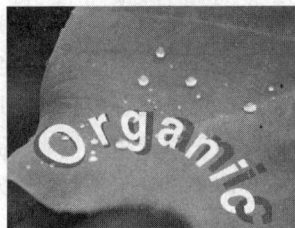

图 4-287　　　　　　　　　图 4-288　　　　　　　　　图 4-289

◎　**斜角 Alpha**

该特效能够产生一个倒角的边，而且使图像的 Alpha 通道边界变亮，通常是将一个二维图像赋予三维效果，如果素材没有 Alpha 通道或它的 Alpha 通道是完全不透明的，那么这个效果就全部应用到素材边缘。应用该特效后，其参数面板如图 4-290 所示。

边缘厚度：用于设置素材边缘的厚度。

照明角度：设置光线照射的角度。

照明颜色：选择光线的颜色。

照明强度：设置光线照射素材的强度。

应用"斜角 Alpha"特效的效果如图 4-291 和图 4-292 所示。

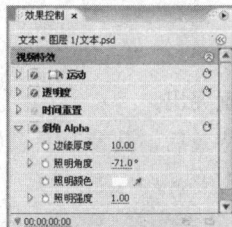

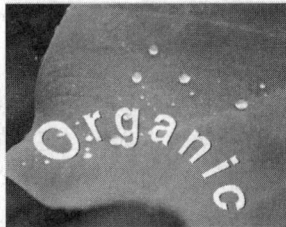

图 4-290　　　　　　　　　图 4-291　　　　　　　　　图 4-292

◎ **斜角边**

该特效能够使图像边缘产生一个凿刻的高亮的三维效果，边缘的位置由源图像的 Alpha 通道来确定。与斜角 Alpha 效果不同，该效果中产生的边缘总是成直角的。应用该特效后，其参数面板如图 4-293 所示。

边缘厚度：设置素材边缘凿刻的高度。

照明角度：设置光线照射的角度。

照明颜色：选择光线的颜色。

照明强度：设置光线照射到素材的强度。

应用"斜角边"特效的效果如图 4-294 和图 4-295 所示。

图 4-293　　　　　　图 4-294　　　　　　图 4-295

◎ **阴影**

该特效可用于为素材添加阴影，应用该特效后，其参数面板如图 4-296 所示。

阴影色：用于设置阴影的颜色。

透明度：用于设置阴影的透明度。

方向：用于设置阴影投影的角度。

距离：用于设置阴影与原素材之间的距离。

柔化：用于设置阴影的边缘柔和度。

只有阴影：勾选此复选框，将在"节目"窗口中将只显示素材的阴影。

应用"阴影"特效的效果如图 4-297 和图 4-298 所示。

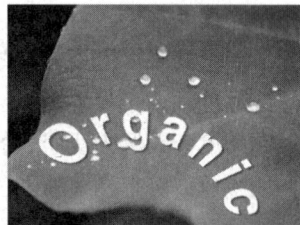

图 4-296　　　　　　图 4-297　　　　　　图 4-298

2. 渲染视频特效

渲染特效只包含了一种椭圆特效，该特效主要用于将图像的重点位置突出。

该特效可以创建自定义的椭圆，也可以模拟激光圈的效果。应用该特效后，其参数面板如图 4-299 所示。

中心：设置椭圆中心的坐标值。

宽度：设置椭圆水平方向的长度。

高度：设置椭圆垂直方向的长度。

厚度：设置椭圆内侧边缘的厚度。

柔化：设置羽化椭圆边缘。

内边色：设置椭圆内侧边颜色。

外边色：设置椭圆外侧边颜色。

应用"椭圆"特效的效果如图 4-300、图 4-301 所示。

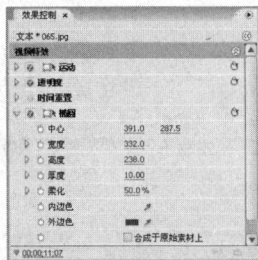

图 4-299

图 4-300

图 4-301

4.4.4 【实战演练】——旅游广告

使用"比例"选项改变图像的大小，使用"阴影"命令为图片添加阴影效果，使用"位置"选项、"透明度"选项和关键帧制作图像的运动效果。（最终效果参看光盘中的"Ch04\旅游广告\旅游广告.prproj"，如图 4-302 所示。）

图 4-302

4.5 舞动拖尾

4.5.1 【操作目的】

使用"比例"选项改变图像的大小，使用"拖尾"命令编辑视频中的多个帧进行同时播放，使用"电平"命令调整图像的亮度。（最终效果参看光盘中的"Ch04\舞动拖尾\舞动拖尾.prproj"，如图 4-303 所示。）

图 4-303

4.5.2 【操作步骤】

步骤 1 启动 Premiere Pro CS3，弹出"欢迎使用 Adobe Premiere Pro"欢迎界面，单击"新建项目"按钮 ，如图 4-304 所示，弹出"新建项目"对话框。在对话框左侧的列表中展开"DVCPR050\480i"选项，选中"DVCPR050 NTSC 标准"模式，设置"位置"选项，选择保存文件路径，在"名称"文本框中输入文件名"舞动拖尾"，如图 4-305 所示，单击"确定"按钮。

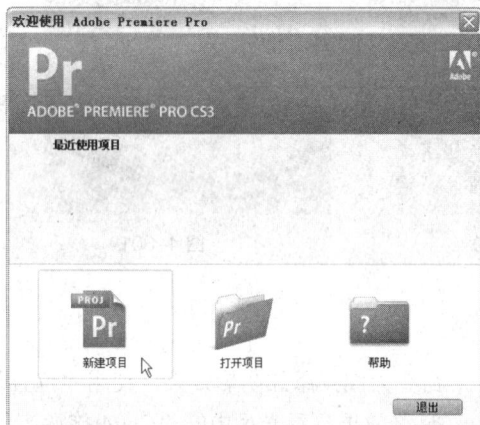 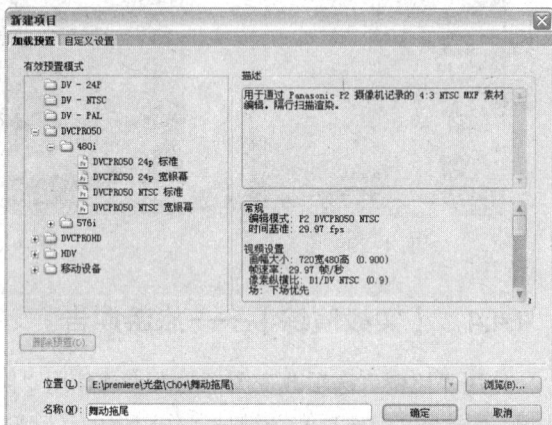

图 4-304　　　　　　　　　　　　　　　　图 4-305

步骤 2 选择"文件 > 导入"命令，弹出"导入"对话框，选择光盘中的"Ch04\舞动拖尾效果\素材\01"文件，单击"打开"按钮导入视频文。导入后的文件将排列在"项目"面板中。

步骤 3 在"项目"面板中选中"01"文件，并将其拖曳到"时间线"面板中的"视频 1"轨道中。将时间指示器放置在 12s 的位置，在"视频 1"轨道上选中"01"文件，将鼠标指针放在"01"文件的尾部，当鼠标指针呈 形状时，向右拖曳鼠标到 12s 的位置上，如图 4-306 所示。

步骤 4 选择"效果控制"面板，展开"运动"选项，将"比例"选项设置为 92，其他设置如图 4-307 所示。在"节目"窗口中预览效果，如图 4-308 所示。

 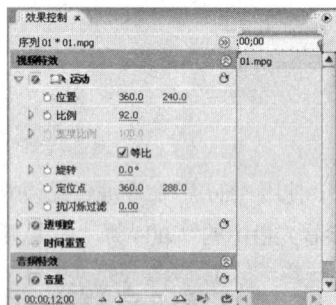 

图 4-306　　　　　　　　图 4-307　　　　　　　　图 4-308

步骤 5 选择"窗口 > 工作区 > 效果"命令，弹出"效果"面板，展开"视频特效"特效分类选项，单击"时间"文件夹前面的三角形按钮 将其展开，选中"拖尾"特效，如图 4-309 所示。将"拖尾"特效拖曳到"时间线"面板中的"01"文件上，如图 4-310 所示。

步骤 6　选择"效果控制"面板，展开"拖尾"选项，将"重影时间"选项设置为-0.050，"重影数量"选项设置为 5，"衰减"选项设置为 0.55，其他设置如图 4-311 所示。在"节目"面板中预览效果，如图 4-312 所示。

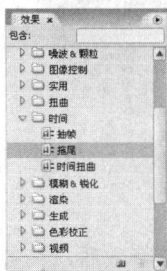
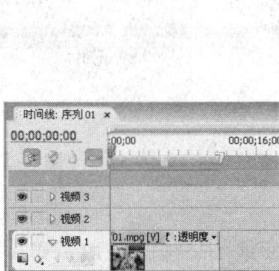
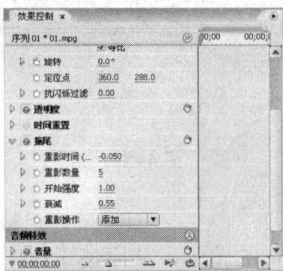

图 4-309　　　　　　　图 4-310　　　　　　　图 4-311　　　　　　　图 4-312

步骤 7　选择"效果"面板，展开"视频特效"特效分类选项，单击"调节"文件夹前面的三角形按钮▷将其展开，选中"电平"特效，如图 4-313 所示。将"电平"特效拖曳到"时间线"面板中"视频 1"轨道中的"01"文件上。选择"效果控制"面板，展开"电平"选项，将"（RGB）黑色输入电平"选项设置为 50，"（RGB）白色输入电平"选项设置为 234，其他设置如图 4-314 所示。

步骤 8　舞动拖尾制作完成的效果如图 4-315 所示。

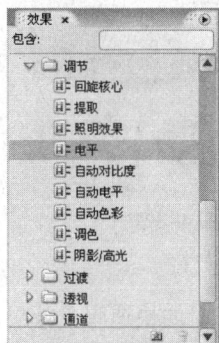
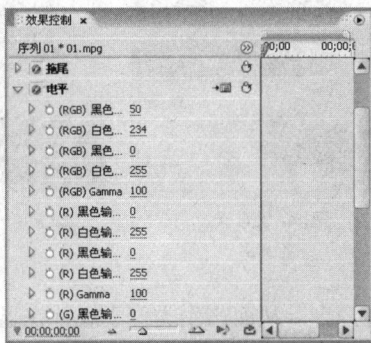

图 4-313　　　　　　　图 4-314　　　　　　　图 4-315

4.5.3　【相关工具】

1. 风格化视频特效

"风格化"视频特效主要是模拟一些美术风格，实现丰富的画面效果，该特效包含了 13 种类型。

◎ Alpha 辉光

该特效对含有通道的素材起作用，在通道的边缘部分产生一圈渐变的辉光效果，可以在单色的边缘处或者在边缘运动时变成两个颜色。应用该特效后，其参数面板如图 4-316 所示。

辉光：用于设置光晕从素材的 Alpha 通道扩散边缘的大小。

亮度：用于设置辉光的强度。

起始色/结束色：用于设置辉光内部/外部的颜色。

应用"Alpha 辉光"特效的效果如图 4-317 和图 4-318 所示。

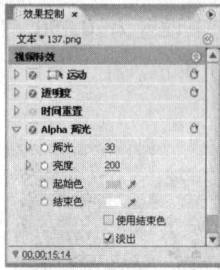

图 4-316　　　　　　　　　图 4-317　　　　　　　　　图 4-318

◎ 彩色浮雕

该特效通过锐化素材中物体的轮廓，从而使素材产生彩色的浮雕效果。应用该特效后，其参数面板如图 4-319 所示。

方向：设置浮雕的方向。

起伏：设置浮雕压制的明显高度。实际上是设定浮雕边缘最大加亮宽度。

对比度：设置图像内容的边缘锐利，如增加参数值，加亮区变得更明显。

与原始素材混合：该参数值越小，上述设置项的效果越明显。

应用"彩色浮雕"特效的效果如图 4-320 和图 4-321 所示。

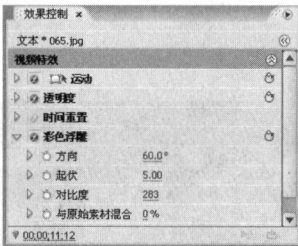

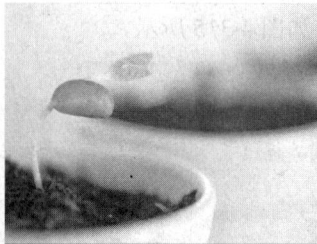

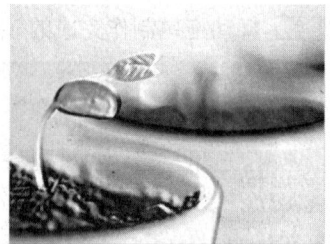

图 4-319　　　　　　　　　图 4-320　　　　　　　　　图 4-321

◎ 曝光过度

该特效可以沿着画面的正反方向进行混合，从而产生类似于底片在显影时的快速曝光效果。应用"曝光过度"特效的效果如图 4-322 和图 4-323 所示。

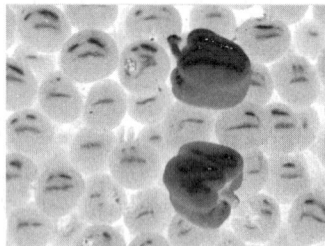

图 4-322　　　　　　　　　　　　图 4-323

◎ 材质纹理

该特效可以使一个素材上显示另一个素材纹理，应用该特效后，其参数面板如图 4-324 所示。

材质层：用于选择与素材混合的视频轨道。

照明方向：用于设置光照的方向，该选项决定纹理图案的亮部方向。

材质反差：用于设置纹理的强度。

材质放置：指定纹理的应用方式。

应用"材质纹理"特效的效果如图 4-325 和图 4-326 所示。

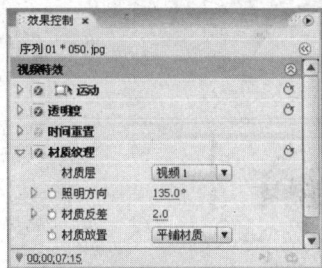

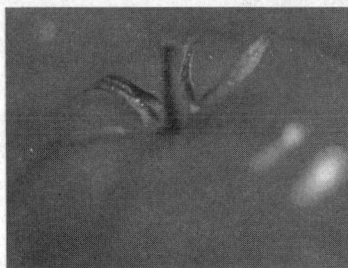

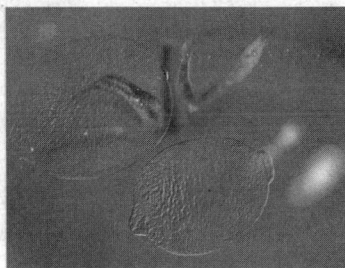

图 4-324　　　　　　　　　　图 4-325　　　　　　　　　　图 4-326

◎ 查找边缘

该特效通过强化素材中物体的边缘，从而使素材产生类似于铅笔素描或底片的效果，而且构图越简单，明暗对比越强烈的素材，描出的线条越清楚。应用该特效后，其参数面板如图 4-327 所示。

反转：当取消勾选此复选框时，素材边缘出现如在白色背景上的黑色线，当勾选此复选框时，素材边缘出现如在黑色背景上的明亮线。

与原始素材混合：用于设置与原素材混合的程度。数值越小，上述各参数选项设置的效果越明显。

应用"查找边缘"特效的效果如图 4-328 和图 4-329 所示。

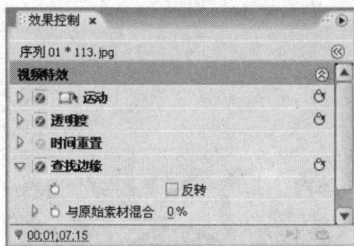

图 4-327　　　　　　　　　　图 4-328　　　　　　　　　　图 4-329

◎ 浮雕

该特效与"彩色浮雕"特效的效果相似，只是没有色彩，它们的各项参数选项都相同，即通过锐化素材中物体的轮廓使画面产生浮雕效果。应用"浮雕"特效的效果如图 4-330 和图 4-331 所示。

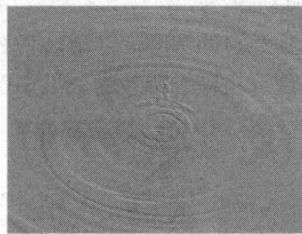

图 4-330　　　　　　　　　　　　　　　图 4-331

◎ 海报

该特效可以将图像按照多色调进行显示，为每一个通道指定色调级别的数值，并将像素映射到最接近的匹配级别。应用"海报"特效的效果如图 4-332 和图 4-333 所示。

图 4-332

图 4-333

◎ 笔触

该特效使素材产生一种使用美术画笔描绘的效果，应用该特效后，其参数面板如图 4-334 所示。

笔画角度：设置笔画的角度。

笔触大小：设置笔触的大小。

笔画长度：设置笔刷的长度。

笔画密度：设置笔触的浓度。

随机笔画：设置笔触随机描绘的程度。

绘制面：用于设置应用笔触效果的区域。

与原始素材混合：用于设置与原素材混合的程度。数值越小，上述各参数选项设置的效果越明显。

应用"笔触"特效的效果如图 4-335 和图 4-336 所示。

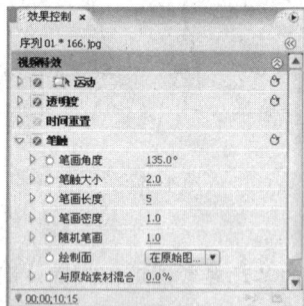
图 4-334

图 4-335

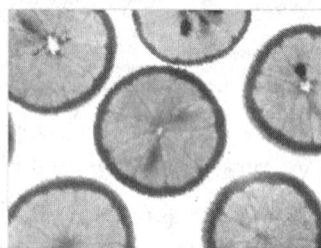
图 4-336

◎ 边缘粗糙

该特效可以使素材的 Alpha 通道边缘粗糙化，从而使素材或者栅格化文本产生一种粗糙的自然外观。应用"边缘粗糙"特效的效果如图 4-337 和图 4-338 所示。

图 4-337

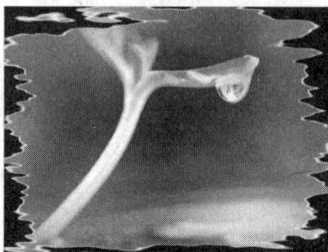
图 4-338

◎ 重复

该特效可以将图像复制成指定的数量，并同时在每一单元中播放出来。在"效果控制"面板中拖曳"计算"参数选项的滑块，可以设置每行或每列的分块数目。应用"重复"特效的效果如图 4-339 和图 4-340 所示。

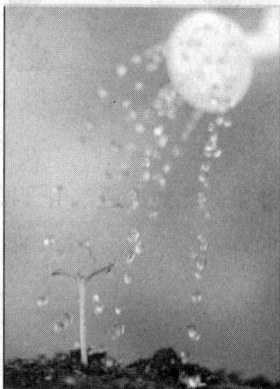

图 4-339

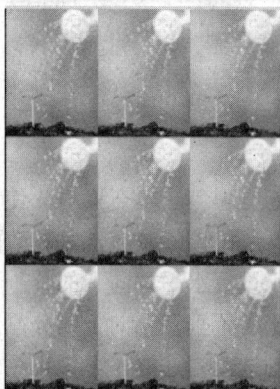

图 4-340

◎ 闪光灯

该特效能够以一定的周期或随机地对一个素材进行算术运算。例如，每隔 5s 素材就变成白色，并显示 0.1s；或素材颜色以随机的时间间隔进行反转。此特效常用来模拟照相机的瞬间强烈闪光效果。应用该特效后，其参数面板如图 4-341 所示。

闪光色：设置频闪瞬间屏幕上呈现的颜色。

与原始素材混合：设置与原素材混合的程度。

闪光长度（秒）：设置频闪持续的时间。

闪光周期（秒）：以 s 为单位，设置频闪效果出现的间隔时间。它是从相邻两个频闪效果的开始时间算起，因此，该选项的数值大于"闪光长度"选项时才会出现频闪效果。

随机闪光几率：设置素材中每一帧产生频闪效果的概率。

闪光：设置频闪效果的不同类型。

闪光操作：设置频闪时所使用的运算方法。

应用"闪光灯"特效的效果如图 4-342 和图 4-343 所示。

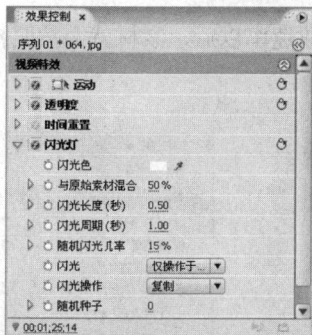

图 4-341

图 4-342

图 4-343

◎ 阈值

该特效可以将图像变成灰度模式，应用"阈值"特效的效果如图 4-344 和图 4-345 所示。

图 4-344

图 4-345

◎ 马赛克

该特效用若干方形色块填充素材，使素材产生马赛克效果。此效果通常用于模拟低分辨率显示或者模糊图像。应用该特效后，其参数面板如图 4-346 所示。

水平块：用于设置水平方向上的分割色块数量。

垂直块：用于设置垂直方向上的分割色块数量。

锐化色彩：勾选此复选框，可锐化图像素材。

应用"马赛克"特效的效果如图 4-347 和图 4-348 所示。

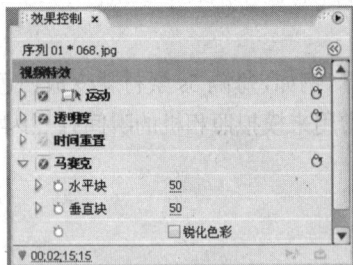

图 4-346

图 4-347

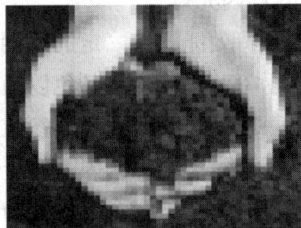

图 4-348

2. 时间视频特效

"时间"特效用于对素材的时间特性进行控制，该特效包含 3 种类型。

◎ 抽帧

该特效可以将素材设定为某一个帧率进行播放，产生跳帧的效果。图 4-349 所示为抽帧特效设置。

该特效只有一项参数帧速率可以设置，当修改素材默认的播放速率以后，素材就会按照指定的播放速率进行播放，从而产生跳帧播放的效果。

◎ 拖尾

该特效可以将素材中不同时间的多个帧进行同时播放，产生条纹和反射的效果。应用该特效后，其参数面板如图 4-350 所示。

重影时间（秒）：设置两个混合图像之间的时间间隔。

重影数量：设置重复帧的数量。

开始强度：设置素材的亮度。

衰减：设置组合素材强度减弱的比例。

重影操作：确定在回声与素材之间的混合模式。

应用"拖尾"特效的效果如图 4-351 和图 4-352 所示。

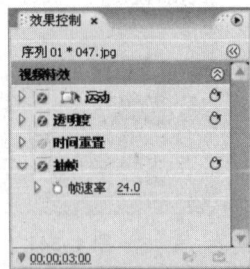

图 4-349

图 4-350　　　　　　　　　图 4-351　　　　　　　　　图 4-352

◎ **时间扭曲**

该特效可以将画面进行扭曲播放，图 4-353、图 4-354 和图 4-355 所示为时间扭曲特效设置及应用前后的效果对比。

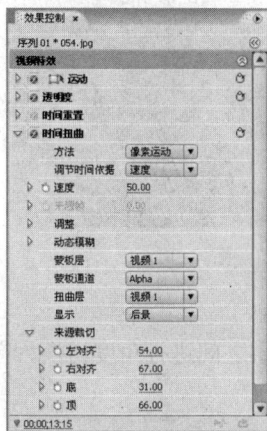

图 4-353　　　　　　　　　图 4-354　　　　　　　　　图 4-355

3. 过渡视频特效

"过渡"特效主要用于对两个素材之间进行连接的切换，该特效共包含 5 种类型。

◎ **块溶解**

该特效通过随机产生的板块对图像进行溶解，应用该特效后，其参数面板如图 4-356 所示。

过渡完成度：当前层画面，数值为 100% 时完全显示切换层画面。

块宽度/块高度：用于设置板块的高度/宽度。

羽化：用于设置板块边缘的羽化程度。

柔化边缘：勾选此复选框，板块边缘将进行柔化处理。

应用"块溶解"特效的效果如图 4-357 和图 4-358 所示。

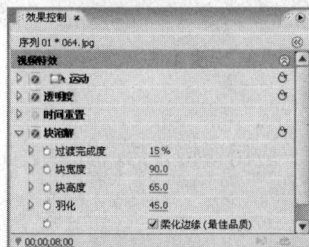

图 4-356　　　　　　　　　图 4-357　　　　　　　　　图 4-358

◎ 径向擦除

运用该特效，可以围绕指定点以旋转的方式进行图像的擦除。应用该特效后，其参数面板如图 4-359 所示。

完成过渡：用于设置转换完成的百分比。

开始角度：用于设置转换效果的起始角度。

划变中心：用于设置擦除的中心点位置。

划变：用于设置擦除的类型。

羽化：用于设置擦除边缘的羽化程度。

应用"径向擦除"特效的效果如图 4-360 和图 4-361 所示。

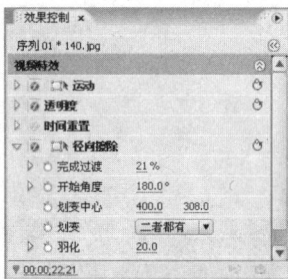

图 4-359   图 4-360   图 4-361

◎ 渐变擦除

该特效可以根据两个层的亮度值建立一个渐变层，在指定层和原图层之间进行角度切换。应用该特效后，其参数面板如图 4-362 所示。

完成过渡：用于设置转换完成的百分比。

柔化过渡：用于设置转换边缘的柔化程度。

渐变层：用于选择进行参考的渐变层。

渐变方位：用于设置渐变层放置的位置。

反转渐变：勾选此复选框，将对渐变层进行反转。

应用"渐变擦除"特效的效果如图 4-363 和图 4-364 所示。

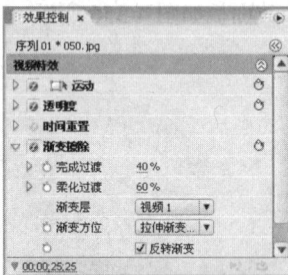

图 4-362   图 4-363   图 4-364

◎ 百叶窗

该特效通过对图像进行百叶窗式的分割，形成图层之间的切换。应用该特效后，其参数面板如图 4-365 所示。

过渡完成：用于设置转换完成的百分比。

方向：用于设置素材分割的角度。

宽度：用于设置分割的宽度。

羽化：用于设置分割边缘的羽化程度。

应用"百叶窗"特效的效果如图 4-366 和图 4-367 所示。

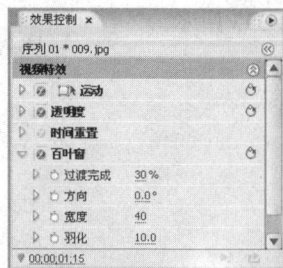

图 4-365

图 4-366

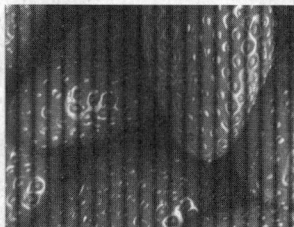

图 4-367

◎ 线性擦除

该特效通过线条划过的方式形成擦除效果，应用该特效后，其参数面板如图 4-368 所示。

完成过渡：用于设置转换完成的百分比。

擦除角度：设置素材被擦除的角度。

羽化：用于设置擦除边缘的羽化程度。

应用"线性擦除"特效的效果如图 4-369 和图 4-370 所示。

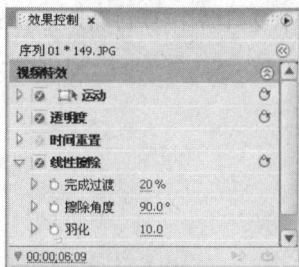

图 4-368

图 4-369

图 4-370

4. 视频视频特效

该特效只包含了一种时间码特效，该特效主要用于对时间码进行显示。

时间码特效可以在影片的画面中插入时间码信息，应用"时间码"特效的效果如图 4-371 和图 4-372 所示。

图 4-371

图 4-372

4.5.4 【实战演练】——局部马赛克

使用"裁剪"命令制作图像的裁剪动画，使用"马赛克"命令制作图像的马赛克效果。（最终效果参看光盘中的"Ch04\局部马赛克\局部马赛克.prproj"，如图 4-373 所示。）

图 4-373

4.6　综合演练——夏日骄阳

使用"比例"选项改变图像的大小，使用"调色"命令调整图像的色彩，使用"镜头光晕"命令和关键帧制作光晕的运动效果。（最终效果参看光盘中的"Ch04\夏日骄阳\夏日骄阳.prproj"，如图 4-374 所示。）

图 4-374

第**5**章 调色、抠像、透明与叠加技术

本章主要介绍在 Premiere Pro CS3 中素材调色、抠像、透明与叠加的基础设置方法。调色、抠像、透明和叠加技术属于 Premiere Pro CS3 剪辑中较高级的应用，它可以使影片通过剪辑产生完美的画面合成效果。通过本章的学习，读者可以掌握 Premiere Pro CS3 的调色、抠像、透明和叠加技术。

课堂学习目标

- 视频调色基础
- 增强视频——视频调色技术详解
- 影视合成——抠像及叠加技术

5.1 水墨画

5.1.1 【操作目的】

使用"黑&白"命令将彩色图像转换为灰度图像，使用"查找边缘"命令制作图像的边缘，使用"电平"命令调整图像的亮度和对比度，使用"高斯模糊"命令制作图像的模糊效果，使用"垂直文字工具"命令输入诗词。（最终效果参看光盘中的"Ch05\水墨画\水墨画.prproj"，如图 5-1 所示。）

图 5-1

5.1.2 【操作步骤】

1. 制作图像水墨效果

步骤 1 启动 Premiere Pro CS3，弹出"欢迎使用 Adobe Premiere Pro"欢迎界面，单击"新建项目"按钮 📄 ，如图 5-2 所示，弹出"新建项目"对话框。在对话框左侧的列表中展开"DVCPR050 \ 480i"选项，选中"DVCPR050 NTSC 标准"模式，设置"位置"选项，选择保存文件路径，在"名称"文本框中输入文件名"水墨画"，如图 5-3 所示，单击"确定"按钮。

图 5-2

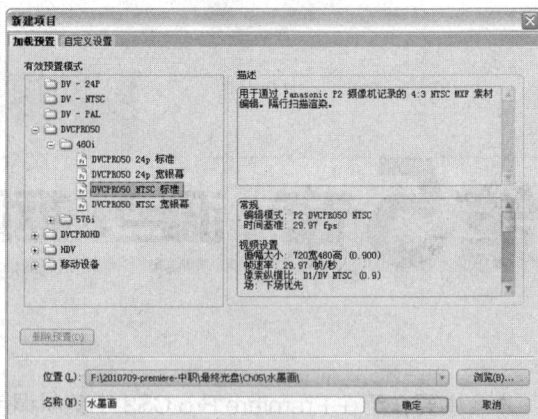

图 5-3

步骤 2 选择"文件 > 导入"命令，弹出"导入"对话框，选择光盘中的"Ch05\水墨画\素材\01"文件，如图 5-4 所示，单击"打开"按钮导入图片。在"项目"面板中选中"01"文件并将其拖曳到"视频 1"轨道中，如图 5-5 所示。

图 5-4

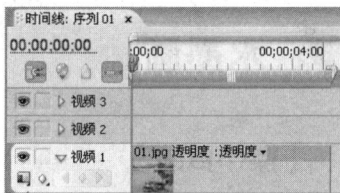

图 5-5

步骤 3 选择"窗口 > 工作区 > 效果"命令，弹出"效果"面板，展开"视频特效"分类选项，单击"图像控制"文件夹前面的三角形按钮 ▷ 将其展开，选中"黑&白"特效，如图 5-6 所示。将"黑&白"特效拖曳到"时间线"面板中的"01"文件上，如图 5-7 所示。在"节目"窗口中预览效果，如图 5-8 所示。

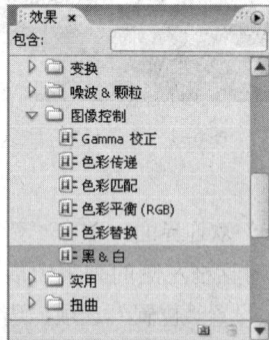

图 5-6

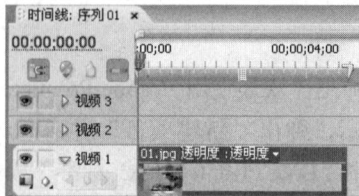

图 5-7

图 5-8

步骤 **4** 选择 "效果" 面板,展开 "视频特效" 特效分类选项,单击 "风格化" 文件夹前面的三角形按钮▷将其展开。选中 "查找边缘" 特效,将 "查找边缘" 特效拖曳到 "时间线" 面板中的 "01" 文件上。在 "效果控制" 面板中展开 "查找边缘" 特效,将 "与原始素材混合" 选项设置为 20%,如图 5-9 所示。在 "节目" 窗口中预览效果,如图 5-10 所示。

步骤 **5** 选择 "效果" 面板,展开 "视频特效" 分类选项,单击 "调节" 文件夹前面的三角形按钮▷将其展开。选中 "电平" 特效,将 "电平" 特效拖曳到 "时间线" 面板中的 "01" 文件上。在 "效果控制" 面板中展开 "电平" 特效,参数设置如图 5-11 所示。在 "节目" 窗口中预览效果,如图 5-12 所示。

步骤 **6** 选择 "效果" 面板,展开 "视频特效" 选项,单击 "模糊 & 锐化" 文件夹前面的三角形按钮▷将其展开,选中 "高斯模糊" 特效,将 "高斯模糊" 特效拖曳到 "时间线" 面板中的 "01" 文件上。在 "效果控制" 面板中展开 "高斯模糊" 特效,将 "模糊程度" 选项设置为 5,如图 5-13 所示。在 "节目" 窗口中预览效果,如图 5-14 所示。

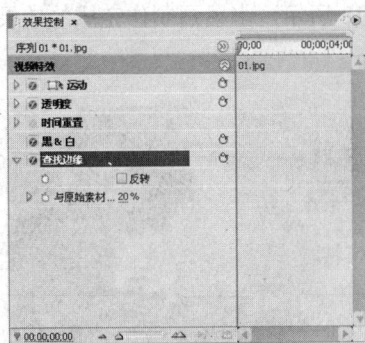

图 5-9

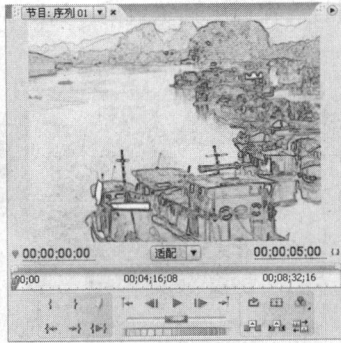

图 5-10

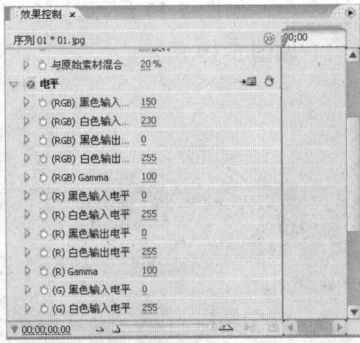

图 5-11

图 5-12

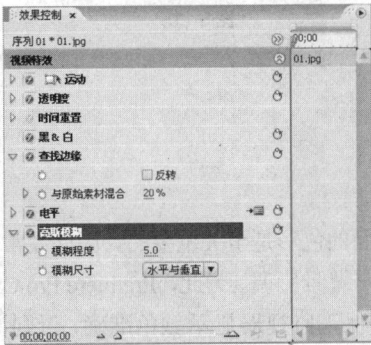

图 5-13

图 5-14

2. 添加文字

步骤 **1** 选择 "文件 > 新建 > 字幕" 命令,弹出 "新建字幕" 对话框,在 "名称" 文本框中输入 "题词",如图 5-15 所示。单击 "确定" 按钮,弹出字幕编辑面板,选择 "垂直文字工具" □,在字幕工作区中输入需要的文字,其他设置如图 5-16 所示。关闭字幕编辑面板,新建的字幕文件自动保存到 "项目" 面板中。

图 5-15　　　　　　　　　　　　　图 5-16

步骤 2 在"项目"面板中选中"题词"层，并将其拖曳到"时间线"面板中的"视频 2"轨道中，如图 5-17 所示。在"节目"窗口中预览效果，如图 5-18 所示。水墨画制作完成的效果如图 5-19 所示。

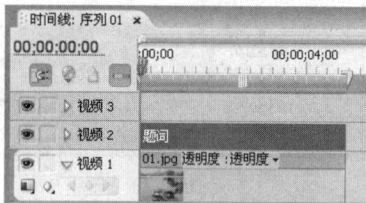

图 5-17　　　　　　　　　图 5-18　　　　　　　　　图 5-19

5.1.3 【相关工具】

1. 视频调色基础

在视频编辑过程中，调整画面的色彩是至关重要的，因此经常需要将拍摄的素材进行颜色调整，抠像后也需要校色以使当前对象与背景协调。为此，Premiere Pro CS3 提供了一整套的图像调整工具。

在进行颜色校正前，必须要保正监视器显示颜色准确，否则调整出来的影片颜色就会不准确。对监视器颜色的校正，除了使用专门的硬件设备外，也可以凭自己的眼睛来校准监视器色彩。

在 Premiere Pro CS3 中，"节目"窗口提供了多种素材的显示方式，不同的显示方式，对分析影片有着重要的作用。

单击"节目"窗口下方的"输出"按钮，在弹出的下拉列表中可选择不同的显示模式，如图 5-20 所示。

合成视频：在该模式下显示编辑合成后的影片效果。

透明通道：在该模式下显示影片 Alpha 通道。

所有范围：在该模式下显示所有颜色分析模式，包括波形、矢量、YCbCr 和 RGB。

矢量图：在部分的电影制作中，都会用到"矢量图"和"YC 波形"两种硬件设备，主要用于检测影片的颜色信号。信号的色相饱和度构成一个圆形的图表，饱和度从圆心开始向外扩展，越向外，饱和度越高，如图 5-21 所示。

从图表中可以看出，图 5-21 所示上方素材的饱和度较低，绿色的饱和度信号处于中心位置，而下方的素材饱和度被提高，信号开始向外扩展。

图 5-20

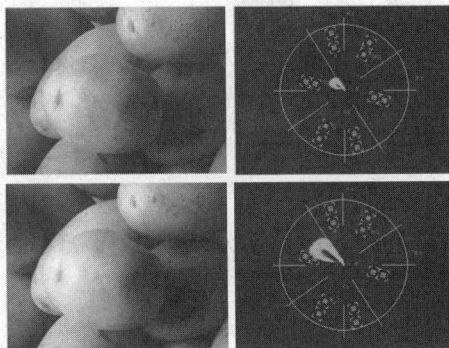

图 5-21

YC 波形：该模式用于检测亮度信号时非常有用。它使用 IRE 标准单位进行检测。水平方向轴表示视频图像，垂直方向轴则检测亮度。在绿色的波形图表中，明亮的区域总是处于图表上方，而暗淡区域总在图表下方，如图 5-22 所示。

YCbCr 检视：该模式主要用于检测 NTSC 颜色区间。在图表中左侧的垂直信号表示影片的亮度，右侧水平线为色相区域，水平线上的波形则表示饱和度的高低，如图 5-23 所示。

RGB 检视：该模式主要检测 RGB 颜色区间。图表中水平坐标从左到右分别为红、绿和蓝颜色区间，垂直坐标则显示颜色数值，如图 5-24 所示。

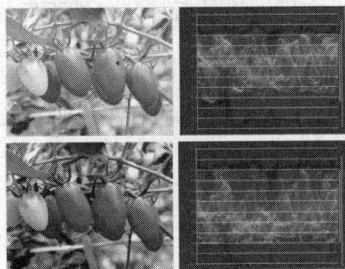

图 5-22

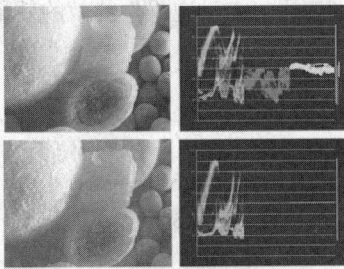

图 5-23

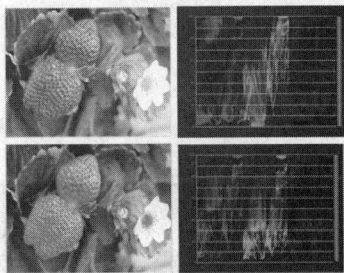

图 5-24

2. 应用调节类特效

如果需要调整素材的亮度、对比度、色彩以及通道，修复素材的偏色或者曝光不足等缺陷，提高素材画面的颜色及亮度，制作特殊的色彩效果，最好的选择就是使用"调节"特效。该类特效中共包含 9 个视频特效。

◎ **自动对比度、自动色彩、自动电平**

使用"自动对比度"、"自动电平"和"自动色彩" 3 个特效可以快速、全面地修正素材，可以调整素材的中间色调、暗调和高亮区的颜色。"自动色彩"特效主要用于调整素材的颜色；"自动对比度"特效主要用于调整所有颜色的亮度和对比度；"自动电平"特效主要用于调整暗部和高亮区。

图 5-25 和图 5-26 所示为分别应用"自动对比度"特效的效果。应用该特效后，其参数面板

如图 5-27 所示。

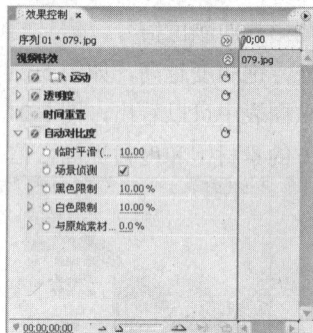

图 5-25　　　　　　　　　　图 5-26　　　　　　　　　　图 5-27

图 5-28 和图 5-29 所示为分别应用"自动色彩"特效的效果。应用该特效后，其参数面板如图 5-30 所示。

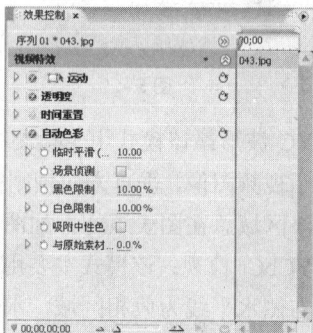

图 5-28　　　　　　　　　　图 5-29　　　　　　　　　　图 5-30

图 5-31 和图 5-32 所示为分别应用"自动电平"特效的效果。应用该特效后，其参数面板如图 5-33 所示。

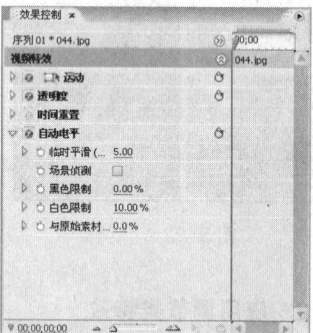

图 5-31　　　　　　　　　　图 5-32　　　　　　　　　　图 5-33

以上 3 种特效中提供了 5 个相同的参数选项，各参数选项的具体含义如下。

临时平滑：此选项控制有多少帧被用来决定调整图像中需要调整颜色数量范围。当该选项值为 0 时，Premiere Pro CS3 将独立地分析每一帧。当该选项值高为 1 时，Premiere Pro CS3 会在帧显示前以 1s 的时间间隔分析帧。

场景侦测：在设置了"临时平滑"选项值时，该复选框才被激活。勾选此复选框，Premiere Pro CS3 将忽略场景变化。

黑色限制/白色限制：用于增加或减小图像的黑色/白色。

与原始素材混合：用于改变素材应用特效的程度。当该选项值为 0 时，在素材上可以看到 100% 的特效；当该选项为 100 时，素材上可以看到 0% 的特效。

◎ 回旋核心

该特效根据运算来改变素材中每个像素的颜色和亮度值来改变图像的质感。应用该特效后，其参数面板如图 5-34 所示。

M11～M33：表示像素亮度增效的矩阵，其参数值为-30～30。

偏移：用于调整素材色彩明暗的偏移量。

比例：输入一个数值，在积分操作中包含的像素总和将除以该数值。

应用"回旋核心"特效的效果如图 5-35 和图 5-36 所示。

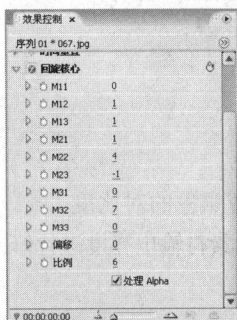

图 5-34　　　　　　　　　　图 5-35　　　　　　　　　　图 5-36

◎ 提取

该特效可以从视频片段中吸取颜色，然后通过设置灰度的范围控制影像的显示。应用该特效后，其参数面板如图 5-37 所示。

黑色输入电平：表示画面中黑色的提取情况。

白色输入电平：表示画面中白色的提取情况。

柔化：用于调整画面的灰度，数值越大，其灰度越高。

反转：勾选此复选框，将对黑色和白色像素范围进行反转。

应用"提取"特效的效果如图 5-38 和图 5-39 所示。

◎ 电平

该特效的作用是调整影片的亮度和对比度。应用该特效后，其参数面板如图 5-40 所示。单击右上角的"设置"按钮，弹出"电平设置"对话框，左边显示了当前画面的柱状图，水平方向代表亮度值，垂直方向代表对应亮度值的像素总数。在该对话框的下拉列表中，可以选择需要调整的颜色通道，如图 5-41 所示。

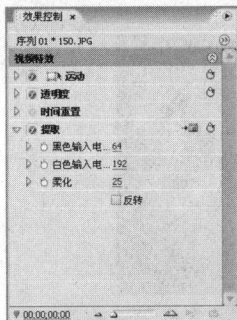

图 5-37　　　　　　　　　　图 5-38　　　　　　　　　　图 5-39

图 5-40

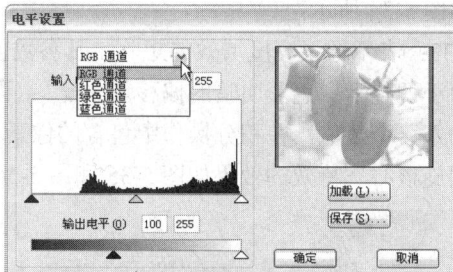

图 5-41

通道：在该下拉列表中可以选择需要调整的通道。

输入电平：用于进行颜色的调整。拖曳下方的三角形滑块，可以改变颜色的对比度。

输出电平：用于调整输出的级别，在该对话框中输入有效数值，可以对素材输出亮度进行修改。

加载：单击该按钮可以载入以前所存储的效果。

保存：单击该按钮可以保存当前的设置。

应用"电平"特效的效果如图 5-42 和图 5-43 所示。

图 5-42

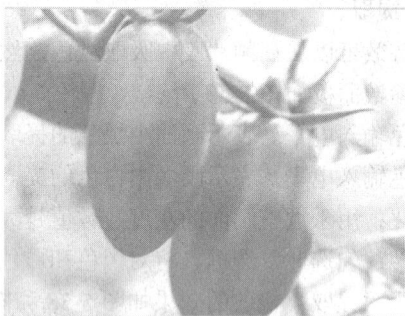

图 5-43

◎ 照明效果

该特效可以为素材添加最多 5 个灯光照明，以模拟舞台追光灯的效果。用户在该效果对应的"效果控制"面板中可以设置灯光的类型、方向、强度、颜色、中心点的位置等。应用"照明效果"特效的效果如图 5-44 和图 5-45 所示。

图 5-44

图 5-45

◎ 调色

该特效可用于调整素材的亮度、对比度和色相，是一个较为常用的视频特效。应用"调色"特效的效果如图 5-46 和图 5-47 所示。

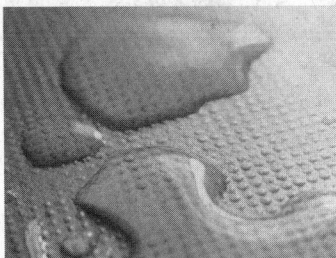

图 5-46

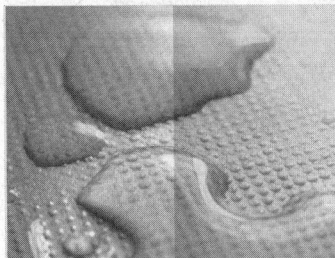

图 5-47

◎ 阴影/高光

该特效用于分别调整素材的阴影和高光区域，应用"阴影/高光"特效的效果如图 5-48 和图 5-49 所示。该特效不应用整个图像的调暗或增加图像的点亮，但可以单独调整图像高光区域，并基于图像周围的像素。

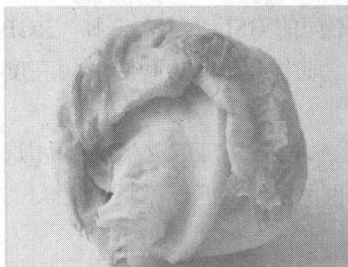

图 5-48

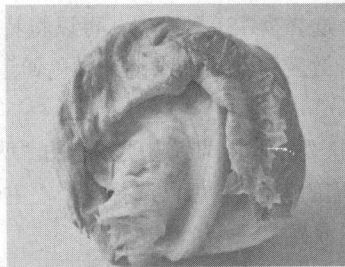

图 5-49

3. 应用图像控制类特效

"图像控制"特效的主要用途是对素材进行色彩的特效处理，广泛应用于视频编辑中处理一些因前期拍摄总量所遗留下的缺陷，或使素材达到某种预想的效果。这是一组重要的视频特效，它包含了 6 种特效。

◎ 黑&白

该特效用于将彩色影像直接转换成黑白灰度影像，应用"黑&白"特效的效果如图 5-50 和图 5-51 所示。该特效没有参数选项。

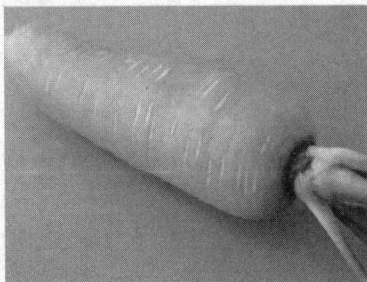

图 5-50

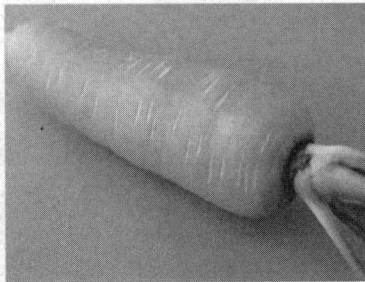

图 5-51

◎ 色彩平衡 RGB

利用"色彩平衡 RGB"特效可以通过对素材的红色、绿色和蓝色进行调整来达到改变图像色彩效果的目的。应用"色彩平衡 RGB"特效的效果如图 5-52 和图 5-53 所示。

图 5-52

图 5-53

◎ 色彩匹配

利用"色彩匹配"特效可以将一个素材中的颜色与另一个素材中的颜色进行匹配，匹配的内容包括颜色、高亮区、中间色调和阴影区。使用"色彩匹配"的操作步骤如下。

步骤 1 在"方法"下拉列表中选择一种匹配方式，其中包括"HSL"、"RGB"和"曲线"3 个选项。选择"HSL"选项，可以将特效应用到不同的 HSL 值上；选择"RGB"选项，可以将该特效应用到某个或整个颜色通道上；选择"曲线"选项，可以利用亮度和对比度匹配颜色。

步骤 2 单击"主体取样"选项右侧的"吸管工具" ，在"节目"窗口中单击选择样本颜色（想要匹配的颜色）。可以选择一个"主体样本"，也可以选择匹配"阴影取样"、"中值取样"和"高光取样"。

步骤 3 单击"主体目标"选项右侧的"吸管工具" ，在"节目"窗口中单击选择目标颜色（想要更改或者校正的颜色）。可以选择一个"主体目标"也可以选择匹配"阴影目标"、"中值目标"和"高光目标"。但所选择目标参数选项必须与样本参数选项相对应。例如，如果选择了"阴影取样"，那么就必须选择"阴影目标"。

步骤 4 通过勾选"HSL"、"RGB"复选框，可以选择包括还是排除 HSL 和 RGB 值。

步骤 5 在匹配颜色和颜色组成部分之前，可以单击"匹配"选项的三角形按钮 ，显示匹配按钮，然后单击该按钮即可。

应用"色彩匹配"特效的效果如图 5-54 和图 5-55 所示，其参数面板如图 5-56 所示。

图 5-54

图 5-55

图 5-56

在"效果控制"面板中，"匹配色调"、"匹配饱和度"和"匹配亮度"这 3 个复选框可选择上面参数设置所应用到的位置，即可以应用到色相、饱和度和亮度。

◎ **颜色传递**

该特效可以将素材中指定颜色以外的其他颜色转化成灰度（黑、白），即保留指定的颜色。在该特效对应的"效果控制"面板中单击"设置"按钮 ⬛，弹出"色彩传递设置"对话框，如图 5-57 所示。

素材取样：显示素材画面，将鼠标指针移动到此画面中单击，可以直接在画面中选取颜色。

输出取样：显示添加了特效后的素材画面。

色彩：要保留的颜色，单击该色块，将弹出"颜色拾取"对话框，从中可以设置要保留的颜色。

相似性：用于设置相似色彩的容差值，即增加或减少所选颜色的范围。

反转：勾选此复选框，将颜色进行反转，即所选的颜色转变成灰度而其他颜色保持不变。

应用"颜色传递"特效的效果如图 5-58 和图 5-59 所示。

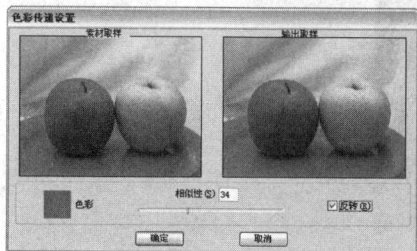

图 5-57　　　　　　　　　　　　　图 5-58　　　　　　　　　图 5-59

◎ **色彩替换**

该特效可以指定某种颜色，然后使用一种新的颜色替换指定的颜色，在该特效对应的"效果控制"面板中单击"设置"按钮 ⬛，弹出"色彩替换设置"对话框，如图 5-60 所示。

目标色：用于设置被替换的颜色。选取的方法与"色彩传递设置"对话框中选取的方法相同。

替换色：用于设置替换当前颜色的颜色。单击颜色块，在弹出的"色彩"对话框中进行设置。

相似性：用于设置相似色彩的容差值，即增加或减少所选颜色的范围。

实色：勾选此复选框，该特效将用纯色替换目标色，没有任何过渡。

应用"色彩替换"特效的效果如图 5-61 和图 5-62 所示。

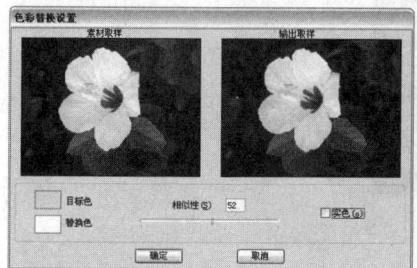

图 5-60　　　　　　　　　　　　　图 5-61　　　　　　　　　图 5-62

◎ **Gamma 校正**

该特效可以通过改变素材中间色调的亮度，以实现在不改变素材亮度和阴影的情况下，使素材变得更明亮或更灰暗。应用"Gamma 校正"特效的效果如图 5-63 和图 5-64 所示。

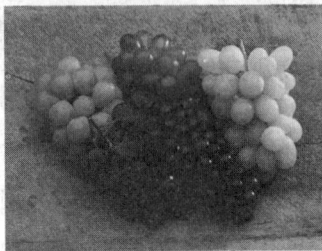

图 5-63

图 5-64

5.1.4 【实战演练】——舞台照明效果

使用"比例"选项缩放素材的大小，使用"导入"命令导入视频文件，使用"照明效果"命令为素材添加照明效果。（最终效果参看光盘中的"Ch05\舞台照明效果\舞台照明效果.prproj"，如图 5-65 所示。）

图 5-65

5.2 淡彩铅笔画

5.2.1 【操作目的】

使用"透明度"选项制作图像半透明效果，使用"查找边缘"命令编辑图像的边缘特果，使用"电平"命令调整图像的亮度对比度，使用"黑&白"命令将彩色图像转换为灰度图像，使用"笔触"命令制作图像的粗糙外观。（最终效果参看光盘中的"Ch05\淡彩铅笔画\淡彩铅笔画.prproj"，如图 5-66 所示。）

图 5-66

5.2.2 【操作步骤】

1. 编辑图像大小

步骤 1 启动 Premiere Pro CS3，弹出"欢迎使用 Adobe Premiere Pro"欢迎界面，单击"新建项目"

按钮 ▣ ，如图 5-67 所示，弹出 "新建项目" 对话框。在对话框左侧的列表中展开 "DVCPR050 \ 480i" 选项，选中 "DVCPR050 NTSC 标准" 模式，设置 "位置" 选项，选择保存文件路径，在 "名称" 文本框中输入文件名 "淡彩铅笔画"，如图 5-68 所示，单击 "确定" 按钮。

图 5-67

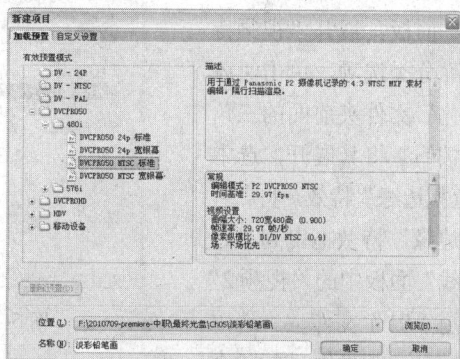

图 5-68

步骤 2 选择 "文件 > 导入" 命令，弹出 "导入" 对话框，选择光盘中的 "Ch05\淡彩铅笔画\素材\01" 文件，单击 "打开" 按钮导入图片，导入后的文件将排列在 "项目" 面板中，如图 5-69 所示。在 "项目" 面板中选中 "01" 文件，将 "01" 文件拖动到 "时间线" 面板中的 "视频 1" 轨道中，如图 5-70 所示。在 "节目" 窗口中预览效果，如图 5-71 所示。

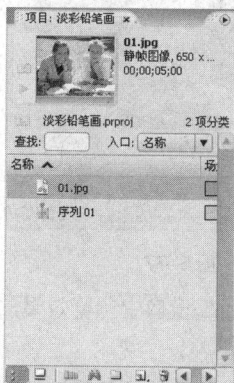

图 5-69

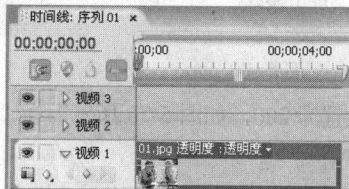

图 5-70

图 5-71

步骤 3 在 "时间线" 面板中选中 "01" 文件，按<Ctrl>+<C>组合键复制层，选中 "视频 2" 轨道，按<Ctrl>+<V>组合键粘贴层，如图 5-72 所示。在 "时间线" 面板中选中 "视频 2" 轨道上的 "01" 文件，选择 "效果控制" 面板，展开 "透明度" 选项，单击 "透明度" 选项前面的 "记录动画" 按钮 ▣ ，取消关键帧，将 "透明度" 选项设置为 70%，如图 5-73 所示。

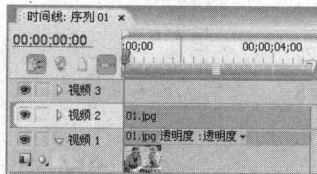

图 5-72

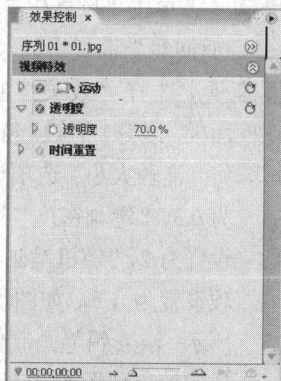

图 5-73

2. 编辑图像特效

步骤 1 选择"窗口 > 工作区 > 效果"命令，弹出"效果"面板，展开"视频特效"分类选项，单击"风格化"文件夹前面的三角形按钮▷将其展开，选中"查找边缘"特效，将"查找边缘"特效拖曳到"时间线"面板中的"视频2"轨道"01"文件上。选项"效果控制"面板，展开"查找边缘"特效，将"与原始素材混合"选项设置为50%，如图5-74所示。在"节目"窗口中预览效果，如图5-75所示。

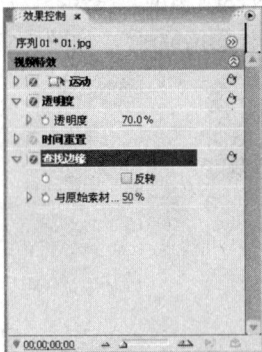
图 5-74

图 5-75

步骤 2 单击"视频特效"分类选项"调节"文件夹前面的三角形按钮▷将其展开，选中"电平"特效，将"电平"特效拖曳到"时间线"面板中的"视频2"轨道"01"文件上。选择"效果控制"面板，展开"电平"特效，将"（RGB）黑色输入电平"选项设置为

图 5-76

图 5-77

20，"（RGB）白色输入电平"选项设置为200，如图5-76所示。在"节目"窗口中预览效果，如图5-77所示。

步骤 3 在"效果"面板中，单击"视频特效"分类选项"图像控制"文件夹前面的三角形按钮▷将其展开，选中"黑&白"特效，并将其拖曳到"时间线"面板中的"视频2"轨道"01"文件上。

步骤 4 单击"风格化"文件夹前面的三角形按钮▷将其展开，选中"笔触"特效，将其拖曳到"时间线"面板中的"视频2"轨道"01"文件上。

步骤 5 选择"效果控制"面板，展开"笔触"特效，将"笔触大小"选项设置为0.3，"笔画密度"选项设置为2，"随机笔画"选项设置为1.5，如图5-78所示。淡彩铅笔画制作完成的效果如图5-79所示。

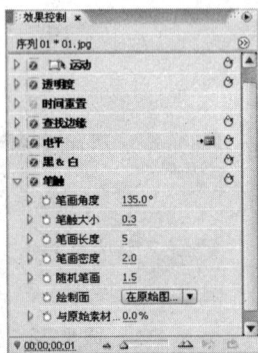
图 5-78

图 5-79

5.2.3　【相关工具】

1. 影视合成简介

合成一般用于制作效果比较复杂的影视作品中，简称复合影视。它主要是通过使用多个视频素材的叠加、透明以及应用各种类型的键控来实现的。在电视制作上键控也常被称为"抠像"，而在电影制作中被称为"遮罩"。Premiere Pro CS3 建立叠加的效果，是在多个视频轨道中的素材实现切换之后，才将叠加轨道上的素材相互叠加，较高层轨道的素材会叠加在较低层轨道的素材上，并在监视器窗口优先显示出来，也就意味着在其他素材的上面播放。

◎ 透明

使用透明叠加的原理是因为每个素材都有一定的不透明度，在不透明度为 0% 时，图像完全透明，在不透明度为 100% 时，图像完全不透明，介于两者之间的不透明度，图像呈半透明。在 Premiere Pro CS3 中，将一个素材叠加在另一个素材上之后，位于轨道上面的素材能够显示其下方素材的部分图像，所利用的就是素材的不透明度。因此，通过素材不透明度的设置，可以制作透明叠加的效果，如图 5-80 所示。

图 5-80

用户可以使用 Alpha 通道、蒙版或键控来定义素材透明度区域和不透明区域，通过设置素材的透明度并结合使用不同的混合模式就可以创建出绚丽多彩的影视视觉效果。

◎ Alpha 通道

素材的颜色信息都被保存在 3 个通道中，这 3 个通道分别是红色通道、绿色通道和蓝色通道。另外，在素材中还包含看不见的第 4 个通道，即 Alpha 通道，它用于存储素材的透明度信息。

当在 After Effects Composition 面板或者 Premiere Pro CS3 的监视器窗口中查看 Alpha 通道时，白色区域是完全不透明的，而黑色区域则是完全透明的，两者之间的区域则是半透明的。

在很多素材格式中都包含 Alpha 通道，如 TGA、TIFF、EPS 和 Quick Time 等。在使用 Adobe Illustrator EPS 和 PDF 格式的素材时，After Effects 会自动将空白区域转换为 Alpha 通道。

◎ 蒙版

"蒙版"是一个层，用于定义层的透明区域，白色区域定义的是完全不透明的区域，黑色区域定义的是完全透明的区域，两者之间的区域则是半透明的，这点类似于 Alpha 通道。通常，Alpha 通道被用作蒙版，但是使用蒙版定义素材的透明区域时要比使用 Alpha 通道更好，因为在很多的原始素材中不包含 Alpha 通道。

◎ 键控

前面已经介绍，在进行素材合成时，可以使用 Alpha 通道将不同的素材对象合成到一个场景中。但是在实际的工作中，能够使用 Alpha 通道进行合成的原素材非常少，因为摄像机是无法产生 Alpha 通道的，这时候使用键控（即抠像技术）就非常重要了。

键控是使用特定的颜色值（颜色键控或者色度键控）和亮度值（亮度键控）来定义视频素材中的透明区域。当断开颜色值时，颜色值或者亮度值相同的所有像素将变为透明。

使用键控可以很容易地为一幅颜色或者亮度一致的视频素材替换背景，这一技术一般称为"蓝屏技术"或"绿屏技术"，也就是背景色完全是蓝色或者绿色的，当然也可以是其他颜色的背景，如图5-81、图5-82和图5-83所示。

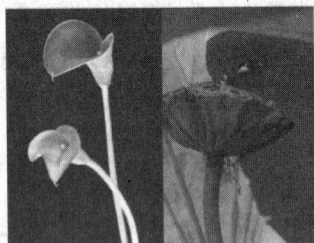 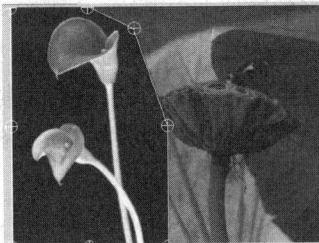 

图 5-81   图 5-82   图 5-83

2. 合成视频

在非线性编辑中，每一个视频素材就是一个图层，将这些图层放置于"时间线"面板中的不同视频轨道上以不同的透明度相叠加，即可实现视频的合成效果。

◎ 关于合成视频的几点说明

在进行合成视频操作之前，使用叠加需要注意以下几点。

（1）叠加效果的产生必须是两个或者两个以上的素材，有时候为了实现效果可以创建一个字幕或者颜色蒙版文件。

（2）只能对重叠轨道上的素材应用透明叠加设置，在默认设置下，每一个新建项目都包含两个可重叠轨道——"视频2"和"视频3"轨道，当然也可以另外增加多个重叠轨道。

（3）在 Premiere Pro CS3 中，要合成叠加效果，首先合成视频主轨道上的素材，包括过渡转场效果，然后将被叠加的素材叠加到背景素材中。在叠加过程中首先合成叠加较低层轨道的素材，然后再以合成叠加后的素材为背景来叠加较高层轨道的素材，这样在叠加完成后，最高层的素材位于画面的顶层。

（4）透明素材必须放置在其他素材之上，将想要叠加的素材放置于叠加轨道上——"视频2"或者更高的视频轨道上。

（5）背景素材可以放置在视频主轨道"视频1"或"视频2"轨道上，即较低层的叠加轨道上的素材可以作为较高层叠加轨道上素材的背景。

（6）必须对位于最高层轨道上的素材进行透明设置和调整，否则其下方的所有素材均不能显示出来。

（7）叠加有两种方式，一种是混合叠加方式，另一种是淡化叠加方式。

混合叠加方式是将素材的一部分叠加到另一个素材上，因此作为前景的素材最好具有单一的底色，并且与需要保留的部分对比鲜明，这样很容易将底色变为透明，然后再叠加到作为背景的素材上，这样背景在前景素材透明处可见，从而使前景色保留的部分看上去像原来属于背景素材中的一部分一样。

淡化叠加方式是通过调整整个前景的透明度，让它整个暗淡而背景素材逐渐显现出来，达到一种梦幻或朦胧的效果。

图 5-84 和图 5-85 所示为两种透明叠加方式的效果。

混合叠加方式

图 5-84

淡化叠加方式

图 5-85

◎ **制作透明叠加合成效果**

步骤 1 将两张素材图导入到"项目"面板中。

步骤 2 分别拖曳素材图片到"时间线"面板中的"视频 1"和"视频 2"轨道上。

步骤 3 将鼠标指针移动到"视频 2"轨道的素材的黄色线上,按住<Ctrl>键,当鼠标指针呈 形状时,单击鼠标创建一个关键帧。

步骤 4 根据步骤 3 的操作方法,在"视频 2"轨道素材上创建第 2 个关键帧,并且用鼠标向下拖曳第 2 个关键帧(即降低不透明度值)。

步骤 5 按照上述步骤的操作方法,在"视频 2"轨道的素材上再次创建两个关键帧,然后调整第 3 个关键帧的位置,如图 5-86 所示。

步骤 6 将时间标记 移动到轨道开始的位置,然后在"节目"窗口单击"播放"按钮 预览效果,如图 5-87、图 5-88 和图 5-89 所示。

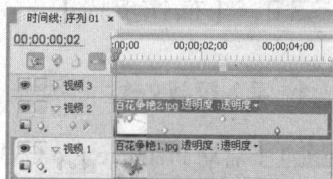

图 5-86

图 5-87

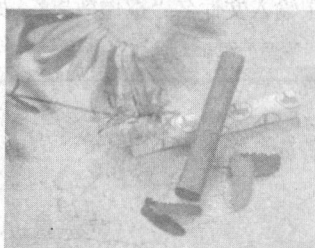

图 5-88

图 5-89

5.2.4 【实战演练】——城市夜景

使用"比例"选项缩放素材的大小,使用"导入"命令导入视频文件,使用"添加/移除关键帧"按钮添加关键帧,使用"效果控制"面板改为透明度制作叠加效果。(最终效果参看光盘中的"Ch05\城市夜景\城市夜景.prproj",如图 5-90 所示。)

图 5-90

5.3 / 抠像效果

5.3.1 【操作目的】

使用"蓝屏键"命令抠出人物图像，使用"亮度&对比度"命令调整人物的亮度和对比度。（最终效果参看光盘中的"Ch05\抠像效果\抠像效果.prproj"，如图 5-91 所示。）

图 5-91

5.3.2 【操作步骤】

1. 导入视频文件

步骤 1 启动 Premiere Pro CS3，弹出"欢迎使用 Adobe Premiere Pro"欢迎界面，单击"新建项目"按钮 🔲，如图 5-92 所示，弹出"新建项目"对话框。在对话框左侧的列表中展开"DVCPR050\480i"选项，选中"DVCPR050 NTSC 标准"模式，设置"位置"选项，选择保存文件路径，在"名称"文本框中输入文件名"抠像效果"，如图 5-93 所示，单击"确定"按钮。

图 5-92

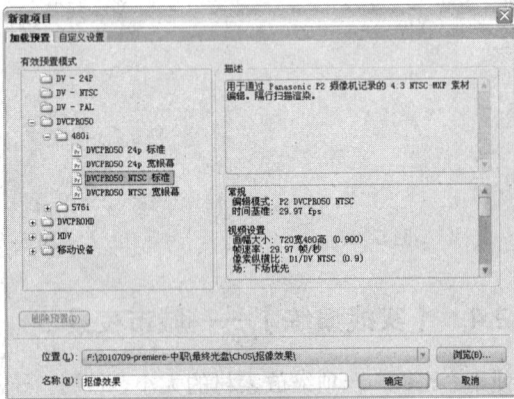

图 5-93

步骤 2 选择"文件 > 导入"命令，弹出"导入"对话框，选择光盘中的"Ch05 \抠像效果\素材 \ 01 和 02"文件，单击"打开"按钮导入视频文件，导入后的文件将排列在"项目"面板中，如图 5-94 所示。

步骤 3 在"项目"面板中选中"01"文件，并将其拖曳到"时间线"面板中的"视频 1"轨道中，选中"02"文件，并将其拖曳到"时间线"面板中的"视频 2"轨道中，如图 5-95 所示。

2. 抠出视频图像人物

步骤 1 选择"窗口 > 工作区 >效果"命令，弹出"效果"面板，展开"视频特效"分类选项，单击"键"文件夹前面的三角形按钮▷将其展开，选中"蓝屏键"特效，将"蓝屏键"特效拖曳到"时间线"面板中的"02"文件上。

步骤 2 选择"效果控制"面板，展开"蓝屏键"特效，将"界限"选项设置为25%，"截断"选项设置为15%，如图5-96所示。在"节目"窗口中预览效果，如图5-97所示。

步骤 3 在"效果"面板中，展开"视频特效"分类选项，单击"色彩校正"文件夹前面的三角形按钮▷将其展开，选中"亮度&对比度"特效，将"亮度&对比度"特效拖曳到"时间线"面板中的"02"文件上。

步骤 4 选择"效果控制"面板，展开"亮度&对比度"特效，将"亮度"选项设置为25，如图5-98所示。抠像制作完成的效果如图5-99所示。

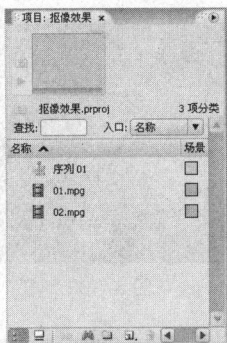
图 5-94

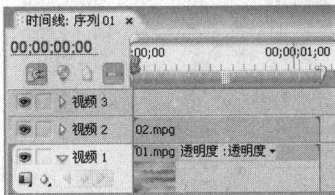
图 5-95

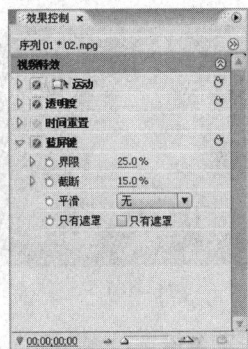
图 5-96

图 5-97

图 5-98

图 5-99

5.3.3 【相关工具】——14 种抠像方式的运用

Premiere Pro CS3 中自带了 14 种抠像（键控）特效，下面介绍各种抠像特效的使用方法。

◎ Alpha 调节

该特效主要通过调整当前素材的 Alpha 通道信息，即改变 Alpha 通道的透明度，使当前素材与其下面的素材产生不同的叠加效果。如果当前素材不包含 Alpha 通道，改变的将是整个素材的透明度。应用该特效后，其参数面板如图5-100所示。

透明度：用于调整画面的不透明度。

忽略 Alpha：勾选此复选框，可以忽视 Alpha 通道。

反转 Alpha：勾选此复选框，可以对通道进行反向处理。

只有遮罩：勾选此复选框，可以将通道作为蒙版使用。

应用"Alpha 调节"特效的效果如图 5-101、图 5-102 和图 5-103 所示。

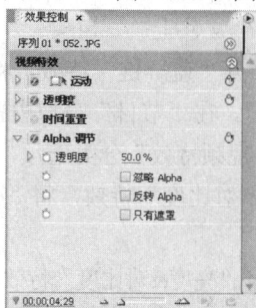

图 5-100

图 5-101

图 5-102

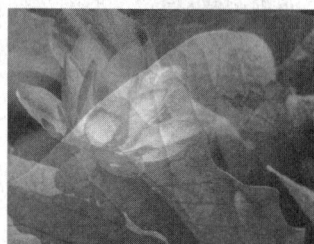

图 5-103

◎ 蓝屏键

该特效又称"抠蓝"，用于在画面上进行蓝色叠加。应用该特效后，其参数面板如图 5-104 所示。

界限：用于调整被添加的蓝色背景的透明度。

截断：用于调节前景图像的对比度。

平滑：用于调节图像的平滑度。

只有遮罩：勾选此复选框，前景仅作为蒙版使用。

应用"蓝屏键"特效的效果如图 5-105、图 5-106 和图 5-107 所示。

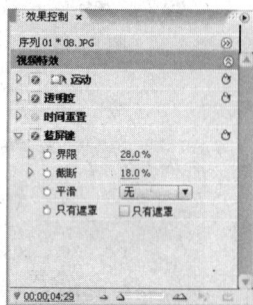

图 5-104

图 5-105

图 5-106

图 5-107

◎ 色度键

运用该特效，可以将图像上的某种颜色及相似范围的颜色设为透明，从而显示后面的图像。该特效适用于纯色背景的图像。在"效果控制"面板中选择"颜色"的"吸管工具" ，在"项目"窗口中需要抠去的颜色上单击鼠标选取颜色。吸取颜色后，调节各项参数，观察抠像效果。"效果控制"面板如图 5-108 所示。

相似性：用于设置所选取颜色的容差度。

混合：用于设置透明与非透明边界色彩的混合程度。

界线：用于设置素材中蓝色背景的透明度。向左拖动滑块将增加素材透明度，该选项数值为 0 时，蓝色将完全透明。

截断：用于设置前景色与背景色的对比度。

平滑：用于调整抠像后素材边缘的平滑程度。

只有遮罩：勾选此复选框，将只显示抠像后素材的 Alpha 通道。

应用"色度键"特效的效果如图 5-109、图 5-110 和图 5-111 所示。

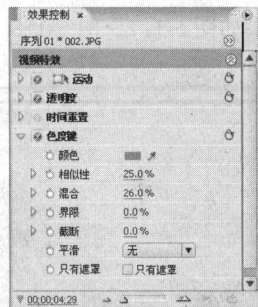

图 5-108

图 5-109

图 5-110

图 5-111

◎ **颜色键**

使用"颜色键"特效可以根据指定的颜色将素材中像素值相同的颜色设置为透明。该特效与"色度键"特效类似，同样是在素材中选择一种颜色或一个颜色范围，并将它们设置为透明，但两者不同的是"颜色键"特效可以单独调节素材像素颜色和灰度值，而"色度键"特效则可以同时调节这些内容。应用"颜色键"特效的效果如图 5-112 和图 5-113 所示。

图 5-112

图 5-113

◎ **差异蒙版键**

该特效可以叠加两个图像相互不同部分的纹理，保留对方的纹理颜色。应用"差异蒙版键"特效的效果如图 5-114、图 5-115 和图 5-116 所示。

图 5-114

图 5-115

图 5-116

◎ **八点蒙版扫除**

该特效通过 8 个控制点的位置，来调整被叠加图像的大小。应用"八点蒙版扫除"特效的效果如图 5-117、图 5-118 和图 5-119 所示。

图 5-117　　　　　　　　图 5-118　　　　　　　　图 5-119

◎ **四点蒙版扫除**

该特效通过 4 个控制点的位置，来调整被叠加图像的大小。应用"四点蒙版扫除"特效的效果如图 5-120、图 5-121 和图 5-122 所示。

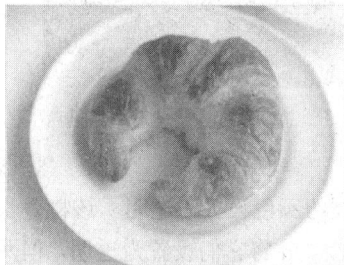  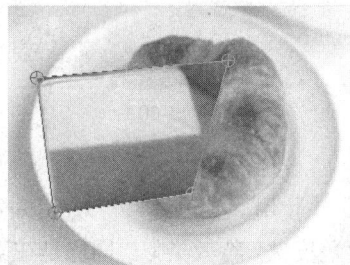

图 5-120　　　　　　　　图 5-121　　　　　　　　图 5-122

◎ **图像蒙版键**

运用该特效，将使用相邻轨道上的素材作为被叠加的底纹背景素材，前面的画面中相对于底纹而言，白色区域是不透明的，背景画面的相关部分不能显示出来。相对于黑色区域是透明的区域，灰色区域则为部分透明。如果想保持前面的色彩，那么作为底纹图像最好选用灰度图像。应用"图像蒙版键"特效的效果如图 5-124 和图 5-125 所示。

图 5-123　　　　　　　　　　　　图 5-124

◎ **亮度键**

运用该特效可以将被叠加图像的灰色值设置为透明，而且保持色度不变，该特效对明暗对比十分强烈的图像十分有用。应用"亮度键"特效的效果如图 5-125、图 5-126 和图 5-127 所示。

图 5-125　　　　　　　　　　图 5-126　　　　　　　　　　图 5-127

◎ 无红色键

该特效可以叠加具有实蓝色背景的素材，并使这类背景产生透明效果。应用"无红色键"特效的效果如图 5-128、图 5-129 和图 5-130 所示。

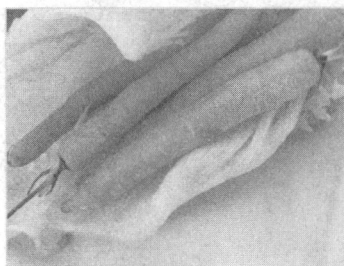

图 5-128　　　　　　　　　　图 5-129　　　　　　　　　　图 5-130

◎ RGB 差异值

该特效与"亮度键"特效基本相同，可以将某个颜色或者颜色范围内的区域变为透明。应用"RGB 差异值"特效的效果如图 5-131 和图 5-132 所示。

图 5-131　　　　　　　　　　图 5-132

◎ 移除蒙版

该特效可以将原有的遮罩移除，如将画面中白色区域或黑色区域进行移除。图 5-133 所示为"移除蒙版"特效的设置。

◎ 十六点蒙版扫除

该特效通过 16 个控制点的位置，来调整被叠加图像的大小。应用"十六点蒙版扫除"特效的效果如图 5-135、图 5-136 和图 5-137 所示。

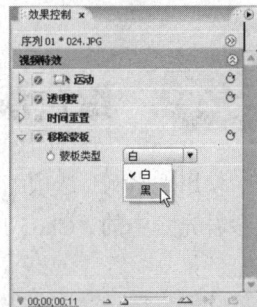

图 5-133

图 5-134 　　　　　　　　　图 5-135 　　　　　　　　　图 5-136

◎ 轨道蒙版键

该特效将遮罩层进行适当比例缩小，并显示在原图层上。应用"轨道蒙版键"特效的效果如图 5-137、图 5-138 和图 5-139 所示。

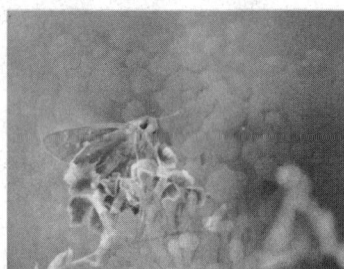

图 5-137 　　　　　　　　　图 5-138 　　　　　　　　　图 5-139

5.2.4 【实战演练】——水中倒影

使用"改变颜色"命令改变海水的颜色，使用"亮度键"命令制作抠像效果。（最终效果参看光盘中的"Ch05\水中倒影\水中倒影.prproj"，如图 5-140 所示。）

图 5-140

5.4 综合演练——单色保留

使用"比例"选项缩放素材的大小，使用"颜色分离"命令制作保留单色图像效果。（最终效果参看光盘中的"Ch05\单色保留\单色保留.prproj"，如图 5-141 所示。）

图 5-141

5.5 综合演练——颜色替换

使用"比例"选项缩放素材的大小，使用"调色"命令调整图像的饱和度，使用"改变颜色"命令改变图像的颜色。（最终效果参看光盘中的"Ch05\ 颜色替换\颜色替换.prproj"，如图 5-142 所示。）

图 5-142

第6章 字幕、字幕特技与运动设置

本章主要介绍字幕的制作方法，并对字幕的创建、保存、字幕窗口中的各项功能及使用方法进行详细介绍。通过本章的学习，读者应掌握编辑字幕的操作技巧。

课堂学习目标

- "字幕"编辑面板概述
- 创建字幕文字对象
- 编辑与修饰字幕文字
- 掌握字幕模板
- 绘制图形
- 插入标志 Logo
- 创建运动字幕

6.1 金属文字

6.1.1 【操作目的】

使用"字幕"命令编辑文字，使用"渐变"命令制作文字的渐变效果，使用"斜角 Alpha"和"RGB 曲线"命令添加文字金属效果，使用"Shine"命令制作文字发光效果。（最终效果参看光盘中的"Ch06\金属文字\金属文字.prproj"，如图 6-1 所示。）

6.1.2 【操作步骤】

1. 编辑文字

图 6-1

步骤 1 启动 Premiere Pro CS3，弹出"欢迎使用 Adobe Premiere Pro"欢迎界面，单击"新建项目"按钮 ，如图 6-2 所示，弹出"新建项目"对话框。在对话框左侧的列表中展开"DVCPR050\480i"选项，选中"DVCPR050 NTSC 标准"模式，设置"位置"选项，选择保存文件路径，在"名称"文本框中输入文件名"金属文字"，如图 6-3 所示，单击"确定"按钮。

图 6-2

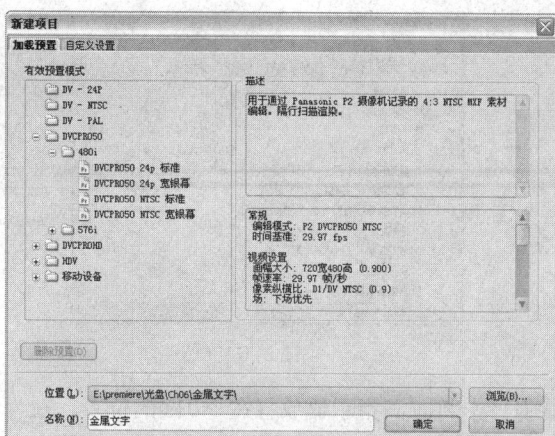

图 6-3

步骤 2 选择"文件 > 新建 > 字幕"命令，弹出"新建字幕"对话框，在"名称"文本框中输入"城市新闻"，如图 6-4 所示。单击"确定"按钮，弹出字幕编辑面板，选择"文字"工具 **T**，在字幕工作区中输入"城市新闻"，其他设置如图 6-5 所示。关闭字幕编辑面板，新建的字幕文件自动保存到"项目"面板中。在"项目"面板中选中"城市新闻"文件并将其拖曳到"时间线"面板中的"视频 1"轨道中。

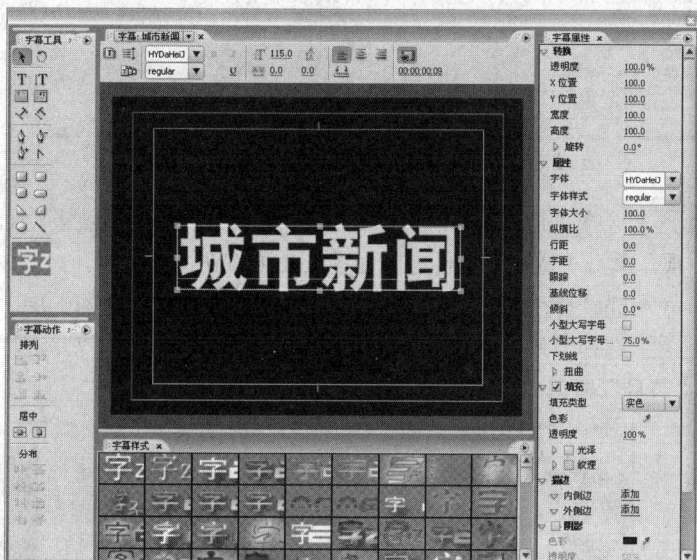

图 6-4

图 6-5

2. 制作文字金属效果

步骤 1 选择"窗口 > 工作区 > 效果"命令，弹出"效果"面板，展开"视频特效"特效分类选项，单击"生成"文件夹前面的三角形按钮 ▷ 将其展开，选中"渐变"特效，将"渐变"特效拖曳到"时间线"面板中的"城市新闻"层上。

步骤 2 选择"效果控制"面板，展开"渐变"特效并进行参数设置，如图 6-6 所示。在"节目"窗口中预览效果，如图 6-7 所示。

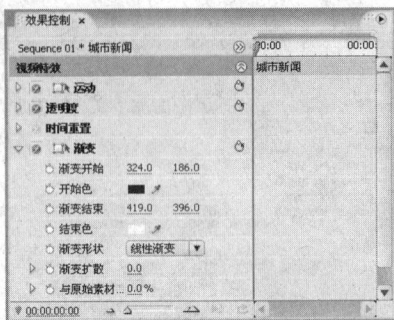
图 6-6

图 6-7

步骤 3 将时间指示器放置在 3:01s 的位置，在"渐变"特效选项中，单击"渐变开始"和"渐变结束"选项前面的"记录动画"按钮 ⊙，如图 6-8 所示。将时间指示器放置在 4:24s 的位置，将"渐变开始"选项设置为 400 和 144，"渐变结束"选项设置为 280 和 377，如图 6-9 所示。在"节目"窗口中预览效果，如图 6-10 所示。

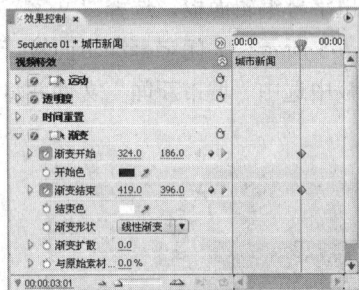
图 6-8

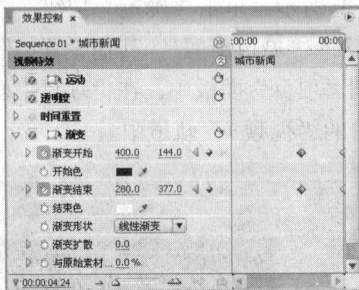
图 6-9

图 6-10

步骤 4 选择"窗口 > 工作区 > 效果"命令，弹出"效果"面板，展开"视频特效"分类选项，单击"透视"文件夹前面的三角形按钮 ▷ 将其展开，选中"斜角 Alpha"特效，将"斜角 Alpha"特效拖曳到"时间线"面板中的"城市新闻"层上。

步骤 5 选择"效果控制"面板，展开"斜角 Alpha"特效并进行参数设置，如图 6-11 所示。在"节目"窗口中预览效果，如图 6-12 所示。

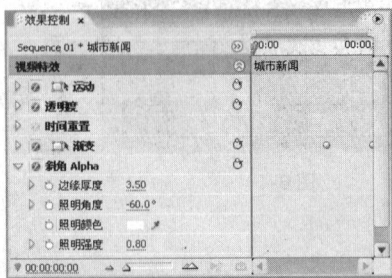
图 6-11

图 6-12

步骤 6 选择"窗口 > 工作区 > 效果"命令，弹出"效果"面板，展开"视频特效"分类选项，单击"色彩校正"文件夹前面的三角形按钮 ▷ 将其展开，选中"RGB 曲线"特效，将"RGB 曲线"特效拖曳到"时间线"面板中的"城市新闻"层上。

步骤 7 选择"效果控制"面板，展开"RGB 曲线"特效并进行参数设置，如图 6-13 所示。在"节目"窗口中预览效果，如图 6-14 所示。

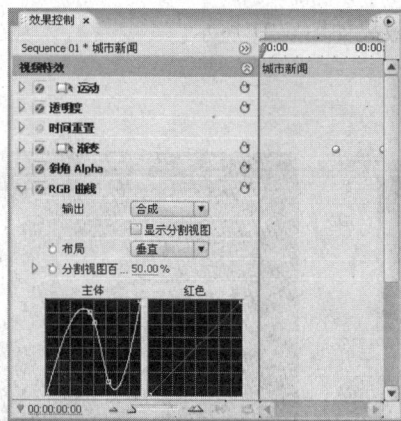

图 6-13

图 6-14

3. 编辑文字发光效果

步骤 `1` 选择"窗口 > 工作区 > 效果"命令，弹出"效果"面板，展开"视频特效"分类选项，单击"Trapcode"文件夹前面的三角形按钮 ▷ 将其展开，选中"Shine"特效，将"Shine"特效拖曳到"时间线"面板中的"城市新闻"层上。

步骤 `2` 选择"效果控制"面板，展开"Shine"特效并进行参数设置，如图 6-15 所示。在"节目"窗口中预览效果，如图 6-16 所示。

步骤 `3` 将时间指示器放置在 0s 的位置，在"Shine"选项中单击"Source Point"选项前面的"记录动画"按钮 ⬚，如图 6-17 所示。将时间指示器放置在 3:01s 的位置，单击"Ray Length"和"Shine Opacit"选项前面的"记录动画"按钮 ⬚，如图 6-18 所示。

图 6-15

图 6-16

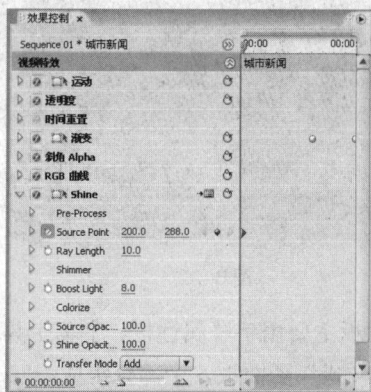

图 6-17

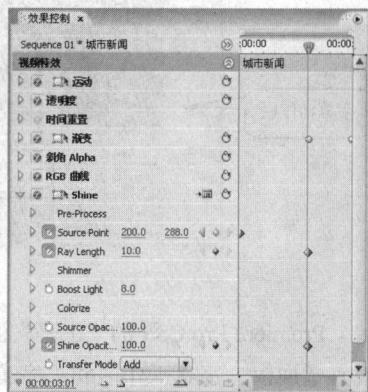

图 6-18

步骤 `4` 将时间指示器放置在 4:24s 的位置，将"Source Point"选项设置为 500 和 288，"Ray Length"选项设置为 0，"Shine Opacit"选项设置为 0，如图 6-19 所示。在"节目"窗口中预览效果，如图 6-20 所示。金属文字制作完成的效果如图 6-21 所示。

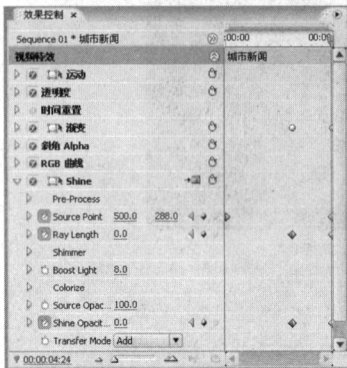

图 6-19   图 6-20   图 6-21

6.1.3 【相关工具】

1. "字幕"编辑面板概述

Premiere Pro CS3 提供了一个专门用来创建及编辑字幕的"字幕"编辑面板，如图 6-22 所示，所有文字编辑及处理都是在该面板中完成的。"字幕"编辑面板的功能非常强大，不仅可以创建各种各样的文字效果，而且能够绘制各种图形，这为用户的文字编辑工作提供了很大的方便。

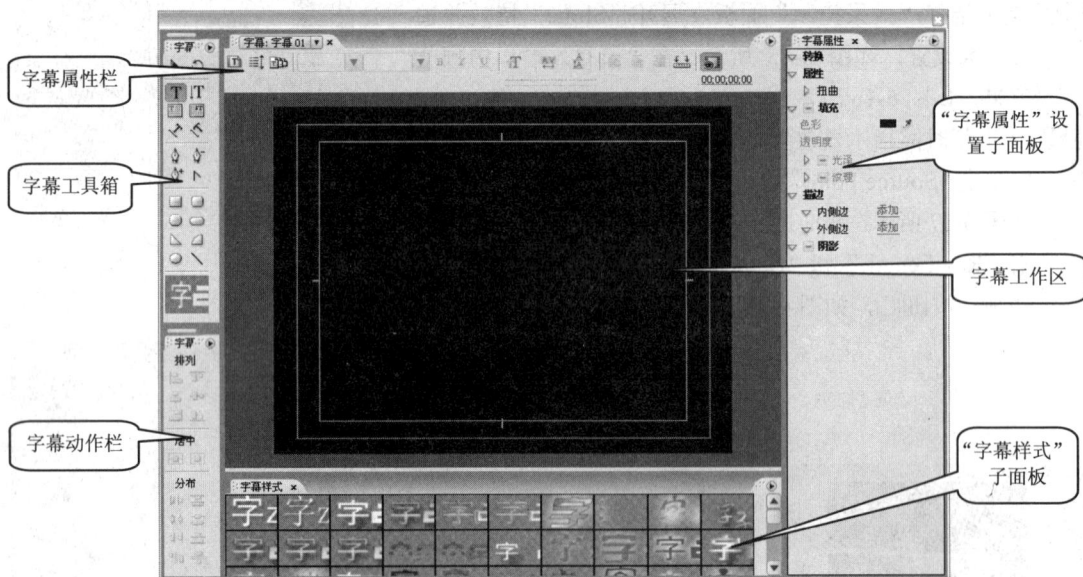

图 6-22

Premiere Pro CS3 的"字幕"面板主要由字幕属性栏、字幕工具箱、字幕动作栏、"字幕属性"设置子面板、字幕工作区和"字幕样式"子面板 6 个部分组成。

2. 字幕属性栏

字幕属性栏主要用于设置字幕的运动类型、字体、加粗、斜体、下画线等，如图 6-23 所示。"基于当前字幕新建字幕"按钮 ：单击该按钮，将弹出如图 6-24 所示的对话框，在该对话框中可以为字幕文件重新命名。

"滚动/游动选项"按钮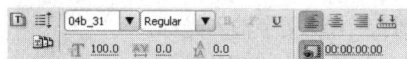：单击该按钮，将弹出"滚动/游动选项"对话框，如图 6-25 所示，在对话框中可以设置字幕的运动类型。

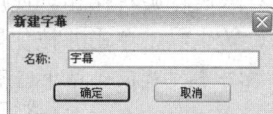

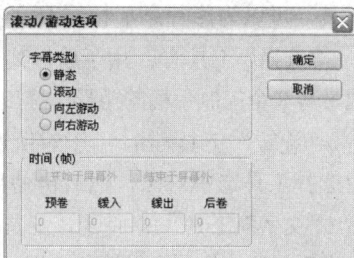

图 6-23　　　　　　　　　　图 6-24　　　　　　　　　　图 6-25

"模板"按钮：单击该按钮，将弹出如图 6-26 所示的对话框，其中包含了 Premiere Pro CS3 自带的多种字幕模板。这些模板不仅具备字幕特效，而且还有一定的主题，有的还带有背景图。

"字体"列表：在此下拉列表中可以选择字体。

"字形"列表：在此下拉列表中可以设置字形。

"粗体"按钮：单击该按钮，可以将当前选中的文字加粗。

"斜体"按钮：单击该按钮，可以将当前选中的文字进行倾斜。

"下画线"按钮：单击该按钮，可以为文字设置下画线。

"左对齐"按钮：单击该按钮，将所选对象进行左边对齐。

"居中"按钮：单击该按钮，将所选对象进行居中对齐。

"右对齐"按钮：单击该按钮，将所选对象进行右边对齐。

"停止跳格"按钮：单击该按钮，将弹出如图 6-27 所示的对话框，该对话框中各个按钮的主要功能如下。

- "左对齐制作符"按钮：字符的左侧都在此处对齐。
- "居中对齐制作符"按钮：字符一分为二，字符串的中间位置就是这个制表符的位置。
- "右对齐制作符"按钮：字符的最右侧都在此处对齐。

在对话框中为添加制作符的区域，可以通过单击刻度尺上方的浅灰色区域来添加制表符。

"显示视频为背景"按钮：显示当前时间指针所处的位置，可以在时间码的位置输入一个有效的时间值，调整当前显示画面。

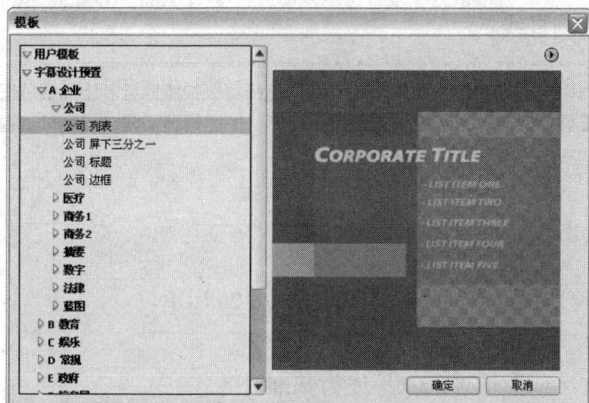

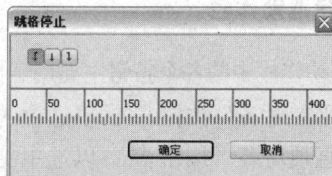

图 6-26　　　　　　　　　　　　　　　　　图 6-27

3. 字幕工具箱

字幕工具箱提供了一些制作文字与图形的常用工具，如图 6-28 所示。利用这些工具，可以为影片添加标题及文本，绘制几何图形，定义文本样式等。

图 6-28

"选择"工具：用于选择某个对象或文字。选中某个对象后，在对象的周围会出现带有 8 个控制手柄的矩形，拖曳控制手柄可以调整对象的大小和位置。

"旋转"工具：用于对所选对象进行旋转操作。使用旋转工具时，必须先使用选择工具选中对象，然后再使用旋转工具，单击并按住鼠标拖曳即可旋转对象。

"文字"工具：使用该工具，在字幕工作区中单击鼠标时，出现文字输入光标，在光标闪烁的位置可以输入文字。另外，使用该工具也可以对输入的文字进行修改。

"垂直文字"工具：使用该工具，可以在字幕工作区中输入垂直文字。

"文本框"工具：单击该按钮，在字幕工作区中可以拖曳出文本框。

"垂直文本框"工具：单击该按钮，在字幕工作区中可以拖曳出垂直文本框。

"路径输入"工具：使用该工具可先绘制一条路径，然后输入文字，且输入的文字平行于路径。

"垂直路径输入"工具：使用该工具可先绘制一条路径，然后输入文字，且输入的文字垂直于路径。

"钢笔"工具：用于创建路径或调整使用平行或垂直路径工具所输入文字的路径。将钢笔工具置于路径的定位点或手柄上，可以调整定位点的位置和路径的形状。

"删除定位点"工具：用于在已创建的路径上删除定位点。

"添加定位点"工具：用于在已创建的路径上添加定位点。

"转换定位点"工具：用于调整路径的形状，将平滑定位点转换为角定位点，或将定位点转换为平滑定位点。

"矩形"工具：使用该工具可以绘制矩形。

"切角矩形"工具：使用该工具可以绘制切角矩形。

"圆角矩形"工具：使用该工具可以绘制圆角矩形。

"圆矩形"工具：使用该工具可以绘制圆矩形。

"三角形"工具：使用该工具可以绘制三角形。

"圆弧"工具：使用该工具可以绘制圆弧，即扇形。

"椭圆"工具：使用该工具可以绘制椭圆形。

"直线"工具：使用该工具可以绘制直线。

> **提 示** 在绘制图形时，可以根据需要结合使用<Shift>键，这样可以快捷地绘制出需要的图形。例如，使用矩形工具，按住<Shift>键可以绘制正方形；使用椭圆工具，按<Shift>键可以绘制圆形。

4. 字幕动作栏

字幕动作栏中的各个按钮主要用于快速地排列或者分布文字，如图 6-29 所示。

"水平左对齐"按钮：以选中的文字或图形左水平线为基准对齐。

"垂直顶对齐"按钮：以选中的文字或图形顶部水平线为基准对齐。

"水平居中"按钮：以选中的文字或图形垂直中心线为基准对齐。

"垂直居中"按钮：以选中的文字或图形水平中心线为基准对齐。

"水平右对齐"按钮：以选中的文字或图形右水平线为基准对齐。

"垂直底对齐"按钮：以选中的文字或图形底部水平线为基准对齐。

"垂直居中"按钮：使选中的文字或图形在屏幕水平居中。

"水平居中"按钮：使选中的文字或图形在屏幕垂直居中。

"水平左对齐"按钮：以选中的文字或图形的左垂直线来分布文字或图形。

"垂直顶对齐"按钮：以选中的文字或图形的顶部线来分布文字或图形。

"水平居中"按钮：以选中的文字或图形的垂直中心来分布文字或图形。

"垂直居中"按钮：以选中的文字或图形的水平中心来分布文字或图形。

"水平右对齐"按钮：以选中的文字或图形的右垂直线来分布文字或图形。

"垂直底对齐"按钮：以选中的文字或图形的底部线来分布文字或图形。

"水平平均"按钮：以屏幕的垂直中心线来分布文字或图形。

"垂直平均"按钮：以屏幕的水平中心线来分布文字或图形。

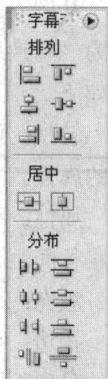

图 6-29

5. 字幕工作区

字幕工作区是制作字幕和绘制图形的工作区，它位于"字幕"编辑面板的中心。在工作区中有两个白色的矩形线框，其中内线框是字幕安全框，外线框是字幕动作安全框。如果文字或者图像放置在安全框之外，那么一些 NTSC 制式的电视中这部分内容将不会被显示出来，即使能够显示，很可能会出现模糊或者变形现象，因此，在创建字幕时最好将文字和图像放置在安全框之内。

如果字幕工作区中没有显示安全区域线框，可以通过以下两种方法显示安全区域线框。

（1）在字幕工作区中单击鼠标右键，在弹出的快捷菜单中选择"查看 > 字幕安全框"命令。

（2）选择"字幕 > 查看 > 字幕安全框"命令。

6. "字幕样式"子面板

在 Premiere Pro CS3 中，使用"字幕样式"子面板可以制作出令人满意的字幕效果。"字幕样式"子面板位于"字幕"编辑面板的中下部，其中包含了各种已经设置好的文字效果和多种字体效果，如图 6-30 所示。如果要为一个对象应用预设的样式效果，只需选中该对象，然后在"字幕样式"子面板中单击要应用的风格效果即可。

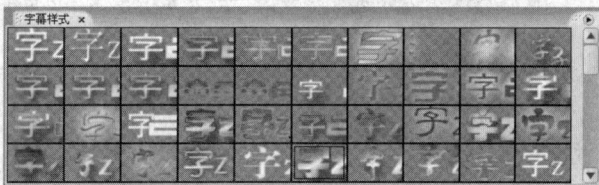

图 6-30

7. "字幕属性"设置子面板

在字幕工作区中输入文字后，可在位于"字幕"编辑面板右侧的"字幕属性"设置子面板中设置文字的具体属性参数，如图 6-31 所示。

从图 6-31 中可以看出，"字幕属性"设置子面板分为 5 个部分，分别为"转换"、"属性"、"填充"、"描边"和"阴影"。各个部分主要作用如下。

转换：可以设置对象的位置、高度、宽度、旋转角度、透明度等相关的属性。

属性：可以设置对象的一些基本属性，如文本的大小、字体、字间距、行间距、字形等相关的属性。

填充：可以设置文本或者图形对象的颜色和纹理。

描边：可以设置文本或者图形对象边缘，使其边缘与文本或者图形主体呈现不同的颜色。

阴影：可以为文本或者图形对象设置各种阴影属性。

图 6-31

8. 创建路径文字

利用字幕工具箱中的平行或者垂直路径工具可以创建路径文字，具体操作步骤如下。

步骤 1 在字幕工具箱中选择"路径输入"工具 或"垂直路径输入"工具 。

步骤 2 移动鼠标指针到"字幕"编辑面板的字幕工作区中，此时，光标变为钢笔状，然后在需要输入的位置单击鼠标左键。

步骤 3 将鼠标移动另一个位置，再次单击鼠标，此时会出现一条曲线，即文本路径。

步骤 4 选择文字输入工具（任何一种都可以），在路径上单击并输入文字即可，效果如图 6-32 和图 6-33 所示。

图 6-32

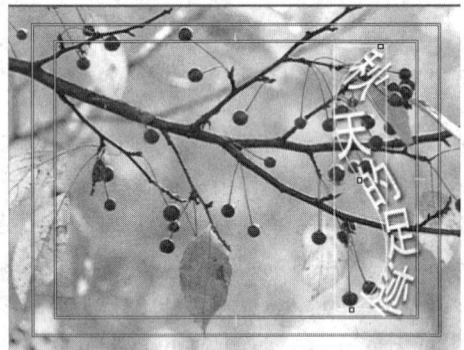

图 6-33

9. 创建段落字幕文字

利用字幕工具箱中的文本框工具或垂直文本框工具，可以创建段落文本，具体操作步骤如下。

步骤 1 在字幕工具箱中选择"文本框"工具 或"垂直文本框"工具 。

步骤 2 移动鼠标指针到"字幕"编辑面板的字幕工作区中，单击鼠标左键并按住不放，从左上角向右下角拖曳出一个矩形框，然后输入文字，效果如图 6-34 和图 6-35 所示。

图 6-34

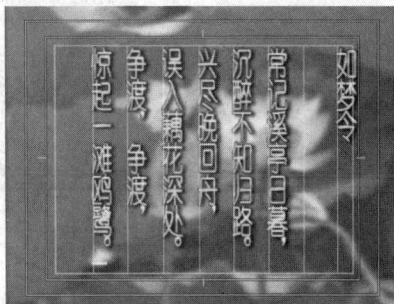
图 6-35

6.1.4　【实战演练】——化妆品广告

使用"比例"选项改变图像的大小，使用"字幕"命令创建字幕，使用"位置"选项制作文字运动效果，使用"透明度"选项制作文字渐显效果。（最终效果参看光盘中的"Ch06\化妆品广告\化妆品广告.prproj"，如图 6-36 所示。）

图 6-36

6.2　火焰燃烧字

6.2.1　【操作目的】

使用"比例"选项改变图像的大小，使用"字幕"命令创建字幕，使用"斜角 Alpha"命令制作文字浮雕效果，使用"DE Fire"命令编辑火烧文字，使用"调色"命令调整火焰亮度。（最终效果参看光盘中的"Ch06\火焰燃烧字\火焰燃烧字.prproj"，如图 6-37 所示。）

图 6-37

6.2.2 【操作步骤】

步骤 1 启动 Premiere Pro CS3，弹出"欢迎使用 Adobe Premiere Pro"欢迎界面，单击"新建项目"按钮 ▣，如图 6-38 所示，弹出"新建项目"对话框。在对话框左侧的列表中展开"DVCPR050\480i"选项，选中"DVCPR050 NTSC 标准"模式，设置"位置"选项，选择保存文件路径，在"名称"文本框中输入文件名"火焰燃烧字"，如图 6-39 所示，单击"确定"按钮。

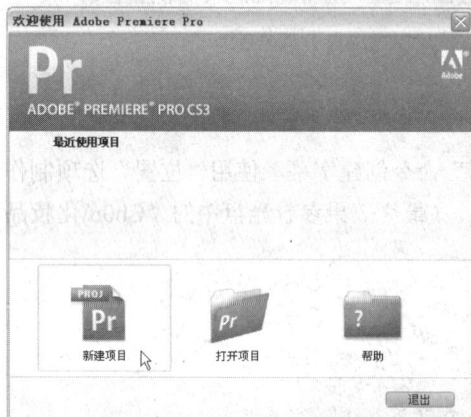
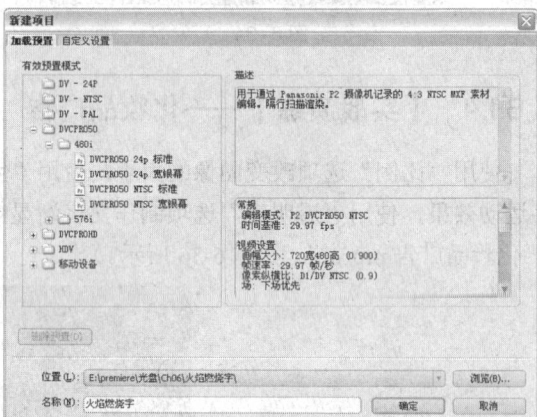

图 6-38　　　　　　　　　　　　　　　　图 6-39

步骤 2 选择"文件 > 导入"命令，弹出"导入"对话框，选择光盘中的"Ch06\火焰燃烧字\素材\01"文件，单击"打开"按钮导入视频文件，导入后的文件将排列在"项目"面板中。在"项目"面板中选中"01"文件，并将其拖曳到"时间线"面板中的"视频 1"轨道中。

步骤 3 选择"文件 > 新建 > 字幕"命令，弹出"新建字幕"对话框，在"名称"文本框中输入"文字"，如图 6-40 所示。单击"确定"按钮，弹出"字幕设计"窗口，选择"文字"工具 T，在"文字"窗口中输入"夕阳西下"，其他设置如图 6-41 所示。关闭"字幕"窗口，新建的字幕文件自动保存到"项目"面板中。

图 6-40　　　　　　　　　　　　　　　　图 6-41

步骤 4 在"项目"面板中选中"文字"，并将其拖曳到"时间线"面板中的"视频 2"轨道中。将时间指示器放置在 15s 的位置，在"视频 2"轨道上选中"文字"，将鼠标放在"文字"的尾部，当鼠标指针呈 ✛ 形状时，向右拖曳鼠标到 15s 的位置上，如图 6-42 所示。

步骤 5 选择"窗口 >工作区 >效果"命令，弹出"特效"面板，展开"视频特效"分类选项，单击"透视"文件夹前面的三角形按钮 ▷ 并将其展开，选中"斜角 Alpha"特效，将"斜角 Alpha"特效拖曳到"时间线"面板中的"文字"上。

步骤 6 选择"效果控制"面板，展开"斜角 Alpha"特效，将"边缘厚度"选项设置为 4，"照明强度"选项设置为 0.8，如图 6-43 所示。在"节目"窗口中预览效果，如图 6-44 所示。

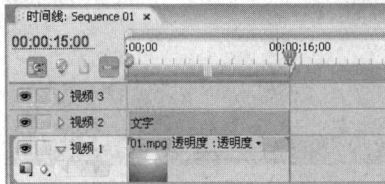

图 6-42

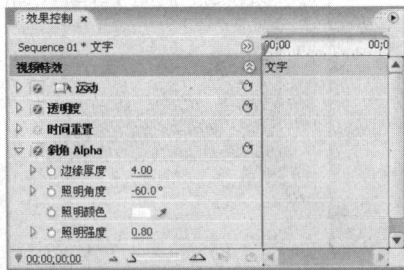

图 6-43

图 6-44

步骤 7 在"项目"面板中选中"文字"，并将其拖曳到"时间线"面板中的"视频 3"轨道中。将时间指示器放置在 15s 的位置，在"视频 3"轨道上选中"文字"，将鼠标放在"文字"的尾部，当鼠标指针呈 ✛ 形状时，向右拖曳鼠标到 15s 的位置上，如图 6-45 所示。

步骤 8 选择"效果控制"面板，展开"运动"选项，将"比例"选项设置为 111，如图 6-46 所示。在"节目"窗口中预览效果，如图 6-47 所示。

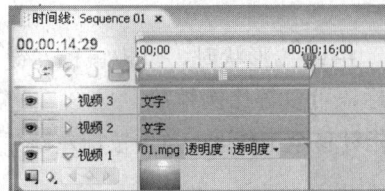

图 6-45

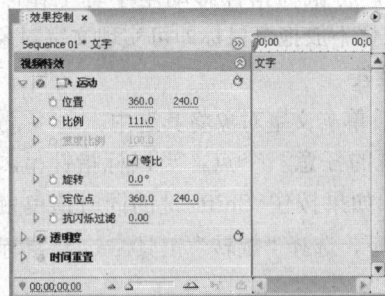

图 6-46

图 6-47

步骤 9 选择"窗口 > 工作区 > 效果"命令，弹出"效果"面板，展开"视频特效"分类选项，单击"DigiEffects Delirium"文件夹前面的三角形按钮 ▷ 并将其展开，选中"DE Fire"特效，将"DE Fire"特效拖曳到"时间线"面板中的"视频 3"轨道"文字"上。

步骤 10 选择"效果控制"面板，展开"DE Fire"特效，将"Apply Mode"选项设置为 Effect Only，如图 6-48 所示。在"节目"窗口中预览效果，如图 6-49 所示。

步骤 11 选择"效果"面板，展开"视频特效"

图 6-48

图 6-49

分类选项，单击"调节"文件夹前面的三角形按钮▷并将其展开，选中"调色"特效。将"调色"特效拖曳到"时间线"面板中的"视频 3"轨道"文字"上。

步骤 12 选择"效果控制"面板，展开"调色"特效，将"亮度"选项设置为 10，"对比度"选项设置为 120，"饱和度"选项设置为 160，如图 6-50 所示。在"节目"窗口中预览效果，如图 6-51 所示。火焰燃烧字制作完成的效果如图 6-52 所示。

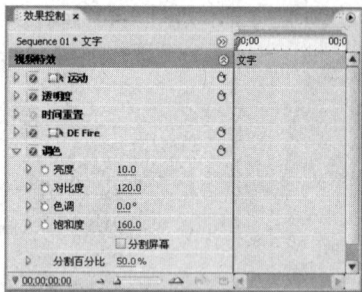  

图 6-50　　　　　　　　　　图 6-51　　　　　　　　　　图 6-52

6.2.3 　【相关工具】

1. 编辑字幕文字

◎ **文字对象的选择与移动**

选择"选择"工具，将鼠标指针移动至字幕工作区，单击要选择的字幕文本即可将其选中，单击鼠标左键并按住不放拖曳鼠标即可实现文字对象的移动。

◎ **文字对象的缩放与旋转**

选择"选择"工具，单击文字对象将其选中。

将鼠标指针移至矩形框的任意一个点，当鼠标指针呈↗、↔或↘形状时，单击鼠标左键并按住拖曳即可实现缩放。如果按住<Shift>键的同时拖曳鼠标，可以等比例缩放。

在文字处于选中的情况下，选择"旋转"工具，将鼠标指针移至工作区，单击鼠标左键并按住拖曳即可实现旋转操作。

◎ **改变文字对象的方向**

步骤 1 选择"选择"工具，单击文字对象将其选中。

步骤 2 选择"字幕 > 定向 > 垂直"命令，即可改变文字对象的排列方向，如图 6-53 和图 6-54 所示。

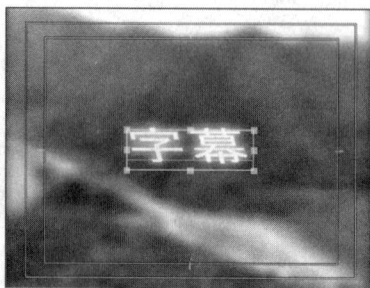 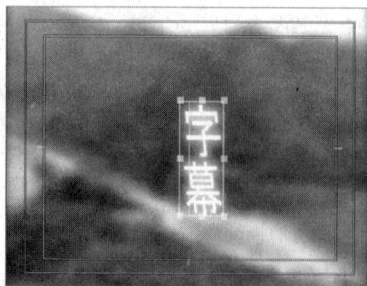

图 6-53　　　　　　　　　　图 6-54

2. 设置字幕属性

通过"字幕属性"子面板，用户可以非常方便地对字幕文字进行修饰，包括调整其位置、透明度，文字的字体、字号、颜色，为文字添加阴影等。

◎ **转换设置**

在"字幕属性"子面板的"转换"栏中可以对字幕文字或图形的透明度、位置、高度、宽度以及旋转等属性进行操作，如图 6-55 所示。

透明度：设置字幕文字或图形对象的不透明度。

X 位置/Y 位置：设置文字在画面中所处的位置。

宽度/高度：设置文字的宽度和高度。

旋转：设置文字旋转的角度。

◎ **属性设置**

在"字幕属性"子面板的"属性"栏中可以对字幕文字的字体、字体的尺寸、外观以及字距、扭曲等一些基本属性进行设置，如图 6-56 所示。

字体：在此选项右侧的下拉列表中可以选择字体。

字体样式：在此选项右侧的下拉列表中可以设置字体类型。

字体大小：设置文字的大小。

纵横比：设置文字在水平方向上进行比例缩放。

行距：设置文字的行间距。

字距：设置相邻文字之间的水平距离。

跟踪：其功能与"字距"类似，两者的区别是对选择的多个字符进行字间距的调整，"字距"选项会保持选择的多个字符的位置不变，向右平均分配字符间距，而"跟踪"选项会平均匀分配所选择的每一个相邻字符的位置。

基线位移：设置文字偏离水平中心线的距离，主要用于创建文字的上标和下标。

倾斜：设置文字的倾斜程度。

小型大写字母：勾选此复选框，可以将所选的小写字母变成大写字母。

小型大写字母尺寸：该选项配合"小型大写字母"选项使用，可以将显示的大写字母放大或缩小。

下画线：勾选此复选框，可以为文字添加下画线。

扭曲：用于设置文字在水平或垂直方向的变形。

◎ **填充设置**

在"字幕属性"子面板的"填充"栏中主要用于设置字幕文字或者图形的填充类型、色彩、透明度等属性，如图 6-57 所示。

"填充类型"：单击该选项右侧的下拉按钮，在弹出的下拉列表

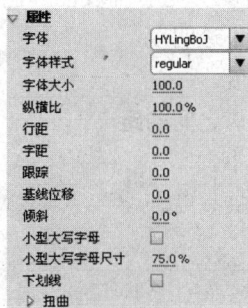

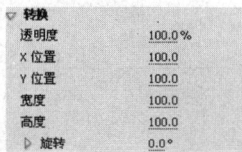

图 6-55

图 6-56

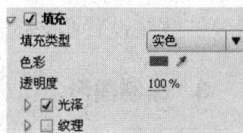

图 6-57

中可以选择需要填充的类型，共有 7 种方式供选择。

实色：使用一种颜色进行填充，这是系统默认的填充方式。

线性渐变：使用两种颜色进行线性渐变填充。当选择该选项进行填充时，"色彩"选项变为渐变颜色栏，分别单击选择一个颜色块，再单击"色彩到色彩"选项颜色块，在弹出的对话框中对渐变开始和渐变结束的颜色进行设置。

放射渐变：该填充方式与"线性渐变"类似，不同之处是"线性渐变"使用两种颜色的线性过渡进行填充，而"放射渐变"则使用两种颜色填充后产生由中心向四周辐射的过渡来填充。

4 色渐变：该填充方式是使用 4 种颜色的渐变过渡来填充字幕文字或者图形，每种颜色占据文本的一个角。

斜角边：该填充方式是使用一种颜色填充高光部分，另一种填充阴影部分，再通过添加灯光应用可以使文字产生斜面，效果类似于立体浮雕。

消除：该填充方式是将文字实体填充的颜色消除，文字为完全透明。如果为文字添加了描边，采用该方式填充，则可以制作空心的线框文字效果；如果为文字设置了阴影，选择该方式，则只能留下阴影的边框。

残像：该填充方式使填充区域变为透明，只显示阴影部分。

◎ 描边设置

"描边"栏主要用于设置文字或者图形的描边效果，可以设置内部笔画的外部笔画，如图 6-58 所示。

用户可以选择使用"内侧边"或"外侧边"，或两者一起使用。应用描边效果，首先单击"添加"选项，添加需要的描边效果。两种描边效果的参数选项基本相同。

应用描边效果后，可以在"类型"下拉列表中选择描边模式。

边缘：选择该选项后，可以在"大小"参数中设置边缘的宽度，在"色彩"参数中设定边缘的颜色，在"色彩到透明"参数中设置描边的不透明度，在"填充类型"下拉列表中选择描边的填充方式。

凸出：选择该选项，可以使字幕文字或图形产生一个厚度，呈现立体字的效果。

凹进：选择该选项，可以使字幕文字或图形产生一个分离的面，类似于产生透视的投影。

◎ 阴影设置

"阴影"栏用于添加阴影效果，如图 6-59 所示。

色彩：设置阴影的颜色。单击该选项右侧的颜色块，在弹出的对话框中可以选择需要的颜色。

透明度：设置阴影的不透明度。

角度：设置阴影的角度。

距离：设置文字与阴影之间的距离。

大小：设置阴影的大小。

扩散：设置阴影的扩展程度。

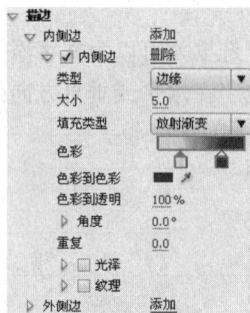

图 6-58

图 6-59

3. 绘制图形

在字幕上添加一些图形，可以起到修饰的作用。使用"字幕"编辑面板中字幕工具箱中的绘图工具，能够快捷地创建一些简单的图形。

使用绘图工具绘制图形的具体操作步骤如下。

步骤 1 创建一个字幕文件,选择"矩形"工具 ,在字幕工作区中单击并按住鼠标拖曳,即可绘制一个矩形,如图 6-60 所示。

步骤 2 将鼠标指针移至到矩形的右下角处,当指针呈双向键箭头时,单击并按住鼠标左键拖曳,可以随意改变矩形的长度和宽度,如图 6-61 所示。

步骤 3 在"字幕属性"子面板中展开"描边"选项,单击"内侧边"选项右侧的"添加"选项,展开参数选项,并设置相关的参数,如图 6-62 所示。为矩形添加描边效果,如图 6-63 所示。

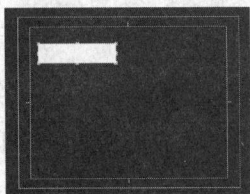
图 6-60

图 6-61

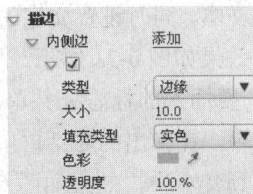
图 6-62

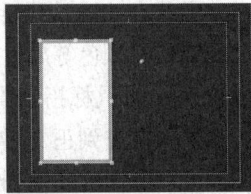
图 6-63

步骤 4 选择"椭圆"工具 ,按住<Shift>键的同时拖曳鼠标,在字幕工作区中绘制一个圆形,取消描边效果,如图 6-64 所示。

步骤 5 在"字幕属性"子面板中展开"填充"选项,将填充色设为绿色(其 RGB 值分别为 168、255、55),图形效果如图 6-65 所示。

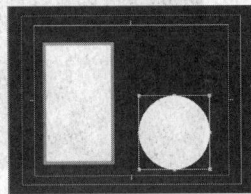
图 6-64

步骤 6 在圆形图形上单击鼠标右键,在弹出的快捷菜单中选择"位置 > 水平居中"命令,使圆形在字幕工作区中水平居中,效果如图 6-66 所示。

步骤 7 再次在圆形图形上单击鼠标右键,在弹出的快捷菜单中选择"排列 > 退到最后"命令,使圆形移动到矩形的下面,效果如图 6-67 所示。

步骤 8 选择"选择"工具 ,选取矩形,在"字幕属性"子面板的"转换"栏中设置"透明度"选项值为 50,图形效果如图 6-68 所示。

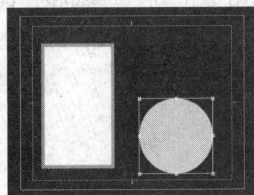
图 6-65

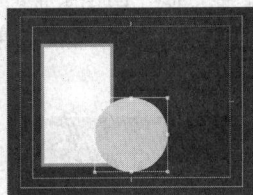
图 6-66

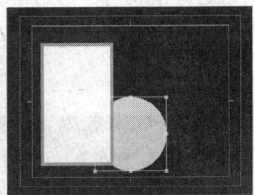
图 6-67

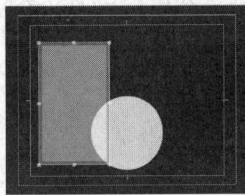
图 6-68

4. 插入标志 Logo

在影视制作过程中,有时需要在影视作品中插入一些特定的标志 Logo,Premiere Pro CS3 也提供了这种功能。在 Premiere Pro CS3 中插入标志有两种方法,下面简要地介绍插入标志的操作方法。

◎ **将 Logo 标志导入到"字幕"编辑面板**

将 Logo 标志导入到"字幕"编辑面板的具体操作步骤如下。

步骤 1 按<F9>键,新建一个字幕文件。

步骤 2 选择"字幕 > 标志 > 插入标志"命令,在弹出的对话框中选择需要的图标,如图 6-69 所示。

步骤 ③ 单击"打开"按钮，即可将所选的图像导入字幕工作区，如图 6-70 所示。

图 6-69

◎ **将 Logo 标志插入到字幕文本中**

将 Logo 标志插入到字幕文本中的具体操作步骤如下。

步骤 ① 按<F9>键，新建一个字幕文件。

步骤 ② 选择"文字"工具 T，在字幕工作区中单击并输入需要的文本，同时设置文字的字体、颜色等属性，效果如图 6-71 所示。

步骤 ③ 将鼠标指针置于要插入的标志处并单击鼠标右键，在弹出的快捷菜单中选择"标志 > 插入标志到正文"命令，在弹出的对话框中选择要插入的标志文件，单击"打开"按钮，即可将所选的图像插入到文本中，效果如图 6-72 所示。

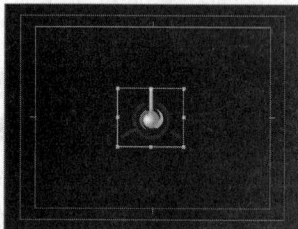
图 6-70

图 6-71

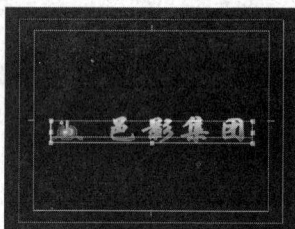
图 6-72

提 示 在对字幕文本进行调整修改的同时，也会影响插入的 Logo 标志，如果不希望影响 Logo 标志，或者需要单独对 Logo 标志进行修改，可以使用文本工具对对象进行修改。

6.2.4 【实战演练】——缩放字幕

使用"比例"选项改变图像的大小，使用"字幕"命令创建字幕，使用"位置"选项和"比例"选项制作文字缩放效果。（最终效果参看光盘中的"Ch06\缩放字幕\缩放字幕.prproj"，如图 6-73 所示。）

图 6-73

6.3 滚动字幕

6.3.1 【操作目的】

使用"字幕"命令输入文字并编辑属性，使用"滚动/游动选项"命令制作滚动文字效果。（最终效果参看光盘中的"Ch06\滚动字幕\滚动字幕.prproj"，如图6-74 所示。）

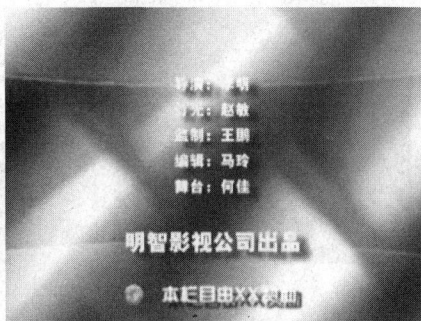
图 6-74

6.3.2 【操作步骤】

步骤 1 启动 Premiere Pro CS3，弹出"欢迎使用 Adobe Premiere Pro"欢迎界面，单击"新建项目"按钮 ，如图 6-75 所示，弹出"新建项目"对话框。在对话框左侧的列表中展开"DVCPR050\480i"选项，选中"DVCPR050 NTSC 标准"模式，设置"位置"选项，选择保存文件路径，在"名称"文本框中输入文件名"滚动字幕"，如图 6-76 所示，单击"确定"按钮。

图 6-75

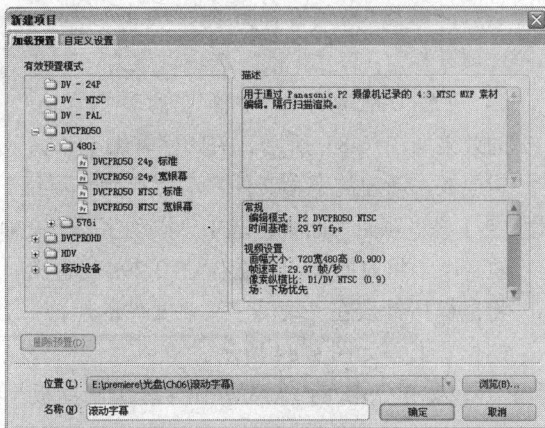
图 6-76

步骤 2 选择"文件 > 导入"命令，弹出"导入"对话框，选择光盘中的"Ch06\滚动字幕\素材\01"文件，单击"打开"按钮导入视频文件。在"项目"面板中选中"01"文件，并将其拖曳到"时间线"面板中的"视频 1"轨道中。

步骤 3 选择"文件 > 新建 > 字幕"命令，弹出"新建字幕"对话框，在"名称"选项中输入"滚动字幕"，如图 6-77 所示。单击"确定"按钮，弹出字幕编辑面板，选择"文本框"工具 ，在字幕工作区左上角单击并按住鼠标左键拖至右下角，建立一个字幕输入区域，在字幕输入区域中输入需要的文字，如图 6-78 所示。

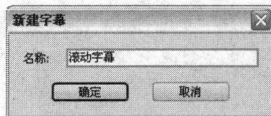
图 6-77

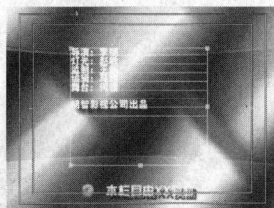
图 6-78

步骤 4 选择需要的字体，在字幕属性栏中，单击"居中对齐"按钮，效果如图 6-79 所示。选中文字，在字幕编辑面板中展开"属性"选项，将"字体大小"选项设置为 20，"行距"选项设置为 18，"跟踪"选项设置为 5，其他设置如图 6-80 所示。选中"明智影视公司出品"文字，将"字体大小"设置为 30，效果如图 6-81 所示。

图 6-79

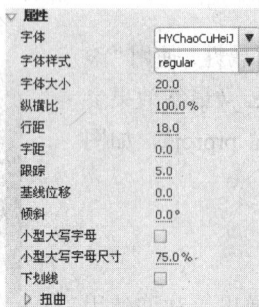

图 6-80

图 6-81

步骤 5 展开"阴影"选项，将"色彩"选项设置为深绿色（其 R、G、B 的值分别为 0、13、14），"透明度"选项设置为 70%，"角度"选项设置为 -231，"距离"选项设置为 18，"大小"选项设置为 15，"扩散"选项设置为 44，如图 6-82 所示。"字幕"窗口中的效果如图 6-83 所示。关闭字幕编辑面板，新建的字幕文件自动保存到"项目"面板中。

图 6-82

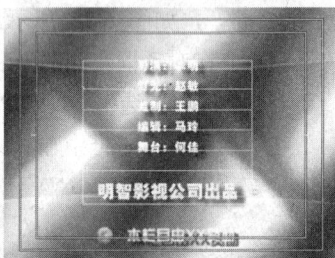

图 6-83

步骤 6 在"项目"面板中选中"滚动字幕"文件，并将其拖曳到"时间线"面板中的"视频 2"轨道中。将时间指示器放置在 2:29s 的位置，在"视频 2"轨道上选中"滚动字幕"文件，将鼠标指针放在"滚动字幕"文件的尾部，当鼠标指针呈 形状时，向右拖曳鼠标到 2:29s 的位置上，如图 6-84 所示。

步骤 7 双击"滚动字幕"，弹出字幕编辑面板，在字幕编辑面板中单击左上角的"滚动/游动选项"按钮，弹出"滚动/游动选项"对话框，将"字幕类型"设置为滚动，在"时间（帧）"选项中勾选"开始于屏幕外"复选框，其他参数的设置，如图 6-85 所示。

步骤 8 单击"确定"按钮，滚动字幕制作完成，效果如图 6-86 所示。

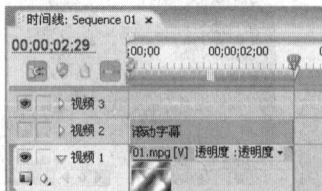

图 6-84

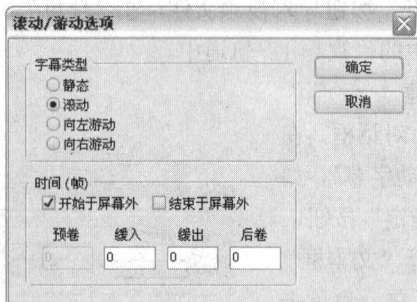

图 6-85

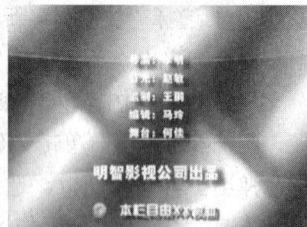

图 6-86

6.3.3 【相关工具】

1. 制作垂直滚动字幕

制作垂直滚动字幕的具体操作步骤如下。

步骤 1 启动 Premiere Pro CS3，在"项目"面板中导入素材并将素材添加到"时间线"面板中的"视频 1"轨道上，如图 6-87 所示。

步骤 2 选择"字幕 > 新建字幕 > 默认静态字幕"命令，在弹出的"新建字幕"对话框中设置字幕的名称，如图 6-88 所示，单击"确定"按钮，打开字幕编辑面板，如图 6-89 所示。

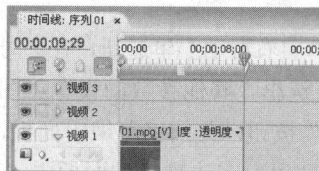

图 6-87

图 6-88

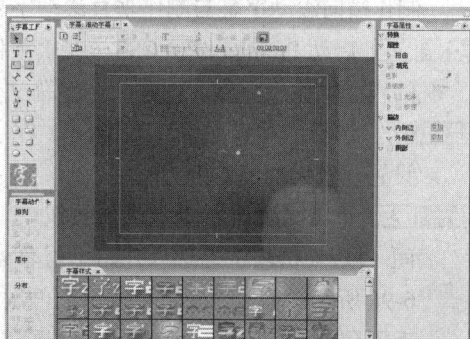

图 6-89

步骤 3 选择"文字"工具 T，在字幕工作区中单击并按住鼠标左键拖曳出一个文字输入的范围框，然后输入文字内容并对文字属性进行相应设置，效果如图 6-90 所示。

步骤 4 单击"滚动/游动选项"按钮 ，在弹出的对话框中选择"滚动"单选钮，在"时间（帧）"选项中勾选"开始于屏幕外"和"结束于屏幕外"复选框，其他参数的设置如图 6-91 所示。单击"确定"按钮，再次单击面板右上角的"关闭"按钮，关闭字幕编辑面板，返回到 Premiere Pro CS3 的工作界面，此时制作的字符将会自动保存在"项目"面板中。

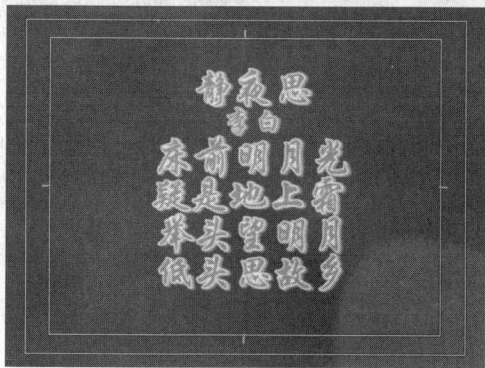

图 6-90

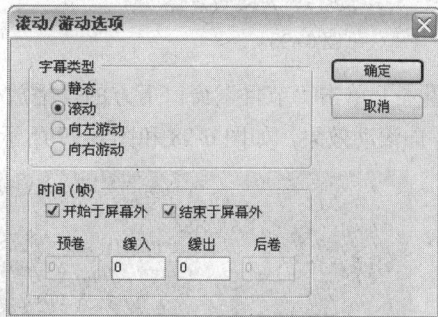

图 6-91

步骤 5 从"项目"面板中将新建的字幕添加到"时间线"面板的"视频 2"轨道上，并将其调整与轨道 1 中的素材等长，如图 6-92 所示。

步骤 6 单击"节目"窗口下方的"播放/停止开关（Space）"按钮 ▶/■，即可预览字幕的垂直滚动效果，如图 6-93 和图 6-94 所示。

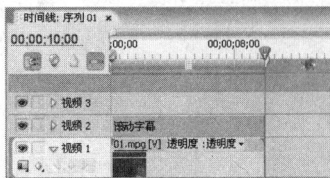

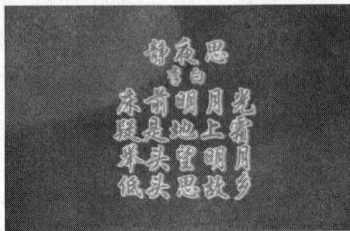

图 6-92　　　　　　　　　　图 6-93　　　　　　　　　　图 6-94

2. 制作横向滚动字幕

制作横向滚动字幕与制作垂直滚动字幕的操作基本相同，其具体操作步骤如下。

步骤 1 启动 Premiere Pro CS3，在"项目"面板中导入素材并将素材添加到"时间线"面板中的视频轨道上，然后创建一个字幕文件。

步骤 2 选择"垂直文字"工具，在字幕工作区中输入需要的文字，并对文字属性进行相应设置，效果如图 6-95 所示。

步骤 3 单击"滚动/游动选项"按钮，在弹出的对话框中选择"向右游动"单选钮，在"时间（帧）"选项中勾选"开始于屏幕外"和"结束于屏幕外"复选框，其他参数的设置如图 6-96 所示。单击"确定"按钮，再次单击面板右上角的"关闭"按钮，关闭字幕编辑面板，返回到 Premiere Pro CS3 的工作界面，此时制作的字符将会自动保存在"项目"面板中。

步骤 4 从"项目"面板中将新建的字幕添加到"时间线"面板的"视频 2"轨道上，效果如图 6-97 所示。

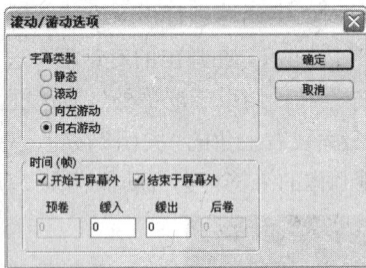
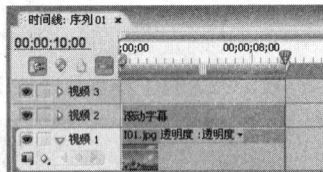

图 6-95　　　　　　　　　　图 6-96　　　　　　　　　　图 6-97

步骤 5 单击"节目"窗口下方的"播放/停止开关（Space）"按钮，即可预览字幕的横向滚动效果，如图 6-98 和图 6-99 所示。

图 6-98　　　　　　　　　　　　　　图 6-99

6.3.4　【实战演练】——电子贺卡

使用"比例"选项改变图像的大小,使用"字幕"命令创建字幕,使用"路径输入"工具制作路径文字,使用"字幕样式"命令制作文字效果,使用"矩形"工具绘制装饰图形,使用"旋转"选项制作文字旋转效果。(最终效果参看光盘中的"Ch06\电子贺卡\电子贺卡.prproj",如图6-100 所示。)

图 6-100

6.4　综合演练——流光文字

使用"轨道蒙版键"命令制作文字蒙版,使用"Starglow"命令制作文字发光效果,使用"比例"选项制作文字大小动画,使用"透明度"选项制作文字不透明动画效果。(最终效果参看光盘中的"Ch06\流光文字\流光文字.prproj",如图6-101 所示。)

图 6-101

第7章 加入音频效果

本章将对音频及音频特效的应用与编辑进行介绍，重点讲解调音台、制作录音效果、添加音频特效等操作。通过本章的学习，读者应该掌握 Premiere Pro CS3 的声音特效制作。

课堂学习目标

- 关于音频效果
- 使用调音台调节音频
- 调节音频
- 录音和子轨道
- 使用时间线窗口合成音频
- 分离和链接视音频
- 添加音频特效

7.1 使用调音台录制音频

7.1.1 【操作目的】

使用"比例"选项改变视频大小，使用"电平"命令调整视频颜色与亮度，使用"素材源"面板编辑音频的出点与入点，使用"调音台"面板录制音乐。（最终效果参看光盘中的"Ch07\使用调音台录制音频\使用调音台录制音频.prproj"，如图 7-1 所示。）

图 7-1

7.1.2 【操作步骤】

1. 编辑视频

步骤 1 启动 Premiere Pro CS3，弹出"欢迎使用 Adobe Premiere Pro"欢迎界面，单击"新建项目"按钮 ，如图 7-2 所示，弹出"新建项目"对话框。在对话框左侧的列表中展开"DVCPR050 \ 480i"选项，选中"DVCPR050 NTSC 标准"模式，设置"位置"选项，选择保存文件路径，在"名称"文本框中输入文件名"使用调音台录制音频"，如图 7-3 所示，单击"确定"按钮。

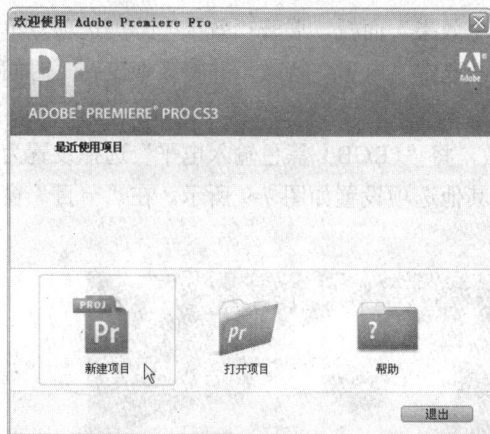

图 7-2

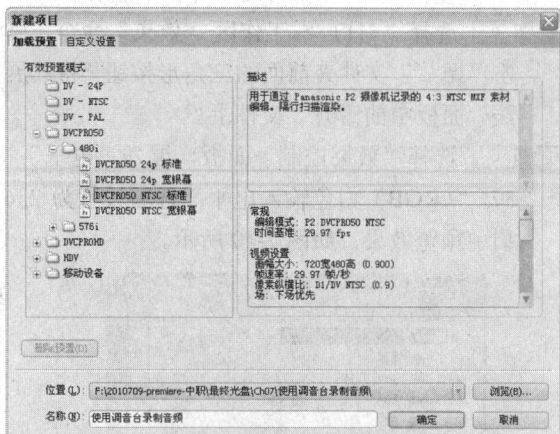

图 7-3

步骤 2 选择"文件 > 导入"命令，弹出"导入"对话框，选择光盘中的"Ch07\使用调音台录制音频\素材\01 和 02"文件，单击"打开"按钮导入素材文件，如图 7-12 所示。导入后的文件将排列在"项目"面板中，如图 7-4 所示。

步骤 3 在"项目"面板中选中"01"文件，并将其拖曳到"时间线"面板中的"视频 1"轨道中，如图 7-5 所示。选择"效果控制"面板，展开"运动"选项，将"比例"选项设置为 85，如图 7-6 所示。

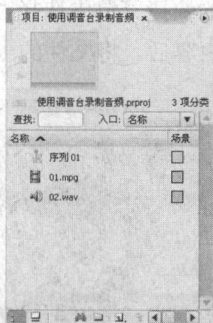

图 7-4

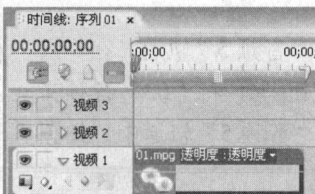

图 7-5

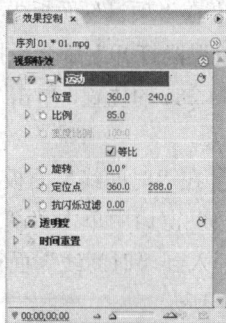

图 7-6

步骤 4 将时间指示器放置在 11:24s 的位置，选择"效果控制"面板，展开"透明度"选项，单击两次"透明度"选项前面的"记录动画"按钮，如图 7-7 所示，记录第 1 个动画关键帧。将时间指示器放置在 14:26s 的位置，将"透明度"选项设置为 5%，如图 7-8 所示，记录第 2 个动画关键帧。

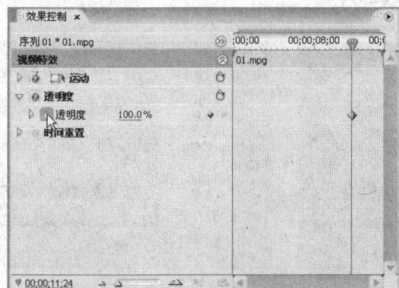

图 7-7

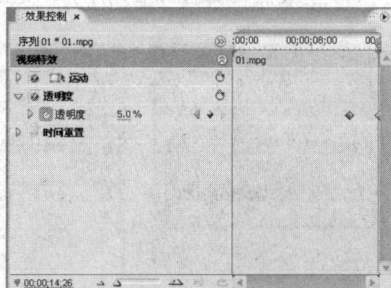

图 7-8

步骤 5 选择"窗口 > 工作区 >效果"命令，弹出"效果"面板，展开"效果"分类选项，单击"调节"文件夹前面的三角形按钮▷将其展开，选中"电平"特效，并将其拖曳到"时间线"面板中的"01"文件上。

步骤 6 选择"效果控制"面板，展开"电平"特效，将"（RGB）黑色输入电平"选择设置为57，"（RGB）白色输入电平"选项设置为236，其他选项设置如图 7-9 所示。在"节目"窗口中预览效果，如图 7-10 所示。

图 7-9

图 7-10

2. 录制声音

步骤 1 在"项目"面板中选中"02"文件，单击鼠标右键，在弹出的快捷菜单中选择"在素材源监视器打开"命令，打开"素材源"窗口，在窗口中预听音乐内容后，将文件的出点设置在 14:28s 的位置，单击"设置出点"按钮，如图 7-11 所示。

步骤 2 在"时间线"面板中选中"音频 5"轨道，在"素材源"窗口中单击"覆盖"按钮，将"02"音频文件插入到"时间线"面板中的"音频 5"轨道中，如图 7-12 所示。

步骤 3 将时间指示器放置在 13:09s 的位置，单击"02"文件前面的"添加/移除关键帧"按钮，如图 7-13 所示，记录第 1 个关键帧。将时间指示器放置在 14:26s 的位置，单击"02"文件前面的"添加/移除关键帧"按钮，并在"时间线"面板中用鼠标将"02"文件中的关键帧移至最低，如图 7-14 所示，记录第 2 个关键帧。

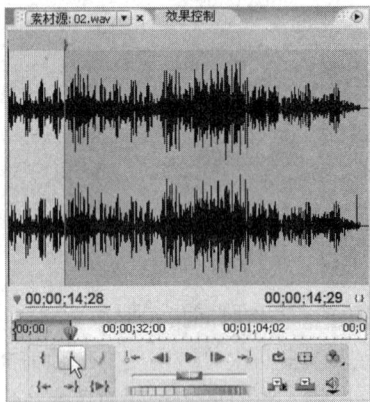

图 7-11

图 7-12

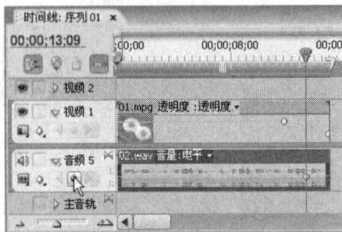

图 7-13

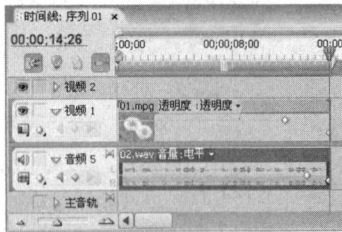

图 7-14

步骤 4 选择"编辑 > 参数> 音频硬件"命令，弹出"参数"对话框，单击"ASIO 设置"按钮，如图 7-15 所示，弹出"Direct 声音全双工设置"对话框，选项设置如图 7-16 所示，单击两次"确定"按钮，完成设置。

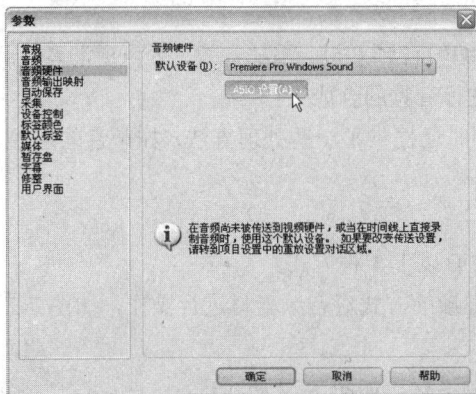

图 7-15

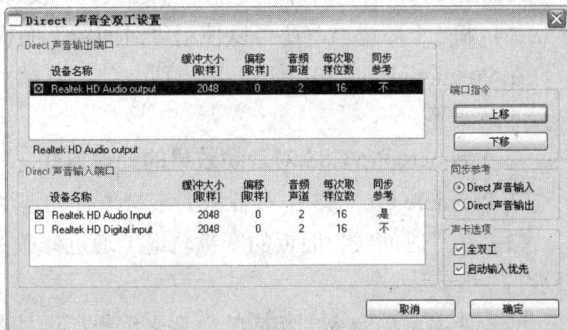

图 7-16

步骤 5 选择"窗口 > 调音台"命令，弹出"调音台"面板，将"音频5"设置为-12，调整左右声道平衡，将"音频1"轨道拖曳到最顶层，并将"主音轨"轨道的音量拖曳至最低层，如图 7-17 所示。

步骤 6 在"调音台"面板中，单击"音频1"下的"激活录制轨道"按钮 🎤，然后单击"录制"按钮 ⬤，再单击"开始/停止"按钮 ▶ 进行播放，这样就可以录音了。录音结束后再次单击"开始/停止"按钮 ■，停止录制，在"项目"面板中自动添加一个录制的声音文件，如图 7-18 所示。

步骤 7 在"时间线"窗口中的"音频1"轨道中，也会自动添加刚录制的文件，如图 7-19 所示。使用调音台录制音频制作完成的效果如图 7-20 所示。

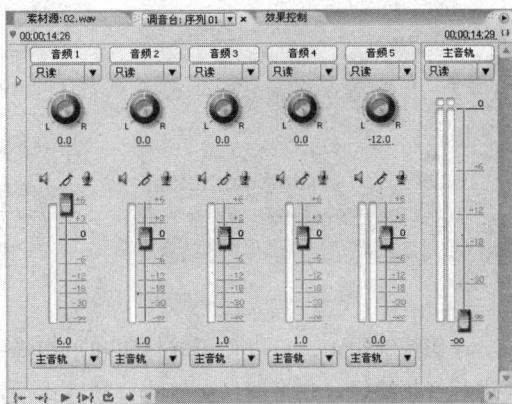

图 7-17

图 7-18

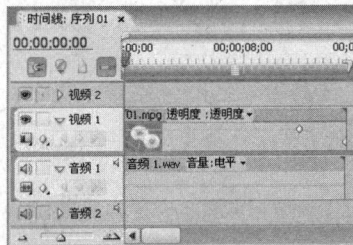

图 7-19

图 7-20

7.1.3 【相关工具】

1. 关于音频效果

Premiere Pro CS3 的音频功能十分强大，不仅可以编辑音频素材、添加音效、单声道混音、制作立体声和 5.1 环绕声，还可以使用"时间线"面板进行音频的合成工作。

在 Premiere Pro CS3 中可以很方便地处理音频，同时还提供了一些处理方法，如声音的摇摆、声音的渐变等。

◎ **Premiere Pro CS3 对音频效果的处理方式**

在 Premiere Pro CS3 中对音频的素材进行处理主要有以下 3 种方式。

（1）在"时间线"面板的音频轨道上通过修改关键帧的方式对音频素材进行操作，如图 7-21 所示。

（2）使用菜单命令中相应的命令来编辑所选的音频素材，如图 7-22 所示。

（3）在 Effects 面板中为音频素材添加"音频特效"来改变音频素材的效果，如图 7-23 所示。

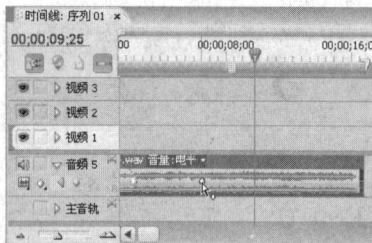
图 7-21

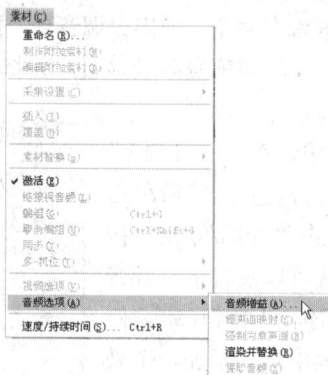
图 7-22

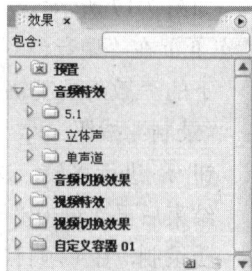
图 7-23

在影片编辑中，可以使用立体声和单声道的音频素材。确定影片输出后的声道属性后，就需要进行音频编辑。先将项目文件的音频格式设置为对应的模式，选择"项目 > 项目设置 > 默认序列"命令，弹出"项目设置"对话框，在"主音轨"下拉列表中选择需要的声道模式即可，如图 7-24 所示。

在"项目设置"对话框左侧分类列表中选择"常规"选项，可以在该对话框下方的音频设置栏中，对音频的采样频率及显示格式进行设置，如图 7-25 所示。

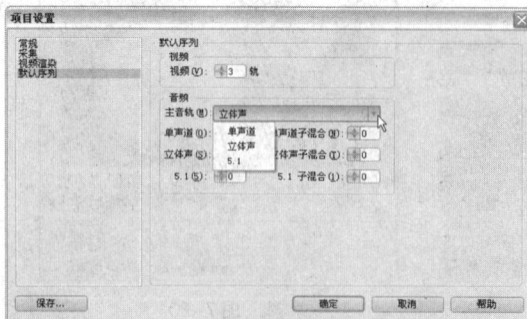
图 7-24

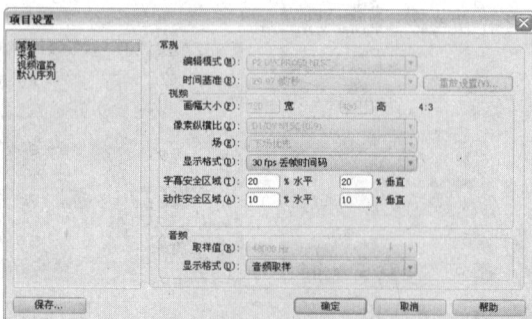
图 7-25

选择"编辑 > 参数 > 音频"命令，弹出"参数"对话框，可以对音频素材属性的使用进行初始设置，如图 7-26 所示。

◎ **Premiere Pro CS3 处理音频的顺序**

对音频的处理，无论使用何种音频格式，都要先在"时间线"面板中进行设置，然后应用声音特效，并配合使用音频轨上音源的位移和增益，最后使用"效果控制"面板下的选项命令对音频素材进行处理。在处理音频的时候，有时还会用到"调音台"面板。该面板可以实时地对音频进行调整，调整后的结果将直接出现在 Audio 轨道上。

在音频处理上，一般使用立体混合声，因此在编辑音频前，需要在音频中设置"立体声"。设置过程为选择"项目 > 项目设置 > 默认序列"命令，弹出"项目设置"对话框，在"主音轨"下拉列表中选择"立体声"选项，如图 7-27 所示。

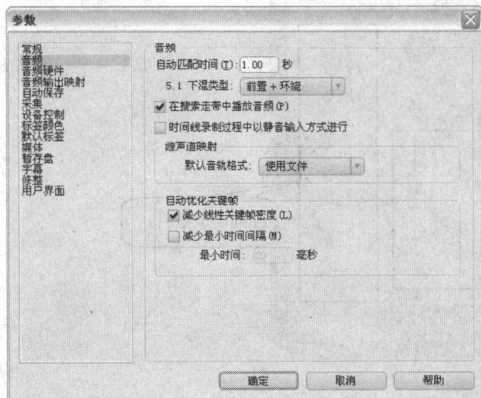

图 7-26

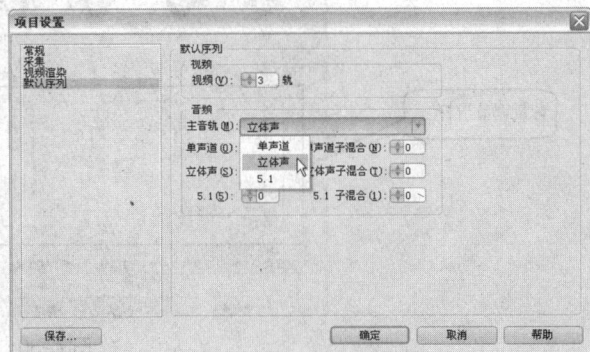

图 7-27

2. 认识调音台窗口

"调音台"由若干个轨道音频控制器、主音频控制器和播放控制器组成，每个控制器使用控制按钮和调节滑杆调节音频。

◎ **轨道音频控制器**

"调音台"中的轨道音频控制器用于调节其相对轨道上的音频对象。控制器 1 对应"音频 1"、控制器 2 对应"音频 2"，依此类推。轨道音频控制器的数目由"时间线"面板中的音频轨道数目决定。当在"时间线"面板中添加音频时，"调音台"面板中将自动添加一个轨道音频控制器与其对应。

轨道音频控制器由控制按钮、调节滑轮及调节滑杆组成。

（1）控制按钮。轨道音频控制器中的控制按钮可以设置音频调节时的调节状态，如图 7-28所示。

静音轨道：单击"静音"按钮 ，该轨道音频设置为静音状态。

独奏轨道：单击"独奏"按钮 ，其他未选中独奏按钮的轨道音频会自动设置为静音状态。

录制轨道：激活"录音"按钮 ，可以利用输入设备将声音录制到目标轨道上。

（2）声道调节滑轮。如果对象为双声道音频，可以使用声道调节滑轮调节播放声道。向左拖曳滑轮，输出到左声道（L），可以增加音量；向右拖曳滑轮，输出到右声道（R）并增大音量，声道调节滑轮如图 7-29 所示。

图 7-28

图 7-29

（3）音量调节滑杆。通过音量调节滑杆可以控制当前轨道音频对象音量，Premiere Pro CS3 以分贝数显示音量。向上拖曳滑杆，可以增加音量；向下拖曳滑杆，可以减小音量。下方数值栏中显示当前音量，用户也可直接在数值栏中输入声音分贝数。播放音频时，面板左侧为音量表，显示音频播放时的音量大小；音量表顶部的小方块显示系统所能处理的音量极限，当方块显示为红色时，表示该音频量超过极限，音量过大。音量调节滑杆如图 7-30 所示。

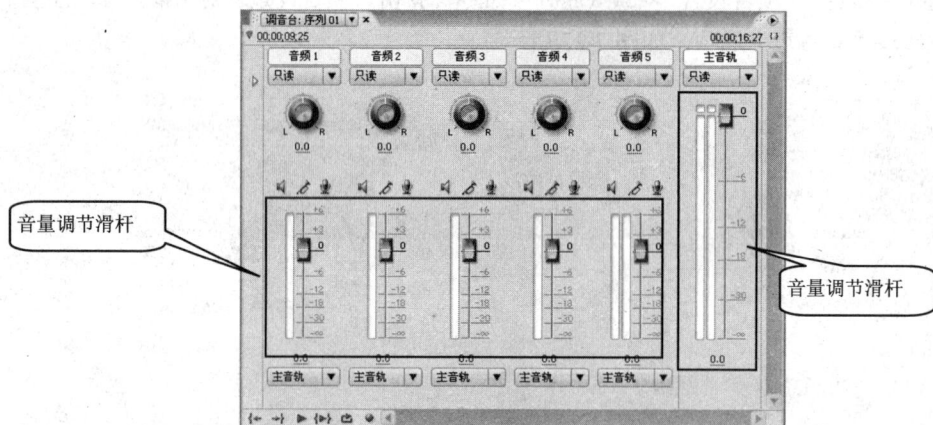

图 7-30

使用主音频控制器可以调节"时间线"面板中所有轨道上的音频对象。主音频控制器的使用方法与轨道音频控制器相同。

◎ 播放控制器

播放控制器用于音频播放，使用方法与监视器窗口中的播放控制栏相同，如图 7-31 所示。

3. 设置调音台窗口

单击"调音台"面板右上方的 ⊙ 按钮，在弹出的快捷菜单中对窗口进行相关设置，如图 7-32 所示。

显示/隐藏轨道：该命令可以对"调音台"面板中的轨道进行隐藏或显示设置。选择该命令，在弹出的如图 7-33 所示对话框中会显示左侧的 ✓ 图标的轨道。

图 7-31

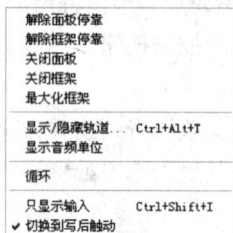

图 7-32

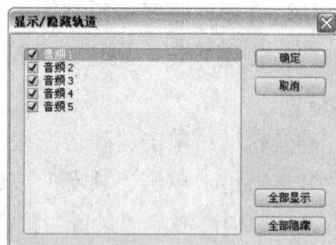

图 7-33

音频单位：该命令可以在时间标尺上以音频单位进行显示，如图 7-34 所示。

循环：选择该命令，系统会循环播放音乐。

在编辑音频的时候，一般情况下是以波形来显示图标，这样可以更直观地观察声音变化状态。在音频轨道左侧的控制面板中单击 ▭ 按钮，在弹出的列表中选择"显示波形"命令，即可在图标上显示音频波形，如图 7-35 所示。

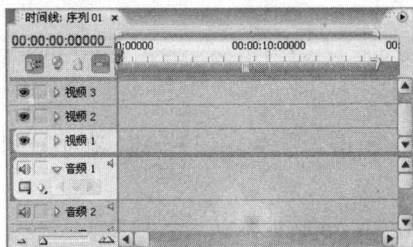

图 7-34

图 7-35

4. 使用淡化器调节音频

选择"显示素材关键帧"／"显示轨道关键帧"，可以分别调节素材/轨道的音量。

步骤 1 在默认情况下，音频轨道面板卷展栏关闭。单击卷展控制按钮 ▷，使其变为 ▽ 状态，展开轨道。

步骤 2 选择"钢笔工具" ✍ 或"选择工具" ▶，使用该工具拖曳音频素材（或轨道）上的黄线即可调整音量，如图 7-36 所示。

步骤 3 按住<Ctrl>键的同时，将鼠标指针移动到音频淡化器上，指针将变为带有加号的箭头，如图 7-37 所示。

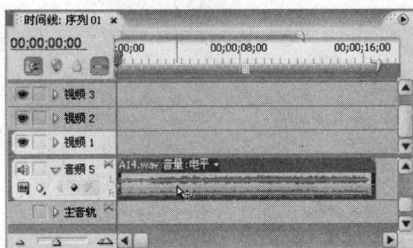

图 7-36

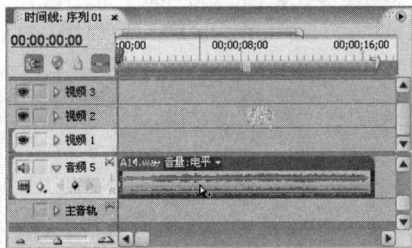

图 7-37

步骤 4 单击鼠标产生一个句柄，用户可以跟据需要产生多个句柄。单击并按住鼠标左键上下拖曳句柄，句柄之间的直线指示音频素材是淡入或者淡出，一条递增的直线表示音频淡入，另一条递减的直线表示音频淡出，如图 7-38 所示。

步骤 5 用鼠标右键单击素材，选择"音频增益"命令，在弹出的对话框中单击"标准化"按钮，可以使音频素材自动匹配到最佳音量，如图 7-39 所示。

图 7-38

图 7-39

5. 实时调节音频

使用 Premiere Pro CS3 的"调音台"面板调节音量非常方便，用户可以在播放音频时实时进行音量调节。使用调音台调节音频电平的方法如下。

步骤 1 在"时间线"面板轨道控制面板左侧单击按钮 🔘，在弹出的列表中选择"显示轨道关键帧"选项。

步骤 2 在"调音台"面板上方需要进行调节的轨道上单击"只读"下拉按钮，在下拉列表中进行设置，如图 7-40 所示。

关：选择该命令，系统会忽略当前音频轨道上的调节，仅按照默认设置播放。

只读：选择该命令，系统会读取当前音频轨上的调节效果，但是不能记录音频调节过程。

锁定：当使用自动书写功能实时播放记录调节数据时，每调节一次，下一次调节时调节滑块在上一次调节点之后的位置，当单击停止按钮播放音频后，当前调节滑块会自动转为音频对象在进行当前编辑前的参数值。

触动：当使用自动书写功能实时播放记录调节数据时，每调节一次，下一次调节时调节滑块初始位置会自动转为音频对象在进行当前编辑前的参数值。

写入：当使用自动书写功能实时播放记录调节数据时，每调节一次，下一次调节时调节滑块在上一次调节后位置。在调音台中激活需要调节轨自动记录状态下，一般情况选择"写入"即可。

步骤 3 单击"播放"按钮 ▶，在"时间线"面板中的频音素材开始播放。拖曳音量控制滑杆进行调节，调节完成后，系统自动记录结果，如图 7-41 所示。

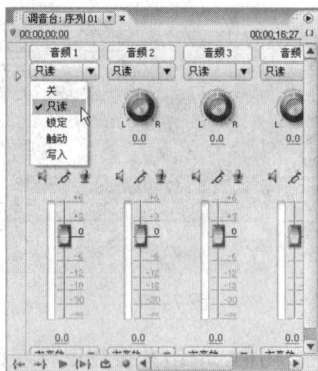

图 7-40

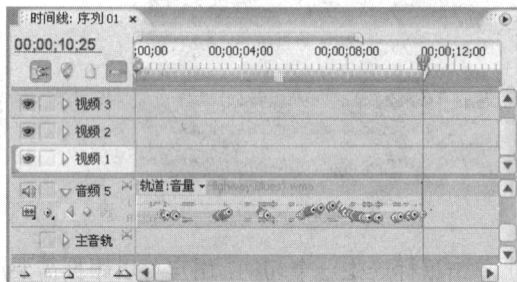

图 7-41

7.1.4 【实战演练】——超重低音效果

使用"比例"选项改变文件大小比例，使用"电平"命令调整图像亮度，使用"素材源"窗口剪切音频文件，使用"显示轨道关键帧"选项制作音频的淡出与淡入，使用"低通"命令制作音频低音效果。（最终效果参看光盘中的"Ch07\超重低音效果\超重低音效果.prproj"，如图 7-42 所示。）

图 7-42

7.2 / 录制声音

7.2.1 【操作目的】

使用"运动"选项编辑视频文件大小,使用"声音"面板调节音量,使用"调音台"面板录制声音。(最终效果参看光盘中的"Ch07\录制声音\录制声音.prproj",如图 7-43 所示。)

图 7-43

7.2.2 【操作步骤】

步骤 1 启动 Premiere Pro CS3,弹出"欢迎使用 Adobe Premiere Pro"欢迎界面,单击"新建项目"按钮 ，如图 7-44 所示,弹出"新建项目"对话框。在对话框左侧的列表中展开"DVCPR050 \480i"选项,选中"DVCPR050 NTSC 标准"模式,设置"位置"选项,选择保存文件路径,在"名称"文本框中输入文件名"录制声音",如图 7-45 所示,单击"确定"按钮。

图 7-44

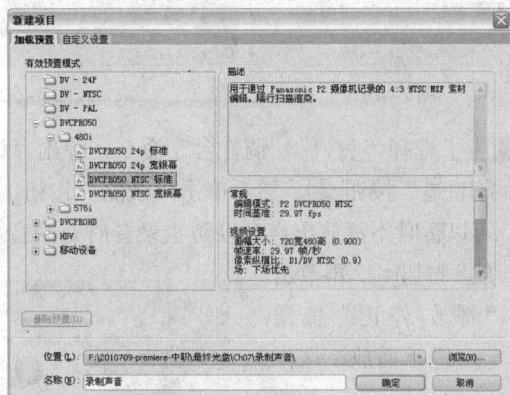

图 7-45

步骤 2 选择"文件 > 导入"命令,弹出"导入"对话框,选择光盘中的"Ch07\录制声音\素材\ 01"文件,单击"打开"按钮导入视频文件,导入后的文件将排列在"项目"面板中,如图 7-46 所示。

步骤 3 在"项目"面板中选中"01"文件,并将其拖曳到"时间线"面板中的"视频 1"轨道中,如图 7-47 所示。选择"效果控制"面板,展开"运动"选项,将"比例"选项设置为85,如图 7-78 所示。

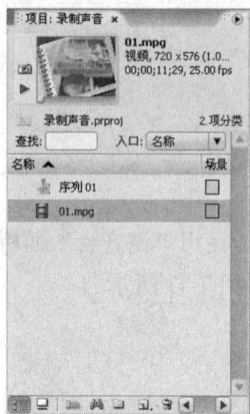

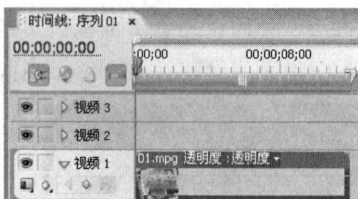

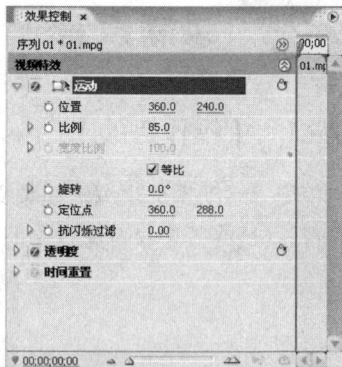

图 7-46   图 7-47   图 7-48

步骤 4 在"控制面板"中双击"声音和音频设备",选择"音频"选项卡,如图 7-49 所示。单击"音量"按钮,弹出"录音控制"窗口,调整"立体声混音"音量大小,如图 7-50 所示。

步骤 5 在 Windows 中播放声音,如用"Windows Media Player"播放器,选择光盘中的"Ch07\录制声音\素材\02"文件,双击打开声音文件进行播放,如图 7-51 所示。

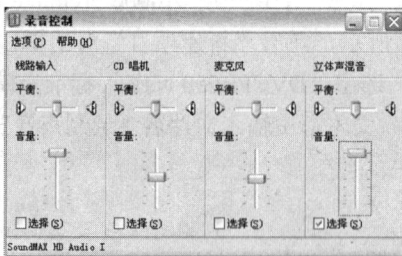

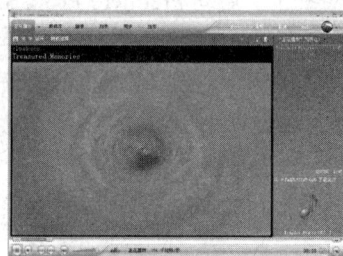

图 7-49   图 7-50   图 7-51

步骤 6 选择"窗口 > 调音台"命令,弹出"调音台"面板,单击"音频 5"下方的"激活录制轨道"按钮,然后单击"录制"按钮,并将"主音轨"轨道的音量拖曳至最低层,可以暂时不播放出声音以防止录音时有回音。单击"Windows Media Player"播放器中的"播

放"按钮,再单击
"播放/停止"按钮
进行播放,这样
就可以录音了,如图
7-52 所示。录音结束
后再次单击"播放/
停止"按钮,停
止录制,在"项目"
面板中自动添加一
个录制的声音文件,
如图 7-53 所示。

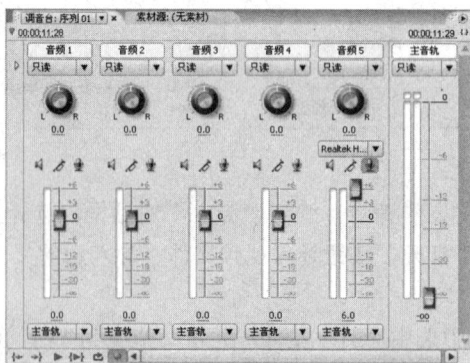

图 7-52   图 7-53

步骤 7 在"时间线"面板中的"音频 5"轨道中，也会自动添加刚录制的文件，如图 7-54 所示。录制声音制作完成的效果如图 7-55 所示。

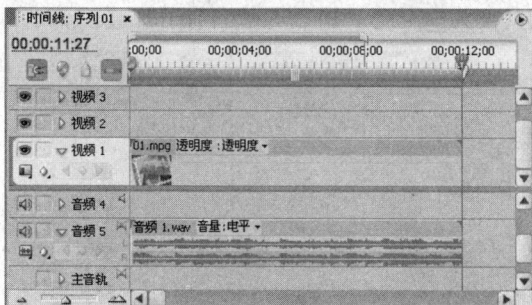

图 7-54

图 7-55

7.2.3 【相关工具】

1. 制作录音

使用录音功能，首先必须保证计算机的音频输入装置被正确连接。可以使用麦克风或者其他 MIDI 设备在 Premiere Pro CS3 中录音，录制的声音会成为音频轨道上的一个音频素材，还可以将这个音频素材输出保存为一个兼容的音频文件格式。

制作录音的方法如下。

步骤 1 首先激活要录制音频轨道的"录音"按钮 🎤，如图 7-56 所示。

步骤 2 激活录音装置后，上方会出现音频输入的设备选项，选择输入音频设备即可。

步骤 3 激活窗口下方的 ● 按钮，如图 7-57 所示。

步骤 4 单击窗口下方的 ▶ 按钮，进行解说或者演奏即可。单击 ■ 按钮即可停止录音，当前音频轨道上出现刚才录制的声音，如图 7-58 所示。

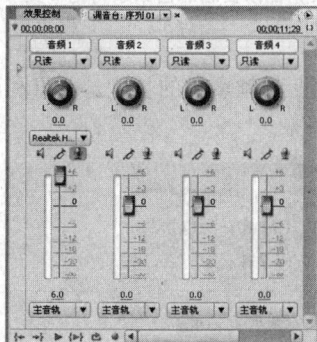

图 7-56

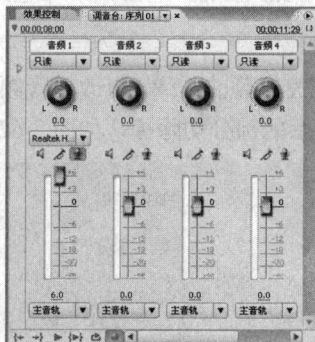

图 7-57

图 7-58

2. 添加与设置子轨道

添加与设置子轨道方法如下。

步骤 1 单击"调音台"面板左侧的 ▷ 按钮，展开特效和子轨道设置栏。下边的 区域是用来添加音频子轨道。在子轨道的区域中单击小三角按钮，弹出子轨道下拉列表，如图 7-59 所示。

步骤 2 在下拉列表中选择添加的子轨道方式。可以添加一个单声轨、立体声或者 5.1 声道的子轨道。选择子轨道类型后，即可为当前音频轨道添加子轨道。可以分别切换不同的子轨道进行调节控制，Premiere Pro CS3 提供了 5 个子轨道控制，如图 7-60 所示。

步骤 3 单击子轨道调节栏右上角图标，使其变为 ⚫ 状态，可以屏蔽当前子轨道。

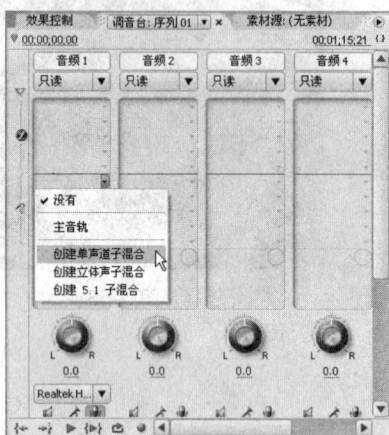

图 7-59

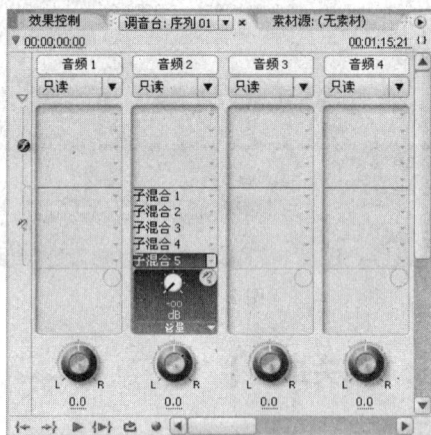

图 7-60

3. 调整音频持续时间和速度

与视频素材的编辑一样，在应用音频素材时，可以对其播放速度和时间长度进行修改，具体操作步骤如下。

步骤 1 选中要调整的音频素材，选择"素材 > 速度/持续时间"命令，弹出"素材速度/持续时间"对话框，在"持续时间"文本框中可以对音频素材的持续时间进行调整，如图 7-61 所示。

提 示 当改变"素材速度/持续时间"对话框中的"速度"值时，音频的播放速度会发生改变，从而也可以使音频的"持续时间"发生改变，但改变后的音频素材的节奏也同时被改变了。

步骤 2 在"时间线"面板中直接拖曳音频的边缘，可改变音频轨上音频素材的长度。也可利用"剃刀工具" 🔪，将音频素材多余的部分切除掉，如图 7-62 所示。

图 7-61

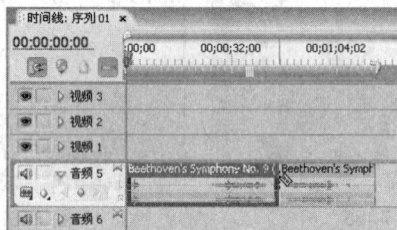

图 7-62

4. 增益音频

音频增益指的是音频信号的声调高低。当一个视频片段同时拥有几个音频素材时，就需要平衡这几个素材的增益。如果一个素材的音频信号太高或太低，就会严重影响播放时的音频效果。设置音频素材增益的操作步骤如下。

步骤 **1** 选择"时间线"面板中需要调整的素材，被选择的素材周围会出现黑色实线，如图 7-63 所示。

步骤 **2** 选择"素材 > 音频选项 > 增益音频"命令，弹出"增益音频"对话框，将鼠标指针 移到对话框的数值上，当指针变为手形标记时，单击并按住鼠标左键左右拖曳，增益值将被 改变，如图 7-64 所示。

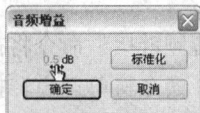

图 7-63   图 7-64

步骤 **3** 完成设置后，可以通过"素材源"窗口查看处理后的音频波形变化，播放修改后的音频 素材，试听音频效果。

5. 分离和链接视频音频

在编辑视频、音频的过程中，经常需要将"时间线"面板中频链接的视频和音频部分分离。 用户可以完全打断或者暂时释放链接素材的链接关系并重新设置各部分。

Premiere Pro CS3 中音频素材和视频素材有两种链接关系，即硬链接和软链接。当链接的视频 和音频来自于一个影片文件，它们是硬链接，"项目"面板中只显示一个素材。硬链接是在素材输 入 Premiere Pro CS3 之前就建立的，在"时间线"面板中显示为相同的颜色，如图 7-65 的所示。

软链接是在"时间线"面板中建立的链接。用户可以在"时间线"面板为音频素材和视频素 材建立软链接。软链接类似于硬链接，但链接的素材在"项目"窗口保持着各自的完整性，在序 列中显示为不同的颜色，如图 7-66 所示。

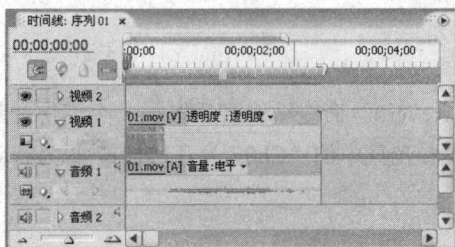

图 7-65   图 7-66

如果要打断链接在一起的视频音频，可在轨道上选择对象，单击鼠标右键，在弹出的快捷菜单 中选择"解除视音频链接"命令即可，如图 7-67 所示。被打断的视频音频素材可以单独进行操作。

如果要把分离的视频音频素材链接在一起作为一个整体进行操作，则只需要框选需要链接的 视频音频，单击鼠标右键，在弹出的快捷菜单中选择"链接视音频"命令即可。

提 示 如果要把一段链接在一起的视频音频文件打断、移动位置或者分别设置入点/出点， 产生了偏移，再次将其链接，系统会提示警告，表示视频音频不同步，如图 7-68 所示， 左侧出现红色警告，并标识错位的帧数。

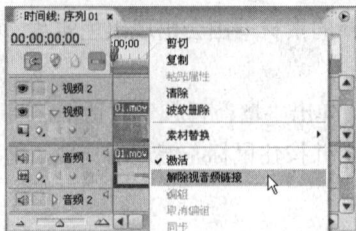

图 7-67

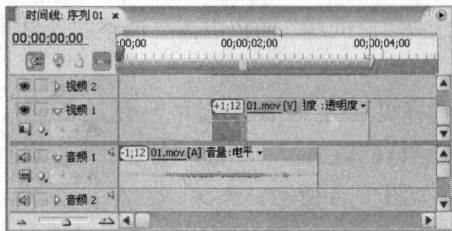

图 7-68

7.2.4 【实战演练】——声音的变调与变速

使用"解除视音频链接"命令将视频和音频分离，使用"重命名"命令重新命名文件名称，使用"源声道映射"命令将单声道转换为立体声，使用"均衡"命令调整音频的左右声道，使用"Pitch Shifter"命令调整音频的速度与音调。（最终效果参看光盘中的"Ch07\声音的变调与变速\声音的变调与变速.prproj"，如图 7-69 所示。）

图 7-69

7.3 为音频加特效

7.3.1 【操作目的】

使用"导入"命令导入视频与音乐文件，使用"Reverb"命令编辑音乐增加一个模仿音频声音，选择"低音"命令调整音频的音量。（最终效果参看光盘中的"Ch07\为音频加特效\为音频加特效.prproj"，如图 7-70 所示。）

图 7-70

7.3.2 【操作步骤】

步骤 1　启动 Premiere Pro CS3，弹出"欢迎使用 Adobe Premiere Pro"欢迎界面，单击"新建项目"按钮 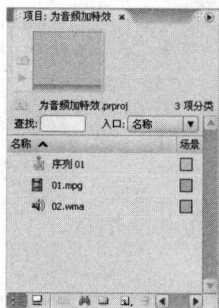，如图 7-71 所示，弹出"新建项目"对话框。在对话框左侧的列表中展开"DVCPR050 \480i"选项，选中"DVCPR050 NTSC 标准"模式，设置"位置"选项，选择保存文件路径，在"名称"文本框中输入文件名"为音频加特效"，如图 7-72 所示，单击"确定"按钮。

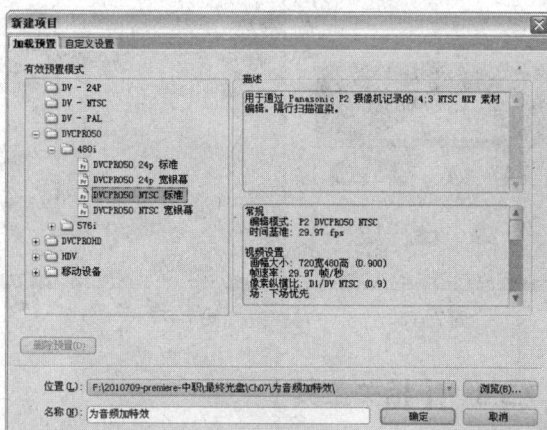

图 7-71　　　　　　　　　　　　　　　　　　图 7-72

步骤 2　选择"文件 > 导入"命令，弹出"导入"对话框，选择光盘中的"Ch07\为音频加特效\素材\ 01 和 02"文件，单击"打开"按钮导入素材文件，在"项目"面板中的显示如图 7-73 所示。

步骤 3　在"项目"面板中选中"02"文件，并将其拖曳到"时间线"面板中的"音频 1"轨道中，然后选中"01"文件，并将其拖曳到"视频 1"轨道中，如图 7-74 所示。将时间指示器放置在 2:13s 的位置，在"音频 1"轨道中选中"02"文件，将鼠标指针放在"02"文件的尾部，当鼠标指针呈 ✛ 形状时，向右拖曳鼠标到 2:13s 的位置上，如图 7-75 所示。

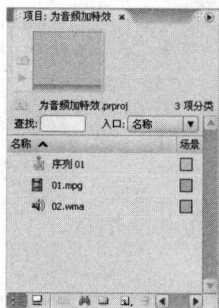
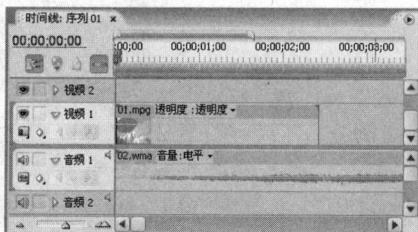
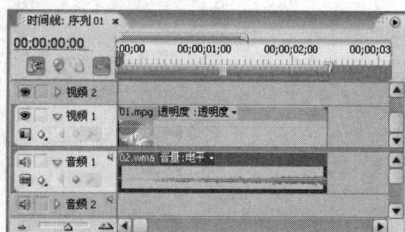

图 7-73　　　　　　　　　图 7-74　　　　　　　　　图 7-75

步骤 4　选择"窗口 > 工作区 > 效果"命令，弹出"效果"面板，展开"音频特效"分类选项，单击"单声道"文件夹前面的三角形按钮 ▷ 将其展开，选中"Reverb"（混向）特效，将"Reverb"（混向）特效拖曳到"时间线"面板中的"音频 1"轨道上的"02"文件上。

步骤 5　选择"效果控制"面板，展开"Reverb"（混向）特效，展开"自定义设置"选项，选项设置如图 7-76 所示。选择"效果"面板，展开"视频特效"分类选项，单击"单声道"

文件夹前面的三角形按钮▷将其展开，选中"低音"特效。将"低音"特效拖曳到"时间线"面板中的"音频 1"轨道上的"02"文件上。选择"效果控制"面板，展开"低音"特效，将"推子"选项设置为 15，如图 7-77 所示。

步骤 6 在"时间线"面板中选择"01"文件，选择"效果控制"面板，展开"运动"选项，将"比例"选项设置为 87，如图 7-78 所示。为音频加特效制作完成后，在"节目"窗口中预览并试听效果，如图 7-79 所示。

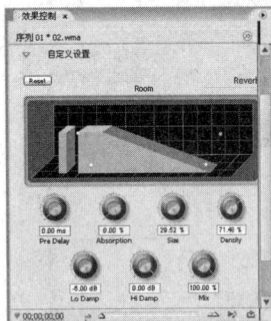

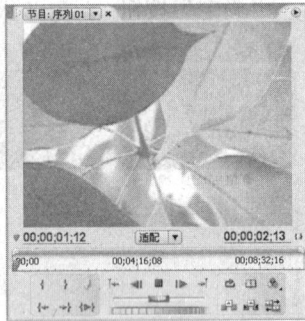

图 7-76   图 7-77   图 7-78   图 7-79

7.3.3 【相关工具】

1. 为素材添加特效

音频素材的特效添加方法与视频素材相同，这里不再赘述。在"效果"面板中展开"音频特效"设置栏，分别在不同的音频模式文件夹中选择音频特效进行设置即可，如图 7-80 所示。

提 示 不同音频模式文件夹的特效仅对相同模式音频素材有效。例如，不能对一个立体声的音频素材施加一个 5.1 声道的音频特效。

在"音频切换效果"设置栏下，Premiere Pro CS3 还为音频素材提供了简单的切换方式，如图 7-81 所示。为音频素材添加切换的方法与视频素材相同。

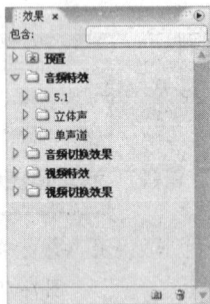

图 7-80   图 7-81

2. 设置轨道特效

除了对轨道上的音频素材设置外，还可以直接对音频轨道添加特效。首先在"调音台"面板中展开目标轨道的特效设置栏 ，单击右侧设置栏上的小三角按钮，可以弹出音频特效下拉列表，如图7-82所示，选择需要使用的音频特效即可。

可以在同一个音频轨道上添加多个特效并分别控制，如图7-83所示。

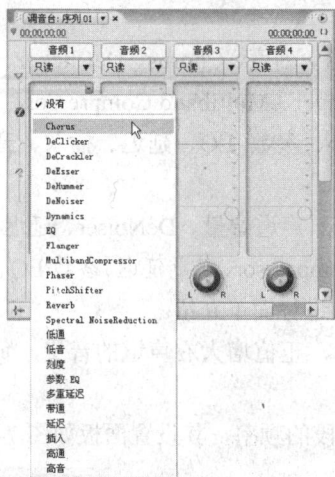

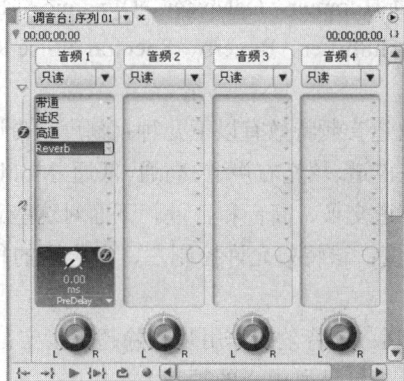

图7-82　　　　　　　　　　　　　　　图7-83

如果要调节轨道的音频特效，可以单击鼠标右键，在弹出的快捷菜单中选择设置即可，如图7-84所示。

在快捷菜单中选择"编辑"命令，可以在弹出的特效设置对话框中进行更加详细的设置，图7-85所示为"DeClicker"的详细调整窗口。

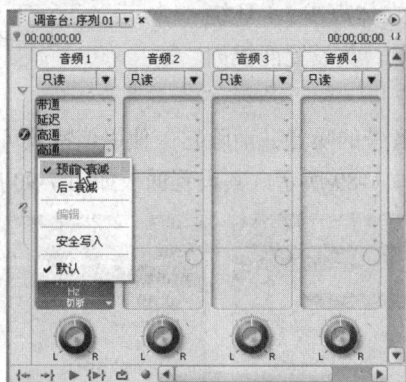

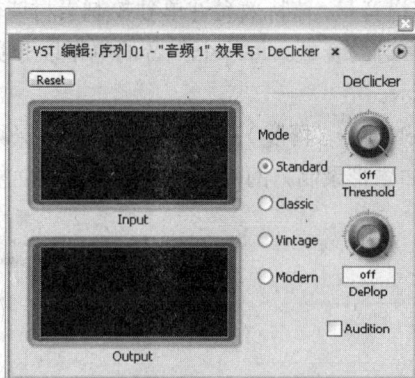

图7-84　　　　　　　　　　　　　　　图7-85

3. 音频效果简介

◎ 5.1 环绕

在5.1音频文件下包含有如下音频特效：多重延迟、带通、刻度、Chorus、DeClicker、DeCrackler、DeEsser、DeHummer、DeNoiser、Dynamics、EQ、Flanger、Multiband Compressor、低通、低音、Phaser、PitchShifter、Reverb、Spectral Noise Reduction、参数 EQ、声道音量、延迟、插入、音量、高通和高音。

◎立体声

在该文件夹下面包含有如下音频：多重延迟、带通、刻度、Chorus、DeClicker、DeCrackler、DeEsser、DeHummer、DeNoiser、Dynamics、EQ、Flanger、均衡、填充右声道、填充左声道、

Multiband Compressor、低通、低音、Phaser、PitchShifter、Reverb、Spectral Noise Reduction、参数 EQ、声道交换、声道音量、延迟、插入、音量、高通和高音。

◎单声道

在该文件夹下面包含有如下音频：多重延迟、带通、刻度、Chorus、DeClicker、DeCrackler、DeEsser、DeHummer、DeNoiser、Dynamics、EQ、Flanger、Multiband Compressor、低通、低音、Phaser、PitchShifter、Reverb、Spectral Noise Reduction、参数 EQ、延迟、插入、音量、高通和高音。

用于轨道音频特效有以下几种：刻度、带通、低音、声道音量、DeNoiser、延迟、Dynamics、EQ、填充左声道、填充右声道、高通、低通、Multi band Compressor、多重延迟、参数 EQ、PitchShifter、Reverb、声道交换、高音和音量。下面对这些音频特效进行简单介绍。

• 刻度：该特效允许控制左、右声道的相对音量，正值增大右声道的音量，负值增大左声道的音量。

• 带通：该特效的作用是删除超出指定范围或波段的频率，其设置面板如图 7-86 所示。

中置：指针波段中心的频率。

Q：指定要保留的频段的宽度，低的设置产生宽的频段，而高的设置产生窄的频段。

• 低音：该特效可以对素材音频中的重音部分进行处理，可以增强也可以减弱重音部分，同时不影响其他音频部分，其设置面板如图 7-87 所示。该特效仅处理 200Hz 以下的频率。

• 声道音量：该特效允许单独控制素材或轨道立体声或 5.1 环绕中每一个声道的音量。每一个声音的电平以分贝计量，其设置面板如图 7-88 所示。

图 7-86

• DeNoiser（降噪）：该特效可以自动探测录音带的噪音并消除它。使用该特效可以消除模拟录制（如磁带录制）的噪音。自定义设置面板如图 7-89 所示，其设置面板如图 7-90 所示。

图 7-87

图 7-88

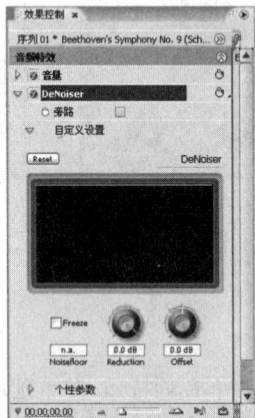

图 7-89

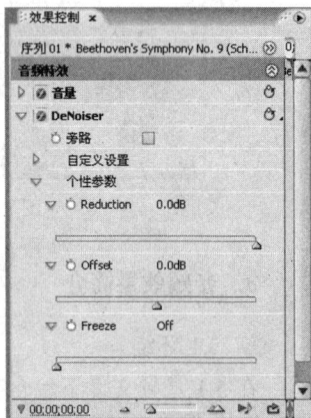

图 7-90

Freeze（冻结）：将噪音基线停止在当前值，使用这个控制来确定素材消除的噪音。

Noise floor（噪音范围）：指定素材播放时的噪音基线（以分贝为单位）。

Reduction（减小量）：指定消除在 -20~0dB 范围内的噪音的数量。

Offset（偏移）：设置自动消除噪音和用户指定的基线的偏移量。这个值限定在 -10~+10dB，当自动降噪不充分时，偏移允许附加的控制。

● 延迟：该特效可以添加音频素材的回声，其设置面板如图 7-159 所示。

延迟：指定回声播放延迟的时间，最大值为 2s。

回授：指定延迟信号反馈叠加的百分比。

混音：控制回声的数量。

● Dynamics（编辑器）：该特效提供了一套可以组合或独立调节音频的控制器，既可以使用自定义设置视图的图线控制器，也可以在单独的参数视图中调整。图线控制器如图 7-92 所示，其设置面板如图 7-93 所示。

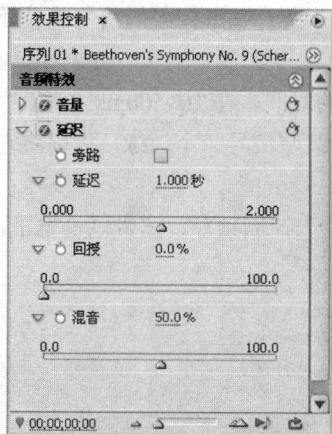

图 7-91

图 7-92

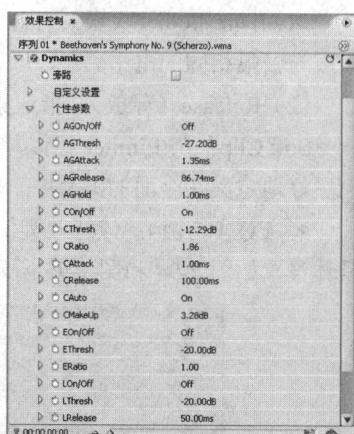

图 7-93

AutoGate：当电平低于指定的极限时切断信号。勾选该复选框，可以删除不需要录制时的背景信号，如画外音中的背景信号。可以将开关设置成随话筒停止而关闭，这样就删除了所有其他的声音。液晶显示的颜色表示开关的状态：打开为绿色，释放为黄色，关闭为红色。有以下 4 个控制项。

（1）"Threshold"（极限）：指定输入信号打开开关必须超过的电平（-60~0dB）。如果信号低于这个电平，开关是关闭的，输入的信号就是静音。

（2）"Attack"（动手处理）：指定信号电平超过极限到开关打开需要的时间。

（3）"Release"（释放）：设置信号低于极限后的开关关闭需要的时间，在 50~500ms 之间。

（4）"Hold"（保持）：指定信号已经低于极限时开关保持开放的时间，在 0.1~1000 ms 之间。

Compressor（压缩器）：用于通过提高低声的电平和降低大声的电平，平衡动态范围以产生一个在素材整个时间内调和的电平，有以下 6 个控制项。

（1）Threshold（极限）：设置必须调用压缩的信号电平极限，其范围为-60~0dB，低于这个极限的电平不受影响。

（2）Ratio（比率）：设置压缩比率，最大到 8∶1。如比率为 5∶1，则输入电平增加 5dB，输出只增加 1 dB。

（3）Attack（动手处理）：设置信号超过界限时压缩反应的时间，一般为 0.1~100ms。

（4）Release（释放）：用于设置当导入的音频素材音量低于"Threshold"（极限）值之后，波门保持关闭时间。其取值范围为 10~500ms。

（5）Auto（自动）：基于输入信号自动计算释放时间。

（6）Make Up（补充）：调节压缩器的输出电平以解决压缩造成的损失，一般为-6~0dB。

Expander（放大器）：用于降低所有低于指定极限的信号到设置的比率。计算结果与开关控制相似，但更敏感，有以下控制项。

（1）Threshold（极限）：指定信号可以激活放大器的电平极限，超过极限的电平不受影响。

（2）Ratio（比率）：设置信号放大的比率，最大到 5：1。如比率为 5：1，而一个电平减小量为 1dB，会放大成 5dB，结果就是导致信号更快速地减小。

Limiter（限制器）：还原包含信号峰值的音频素材中的裁减。例如，在一个音频素材中，界定峰值为超过 0dB，那么这个音频的全部电平不得不降低在 0dB 以下，以避免裁减。可以使用的控制项如下。

（1）Threshold（极限）：指定信号的最高电平，一般为-12~0dB。所有超过极限的信号将被还原成与极限相同的电平。

（2）Release（释放）：指定素材出现后增益返回正常电平需要的时间，在 10~500ms 之间。

Soft Clip：与 Limiter 相似，但不是用硬性限制，这个控制赋予某些信号一个边缘，可以将它们更好地定义在全面的混合中。

- EQ（均衡）：该特效类似一个变量均衡器，可以使用多频段来控制频率、宽带以及电平，具体设置如图 7-94 和图 7-95 所示。

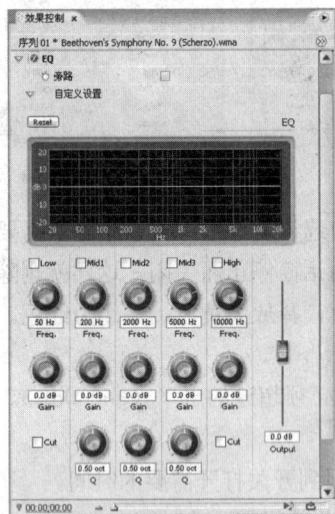

图 7-94

图 7-95

Frequency（频率）：用于设置增大或减小波段的数量，一般为 20~2000Hz。

Gain（增益）：指定增大或减小的波段数量，一般为-20~20dB。

Q：指定每一个过滤器波段的宽度，在 0.05~5.0 个八度音阶之间。

Out Put（输出）：指定对 EQ 输出增益加或减少频段补偿的增益量。

- 填充左声道/填充右声道：这两个特效主要是使声音回放在左（右）声道中进行，即使用右（左）声道的声音来代替左（右）声道的声音，而左（右）声道原来信息将被删除。

- 高通/低通："高通"特效用于删除低于指定频率界限的频率，而"低通"特效则用于删除高于指定频率界限的频率。

- Multi band Compressor（多频带压缩）：该特效是一个可以分波段控制的三波段压缩器。当需要柔和的声音压缩器时，就使用这个效果，而不要使用 Dynamics（编辑器）中的压缩器。

用户可以在自定义设置视图中使用图形控制器，也可以在单独的参数视图中调整数值。在自定义设置视图中的频率窗口中会显示 3 个波段（低、中、高），通过调整增益和频率的手柄来控制每个波段的增益。中心波段的手柄确定波段的交叉频率，拖曳手柄可以调整相应的频率。自定义设置如图 7-96 所示，其设置面板如图 7-97 所示。

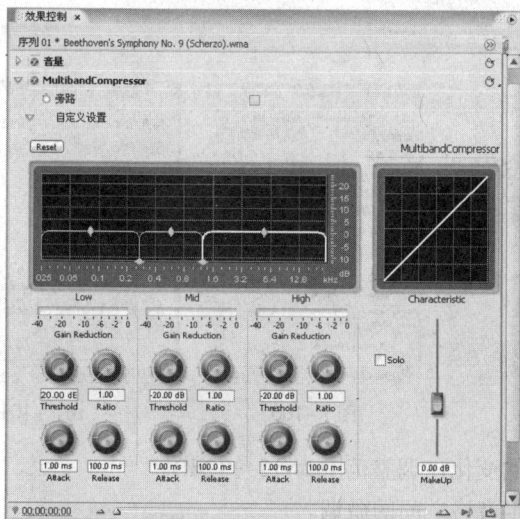

图 7-96

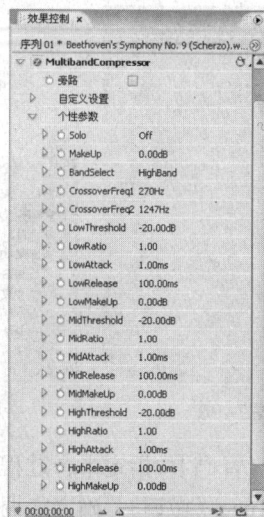

图 7-97

Solo：只播放激活的波段。

MakeUp：调整电平，以分贝为单位。

BandSelect：选择一个波段。

CrossoverFrequency：增大选择波段的频率范围。

Md MakeUp：指定输出的增益调整以补偿压缩造成的增益的减小或增大，这有助于保护个别增益设置的混合。

对于每一个波段可以使用以下控制项。

（1）Threshold1-3：指定输入信号调用压缩要超过的电平，一般为-60~0dB。

（2）Ratio1-3：指定压缩率，最大到 8∶1。

（3）Attack1-3：指定压缩对信号超过界限做出反应需要的时间，一般为 0.1~100ms。

（4）Release1-3：指定当信号回落低于界限时增益返回原始电平需要的时间。

（5）MakeUp1-3：为补偿压缩造成的电平损失，调整压缩的输出电平，一般为-06~+12dB。

● 多重延迟：该特效对素材中的原始音频可以添加最多 4 次回声，其设置面板如图 7-98 所示。

延迟：设置原始声音的延长时间，最大值为 2s。

回授：设置有多少延时声音被反馈到原始声音中。

电平：控制每一个回声的音量。

Mix（混音）：控制延迟和非延迟回声的量。

● 参数 EQ：该特效可以增大或减小与指定中心频率接近的频率，其设置面板如图 7-99 所示。

中置：指定特定范围的中心频率。

Q：指定受影响的频率范围。低设置产生宽的波段，而高设置产生一个窄的波段。调整频率的量以分贝为单位。如果使用 Boost 参数，则用来指定调整带宽。

推子：指定增大或减小频率范围的量，调整范围为-20~+20dB。

中等职业教育数字艺术类规划教材

● PitchShifter（音调转换）：利用该特效可以以半音为单位调整音高。用户可以在带有图形按钮的"自定义设置"选项中调节各参数，也可以在"单独参数"选项中通过调整各参数选项值来进行调整，如图 7-100 和图 7-101 所示。

图 7-98   图 7-99   图 7-100   图 7-101

Pitch（音高）：指定半音过程中定调的变化，调整范围为-12~+12dB。

Fine Tune（微调）：确定定调参数的半音格之间的微调。

Formant Preserve（保留共振峰）：保护音频素材的共振峰免受影响。例如，当增加一个高音的定调时，使用这项控制可以保护它不会变样。

● Reverb（混响）：该特效可以为一个音频素材增加气氛，模仿室内播放音频的声音。可以使用自定义设置视图中的图形控制器来调整各个属性，也可以在个别的参数视图中进行调整。自定义设置如图 7-102 所示，单独参数设置如图 7-103 所示。

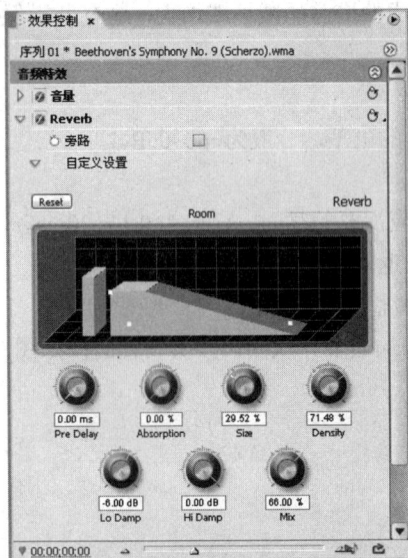
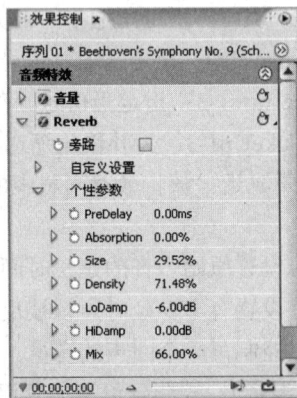

图 7-102   图 7-103

PreDelay（预延迟）：指定信号与回响之间的时间。这项设置是与声音传播到墙壁然后再反射回到现场听众的距离相关的。

Absorption（吸收）：指定声音被吸收的百分比。

Size（大小）：指定空间大小的百分比。

Density（密度）：指定回响"拖尾"的密度。"Size"（大小）的值用来确定可以设置密度的范围。

LoDamp（低阻尼）：指定低频的衰减（以分贝为单位）。衰减低频可以防止嗡嗡声造成的回响。

HiDamp（高阻尼）：指定高频衰减，低的设置可以使回响的声音柔和。

Mix（混音）：控制回响的力量。

- 声道交换：该特效可以交换左右声道信息的布置。
- 高音：该特效允许增大或减小高频（4 000Hz 和更高）。
- 音量：该特效可以提高音频电平而不被修剪，只有当信号超过硬件允许的动态范围时才会出现修剪，这是往往导致失真的音频。

7.3.4　【实战演练】——音频的效果处理

使用"调色"命令调整视频的亮度，使用"Multi band Compressor"和"延迟"为音频素材添加特效。（最终效果参看光盘中的"Ch07\音频的效果处理\音频的效果处理.prproj"，如图 7-104 所示。）

图 7-104

7.4　综合演练——音频的剪辑

使用"比例"选项改变视频的大小，使用"编辑附加素材"选项剪切音频文件，使用"显示轨道关键帧"选项制作音频的淡出与淡入。（最终效果参看光盘中的"Ch07\音频的剪辑\音频的剪辑.prproj"，如图 7-105 所示。）

图 7-105

7.5 综合演练——音频的调节

使用"比例"选项改变图像或视频文件的大小，使用"电平"命令调整图像的亮度对比度，使用"通道混合"命令调整多个通道之间的颜色，使用剃刀工具分割文件，使用"调音台"面板调整音频。（最终效果参看光盘中的"Ch07\音频的调节\音频的调节.prproj"，如图 7-106 所示。）

图 7-106

第**8**章 文件输出

本章主要介绍 Premiere Pro CS3 与节目最终输出有关的编码器、输出的节目类型与格式，以及相关的参数设置。通过本章的学习，读者可以掌握渲染输出的方法和技巧。

课堂学习目标

- Premiere Pro CS3 可输出的文件格式
- 影片项目的预演
- 输出参数的设置
- 渲染输出各种格式文件

8.1 Premiere Pro CS3 可输出的文件格式

在 Premiere Pro CS3 中，可以输出多种文件格式，包括视频格式、音频格式、静态图像、序列图像等。

8.1.1 Premiere Pro CS3 可输出的视频格式

在 Premiere Pro CS3 中可以输出多种视频格式，常用的有以下几种。

（1）AVI：AVI（Audio Video Interleaved）是 Windows 操作系统中使用的视频文件格式，它的优点是兼容性好、图像质量好、调用方便，缺点是文件尺寸较大。

（2）动画 GIF：GIF 是动画格式的文件，可以显示视频运动画面，但不包含音频部分。

（3）Filmstrip：电影胶片（也称为幻灯片影片），但不包括音频部分。该类文件可以通过 Photoshop 等软件进行画面效果处理，然后再导入到 Premiere Pro CS3 中进行编辑输出。

（4）DVD：DVD 是使用 DVD 刻录机及 DVD 空白光盘刻录而成的。

（5）DV：DV（Digital Video）是新一代数字录像带的规格，它具有体积小、时间长的优点。

8.1.2 Premiere Pro CS3 可输出的音频格式

在 Premiere Pro CS3 中可以输出多种音频格式，其主要输出的音频格式有以下几种。

（1）WAV：WAV（Windows Media Audio）音频文件是一种压缩的离散文件或流式文件。它采用的压缩技术与 MP3 压缩原理近似，但它并不削减大量的编码。WMA 最主要的优点是，它可以在较低的采样率下压缩出近于 CD 音质的音乐。

（2）MPEG：MPEG（Moving Picture Experts Group）即动态图像专家组，创建于 1988 年，专

门负责为 CD 建立视频和音频标准。

（3）MP3：MP3 是 MPEG Audio Layer3 的简称，它能够以高音质，低采样率对数字音频文件进行压缩。

此外，Premiere Pro CS3 还可以输出 DV AVI、Real Media 格式的音频。

8.1.3　Premiere Pro CS3 可输出的图像格式

在 Premiere Pro CS3 中可以输出多种图像格式，其主要输出的图像格式有以下几种。

（1）静态图像格式：Film Strip、Targa、TIFF 和 Windows Bitmap。

（2）序列图像格式：GIF 序列、Targa 序列和 Windows Bitmap 序列。

8.2　影片项目的预演

影片预演是视频编辑过程中对编辑效果进行检查的重要手段，它实际上也属于编辑工作的一个部分。影片预演分为两种，一种是实时预演，另一种是生成预演。

8.2.1　影片实时预演

实时预演也称为实时预览，即平时所说的预览。具体操作步骤如下。

步骤 1 影片编辑制作完成后，在"时间线"面板中将时间标记移动到需要预演的片段开始位置，如图 8-1 所示。

步骤 2 在"节目"窗口中单击"播放/停止开关（Space）"按钮 ▶，系统开始播放节目，在"节目"窗口中预览节目的最终效果，如图 8-2 所示。

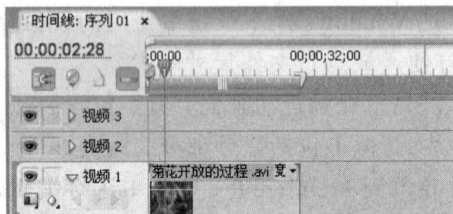

图 8-1　　　　　　　　　　　　　　　　图 8-2

从上面的操作可以看出，进行实时预演的操作很简单，只需要设置预演开始的时间点，然后直接单击"播放/停止"按钮即可对制作效果预览。然而，如果在"时间线"面板叠加了较多的视频轨道且应用了较多的视频特效时，播放画面会出现停顿和跳跃。这是因为影片实时预演是计算机的显卡对画面的实时渲染，画面的平滑程度取决于计算机的硬件设备性能，在这里显卡的性能是关键。

8.2.2　生成影片预演

与实时预演不同的是，生成影片预演不是使用显卡对画面进行实时渲染，而是计算机的 CPU

对画面进行运算，先生成预演文件，然后再播放。因此，生成影片预演取决于计算机 CPU 的运算能力，生成预演播放的画面是平滑的，不会产生停顿或跳跃，所表现出来的画面效果和渲染输出的效果是完全一致的。具体操作步骤如下。

步骤 1 影片编辑制作完成以后，在"时间线"面板中拖曳工具区范围条 的两端，以确定要生成影片预演的范围，如图 8-3 所示。

步骤 2 选择"序列 > 渲染工作区"命令，系统将开始进行渲染，并弹出"已渲染"对话框显示渲染进度，如图 8-4 所示。

图 8-3

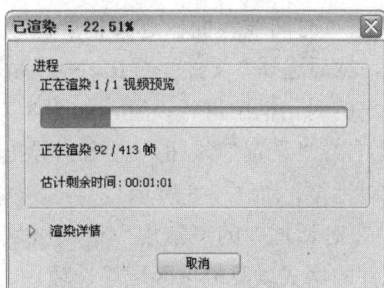

图 8-4

步骤 3 渲染结束后，系统会自动播放该片段，在"时间线"面板中，预演部分将会显示绿色线条，其他部分则保持为红色线条，如图 8-5 所示。

提示　在渲染对话框中单击"渲染详情"选项前面的按钮，展开此选项区域，可以查看渲染的时间，磁盘剩余空间等信息，如图 8-6 所示。

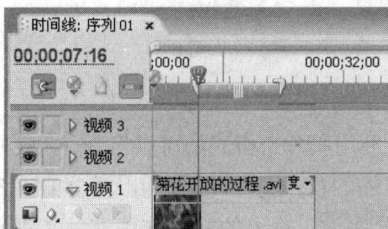

图 8-5

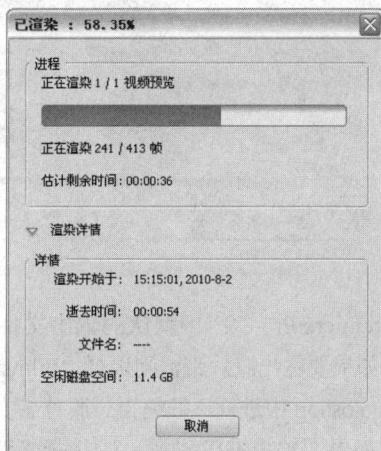

图 8-6

生成的预演文件可以重复使用，用户下一次预演该片段时会自动使用该预演文件。在关闭该项目文件时，如果不进行保存，预演生成的临时文件会自动删除；如果用户在修改预演区域片段后再次预演，就会重新渲染并生成新的预演临时文件。

8.3 输出参数的设置

在 Premiere Pro CS3 中，既可以将影片输出为用于电影或电视中播放的录像带，也可以输出为通过网络传输的网络流媒体格式，以及输出为可以制作 VCD 或 DVD 光盘的 AVI 文件等。但无论输出的是何种类型，在输出文件之前，都必须合理地设置相关的输出参数，才能使输出的影片达到理想的效果。下面以输出 AVI 格式为例，介绍输出前的参数设置方法，其他格式类型的输出设置与此类型基本相同。

8.3.1 "常规"选项区域

影片制作完成后即可输出，在输出影片之前，可以设置一些基本参数。其具体操作步骤如下。

步骤 1 在"时间线"面板选择需要输出的视频序列，然后选择"文件 >导出 > 影片"命令，在弹出的对话框中进行设置，如图 8-7 所示。

步骤 2 单击"设置"按钮，弹出"导出影片设置"对话框，如图 8-8 所示。

步骤 3 在对话框中的"常规"选项区域中，设置文件的格式以及输出区域等选项。

图 8-7

1. 文件类型

用户可以将输出的数字电影设置为不同的格式，以便适应不同的需要。在"文件类型"下拉列表中，可以输出的媒体格式如图 8-9 所示。

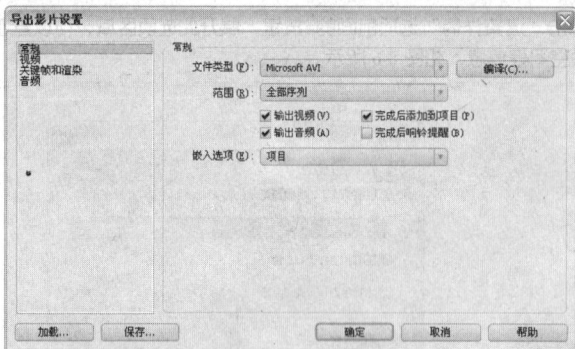

图 8-8

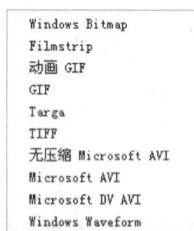

图 8-9

在 Premiere Pro CS3 中默认的输出文件类型或格式主要有以下几种。

（1）如果要输出胶片带，则选择"Filmstrip"选项。利用胶片带格式，可以将 Premiere 中的影像输出到 Photoshop 中进行逐帧编辑。胶片带文件是没有压缩的视频文件，会占用大量的磁盘空间。

（2）如果要输出 GIF 动画，则选择"动画 GIF"选项，即输出的文件连续存储了视频的每一帧，这种格式支持在网页上以动画形式显示，但不支持声音播放。若选择"GIF"选项，则只能输出为单帧的静态图像序列。

（3）如果要输出为一组带有序列号的图片，则选择"Targa"选项。输出为序列图片后，可以使用胶片记录器将帧转换为电影，也可以在 Photoshop 等其他图像处理软件中编辑序列图片，然后再导入到 Premiere 中进行编辑。输出的静帧序列文件格式包括 TIFF、Targa、GIF 和 Windows Bitmap。

（4）如果要输出为基于 Windows 操作系统的数字电影，则选择"Microsoft AVI"（Windows 格式的视频格式）选项。

（5）如果要输出为 DV 格式的数字视频，则选择"Microsoft DV AVI"选项。

（6）如果只是输出为 WAV 格式的影片声音文件，则选择"Windows Waveform"选项。

2. 范围

若要输出整个编辑项目，则在该下拉列表中选择"全部序列"选项；如果只需要输出其中一部分，除了要在"时间线"面板中预先设置工作区域范围，还需要在此下拉列表中选择"工作区域栏"选项。

3. 输出视频

勾选"输出视频"复选框，可输出整个编辑项目的视频部分；若取消选择，则不能输出视频部分。

4. 输出音频

勾选"输出音频"复选框，可输出整个编辑项目的音频部分；若取消选择，则不能输出音频部分。

5. 完成后播放

勾选"完成后添加到项目"复选框，在项目输出完成后，可自动将输出结果添加到当前项目预览窗口中进行播放。

6. 完成后响铃

勾选"完成后响铃提醒"复选框，在项目输出完成后，系统将发出提示音。

7. 选项

在"嵌入选项"下拉列表中可以选择嵌入方式，即创建原始项目与输出影片之间的链接。为了创建链接，应在此下拉列表中选择"项目"选项。

8.3.2 "视频"选项区域

在"导出影片设置"对话框中选择"视频"选项，切换到"视频"选项区域，如图 8-10 所示。

1. 视频

在"视频"选项区域中各主要选项的含义如下。

压缩：通常视频文件的数据量很大，为了减少所占的磁盘空间，在输出时可以对文件进行压缩。在该选项的下拉列表中选择需要的压缩方式，如图 8-11 所示。

色彩深度：设置视频画面输出的颜色深度，即颜色数。

画幅大小：指定输出视频画面的像素尺寸，包括宽和高。

帧速率：设置每秒播放画面的帧数，提高帧速度会使画面播放得更流畅。如果将文件类型设置为 Microsoft DV AVI，那么 DV PAL 对应的帧速是固定的 29.97 和 25。如果将文件类型设置为 Microsoft AVI，那么帧速可以选择从 1～60 的数值。

像素纵横比：设置视频制式的画面比。单击该选项右侧的下拉按钮，在弹出的下拉列表中选择需要的选项，如图 8-12 所示。

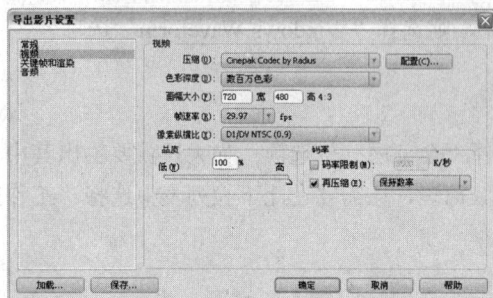

图 8-10

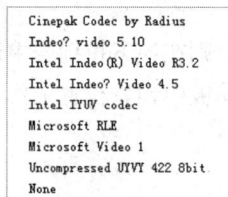

图 8-11

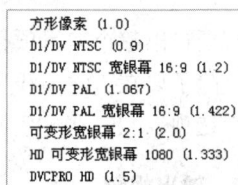

图 8-12

2. 品质

在"品质"选项区中，通过拖曳三角形滑块，可以设置输出后画面的显示质量。输出影片的质量越高，则输出影片的文件所占的磁盘空间也越大。

3. 码率

"码率"是指在播放输出的视频文件时每秒播出的数据量。根据播放文件的系统不同，码率将发生变化。例如，在慢速计算机上，光盘播放的码率远远小于硬盘的码率。如果视频文件的码率太高，则系统将无法进行播放。如果属于此种情况，则播放过程将会因为丢帧而错乱，因此必须根据不同的输出项目，对输出文件的码率进行不同的设置。

码率限制：勾选此复选框，并在其后的文本框中输入数值，可以设置码率的上限。

再压缩：勾选此复选框，并在其右侧的下拉列表中选择相应的选项，可以确保输出的视频文件的码率低于用户设置的码率。其中选择"始终"选项，即使码率已经降低于设置的码率，仍可压缩视频节目中的每一帧画面。

8.3.3 "关键帧和渲染"选项区域

在"导出影片设置"对话框中选择"关键帧和渲染"选项，切换到"关键帧和渲染"选项区域，如图 8-13 所示。

在该选项区域中可以指定输出影片时所使用的关键帧压缩状态，合成时的相应选项，以及对素材的场处理选项。

1. 渲染选项

位数深度：可设置输出影片的质量。可以选择"使用项目设置"、"8-位"和"最大"选项中的一个。

场：选择所输出视频的扫描场。单击该选项右侧的下拉按钮，在弹出的下拉列表中有 3 个选项可供选择，其中"无场（逐行扫描）"是逐行扫描，计算机显示器使用的就是这种扫描方式；"上场优先"是优先输出上半场；"下场优先"是优先输出下半场，如图 8-14 所示。

视频反交错：勾选此复选框，上方的"场"选项将不能进行设置。

优化静帧：当输出的素材有连续相同的画面时，会压缩其相同的画面信息，在保证画面质量的前提下减小占用磁盘空间。勾选此复选框，将只有静止图像的第一帧被压缩。

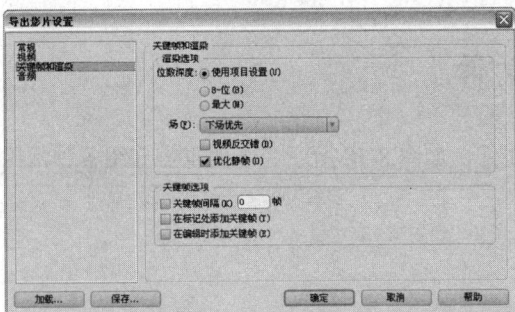

图 8-13

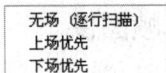

无场（逐行扫描）
上场优先
下场优先

图 8-14

2. 关键帧选项

关键帧间隔：设置输出时每隔多少帧创建一个关键帧。

在标记处添加关键帧：设置在视频节目对应的时间标尺上的标记点来创建关键帧。此时，标记点必须在素材序列的时间标尺上。

在编辑时添加关键帧：在编辑时添加关键帧，此时视频素材必须放置在素材序列中。

8.3.4 "音频"选项区域

在"导出影片设置"对话框中选择"音频"选项，切换到"音频"选项区域，如图 8-15 所示。

在"音频"选项区域中，可以为输出的音频指定使用的压缩方式、采样速率、量化指标等相关的选项参数。

"音频"选项区域中各主要选项的含义如下。

压缩：为输出的音频选项选择合适的压缩方式进行压缩。Premiere Pro CS3 默认的选项是"非压缩"。单击该选项右侧的下拉按钮，在弹出的下拉列表中选择用于音频压缩的编码解码器，相对于选用的不同输出格式，对应不同的编码解码器，如图 8-16 所示。

取样值：设置输出节目音频时所使用的采样速率。采样速率越高，播放质量越好，但所需的磁盘空间越大，占用的处理时间越长。一般应设置为高于 40 100Hz（相当于 CD 音质），而不低于 32 000 Hz。

取样类型：设置输出节目音频时所使用的声音量化倍数，最高要提供 32 位比特数。一般地，要获得较好的音频质量就要使用较高的量化位数。

声道：在该选项的下拉列表中可以为音频选择单声道或立体声。

交错：选择在输出视频多少帧之间插入一段音频信息。单位是帧（或秒），Premiere Pro CS3 默认的是 1s，单击该选项右侧的下拉按钮，在弹出的下拉列表中选择需要的选项，如图 8-17 所示。

图 8-15

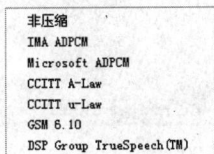

非压缩
IMA ADPCM
Microsoft ADPCM
CCITT A-Law
CCITT u-Law
GSM 6.10
DSP Group TrueSpeech(TM)

图 8-16

没有
1 帧
1/2 秒
1 秒
2 秒

图 8-17

8.4 渲染输出各种格式文件

Premiere Pro CS3 可以渲染输出各种格式文件，如图 8-18 所示。下面重点介绍各种常用格式文件的渲染输出方法。

8.4.1 输出单帧图像

在视频编辑中，可以将画面的某一帧输出，以便给视频动画制作定格效果。Premiere Pro CS3 中输出静帧画面的操作步骤如下。

步骤 `1` 选择"文件 > 打开项目"命令，打开一个项目文件，在"时间线"面板中将时间标记 ⬛ 移动到需要输出单帧图像的位置，选择"文件 > 导出 > 单帧"命令，弹出"输出单帧"对话框，如图 8-19 所示。

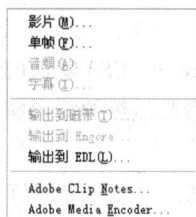

图 8-18

图 8-19

步骤 `2` 在对话框中单击"设置"按钮，弹出"导出单帧设置"对话框，在"常规"选项区中的"文件类型"下拉列表中设置输出单帧图像的格式，如图 8-20 所示。

步骤 `3` 在"导出单帧设置"对话框左侧的列表中选择"视频"选项，切换到"视频"选项区域，在"画幅大小"选项中设置图像的大小和像素比等参数，如图 8-21 所示。

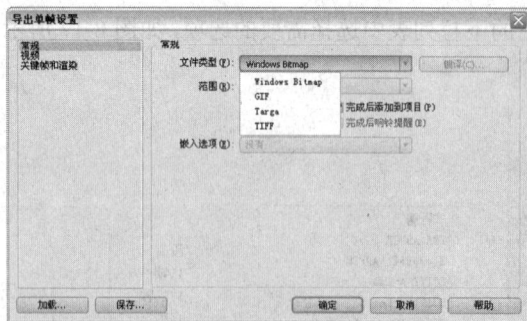

图 8-20

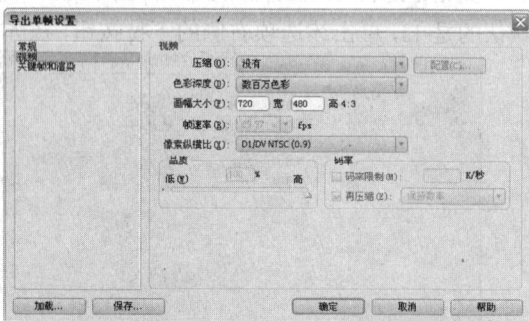

图 8-21

步骤 4 设置参数选项之后，单击"确定"按钮，返回到"输出单帧"对话框中，设置文件的保存路径，并输入文件名，单击"保存"按钮，即可将指定的帧画面按照设置的图像格式保存在指定的文件夹下。

8.4.2 输出音频文件

Premiere Pro CS3 可以将影片中的一段声音，或影片中的歌曲制作成音乐光盘等文件。输出音频文件的具体操作步骤如下。

步骤 1 在 Premiere Pro CS3 的"时间线"面板中添加一个有声音的视频文件或打开一个有声音的项目文件，选择"文件 > 导出 > 音频"命令，弹出"输出音频"对话框，如图 8-22 所示。

步骤 2 在"输出音频"对话框中单击"设置"按钮，弹出"导出音频设置"对话框。在"常规"选项区中的"文件类型"下拉列表中设置需要输出的音频文件格式，如果没有特殊要求，这里一般选择系统默认的"Windows Waveform"文件类型，如图 8-23 所示。

图 8-22

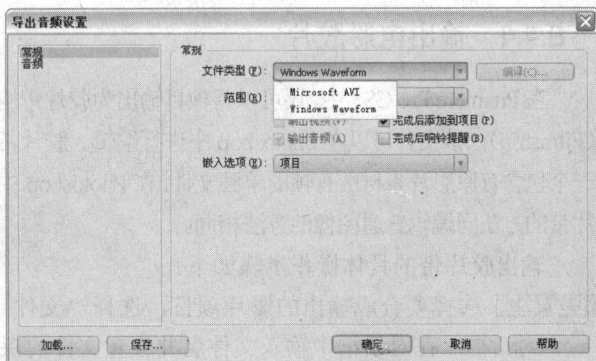

图 8-23

步骤 3 设置完成后，单击"确定"按钮，返回到"输出音频"对话框中，单击"保存"按钮，即可输出 WAV 格式的音频文件。

8.4.3 输出整个影片

输出影片是最常用的输出方式，将编辑完成的项目文件以视频格式输出，可以输出编辑内容的全部或者某一部分，也可以只输出视频内容或者只输出音频内容，一般将全部的视频和音频一起输出。

下面以 Microsoft AVI 格式为例，介绍输出影片的方法，其具体操作步骤如下。

步骤 1 选择"文件 > 打开项目"命令，打开一个项目文件。选择"文件 > 导出 > 影片"命令，弹出"导出影片"对话框，如图 8-24 所示。

步骤 2 在对话框中单击"设置"按钮，弹出"导出影片设置"对话框，在"常规"选项区中的"文件类型"下拉列表中选择"Microsoft AVI"选项。

步骤 3 单击"范围"选项右侧的下拉按钮，在弹出的下拉列表中选择"全部序列"选项或"工作区域栏"选项，系统默认的是"全部序列"选项。

步骤 4 在"导出影片设置"对话框左侧的列表中选择"视频"选项，切换到"视频"选项区域。单击"压缩"选项右侧的下拉按钮，在弹出的下拉列表中选择可以输出采用的编码器，如图 8-25 所示。

中等职业教育数字艺术类规划教材

图 8-24

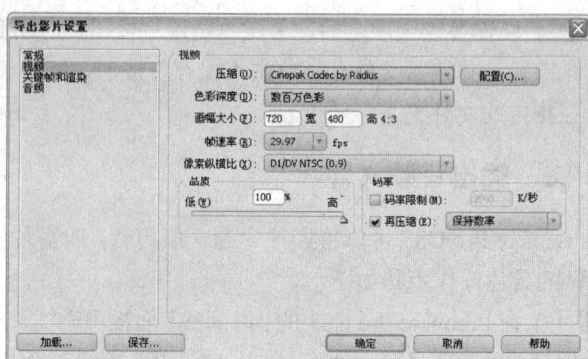

图 8-25

步骤 5 设置完成后，单击"确定"按钮，返回到"导出影片"对话框，单击"保存"按钮，弹出"渲染"对话框，在该对话框中显示输出的进度，如图 8-26 所示。渲染完成后，即可生成所设置的 AVI 格式影片。

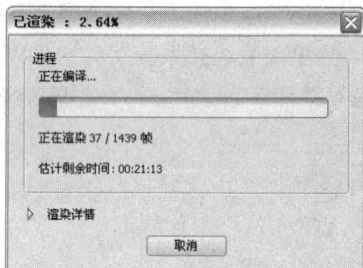

图 8-26

8.4.4　输出电影胶片

在 Premiere Pro CS3 中，还可以将项目输出为胶片带格式文件（Filmstrip），该文件可以在 Photoshop 中进行编辑。胶片带文件是一个包含有原影片素材所有帧的单独文件，在 Photoshop 中编辑胶片带的方法同编辑普通图像的方法相同。

输出胶片带的具体操作步骤如下。

步骤 1 选择要合成输出的影片项目，选择"文件 > 导出 > 影片"命令，弹出"导出影片"对话框，在对话框中输入文件名并设置文件的保存路径。

步骤 2 单击"设置"按钮，弹出"导出影片设置"对话框，在"常规"选项区中的"文件类型"下拉列表中选择"Filmstrip"选项。

步骤 3 在"导出影片设置"对话框左侧的列表中选择"视频"选项，切换到"视频"选项区域。单击"帧速率"选项右侧的下拉按钮，在弹出的下拉列表中选择"15.00"。

步骤 4 其他选项参数为默认设置，单击"确定"按钮，返回到"导出影片"对话框，单击"保存"按钮，即可输出 Filmstrip 格式的胶片带文件。

8.4.5　输出静态图片序列

在 Premiere Pro CS3 中，可以将视频输出为静态图片序列，即将视频画面的每一帧都输出为一张静态图片，这一系列图片中每一张都具有一个自动编号。这些输出的序列图片可用于 3D 软件中的动态贴图，并且可以移动和存储。

输出图片序列的具体操作步骤如下。

步骤 1 在 Premiere Pro CS3 的"时间线"面板中添加一段视频文件，选择"文件 > 导出 > 影片"命令，弹出"导出影片"对话框，在对话框中输入文件名并设置文件的保存路径。

步骤 2 单击"设置"按钮，弹出"导出影片设置"对话框，在"常规"选项区中的"文件类型"下拉列表中选择"TIFF"选项。

步骤 3 单击"确定"按钮，返回到"导出影片"对话框，单击"保存"按钮，即可将序列图片输出为 TIFF 格式。